高等学校通识课程系列教材

U0795165

儿童发展心理学

（第二版）

齐建芳　主编

中国人民大学出版社
·北京·

目　录

第一章 导 论

知识结构图

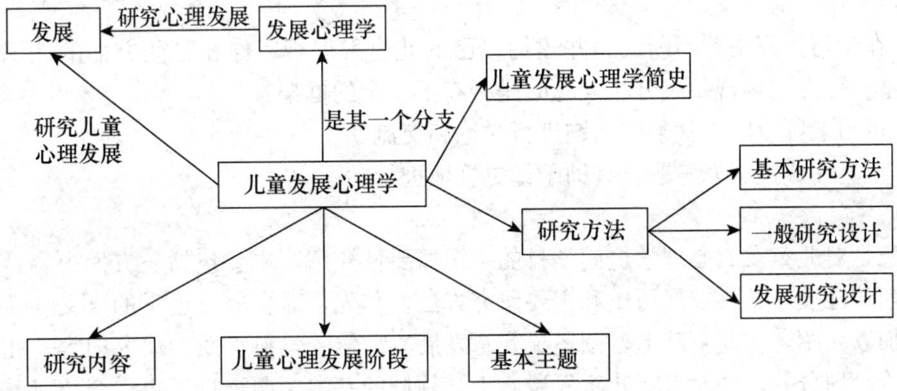

学习目标

1. 理解“发展”的内涵。
2. 理解儿童发展心理学的基本主题，初步建构儿童心理发展的思考框架。
3. 了解学科发展的历史，对儿童心理发展逐步增进理解。
4. 了解儿童发展心理学对工作和生活的意义，有进一步探究儿童心理发展的兴趣。

学习重点

1. 发展、儿童心理发展阶段划分、儿童心理发展的领域等概念的掌握。

2. 遗传与环境、主动与被动、阶段性与连续性、开放性与稳定性四个基本主题的理解。

3. 了解儿童观的演进、科学儿童心理学的产生、20 世纪早期和中期以及近期的儿童发展心理学理论。

学习难点

1. 以理解儿童发展心理学的基本主题为基础，初步建构儿童心理发展的思考框架。

2. 以儿童发展心理学的学科发展历史作为参照，逐渐丰富对儿童发展心理学的理解。

3. 运用儿童发展心理学的基本主题和主要理论观点来描述并解释工作和生活中的现象。

学习建议

1. 结合自己的生活经历和工作经验来理解和掌握有关的概念、主题和理论，寻找它们对你的生活和工作的意义。

2. 参照本章的概念图，懂得知识间的逻辑关系，并在自己头脑中建立相应的认知结构。

3. 在学习过程中，不断反思并建构自己的儿童发展观。你在哪些方面的认识得到加深和丰富？你在观察现象或分析问题时是否有了一定的框架？

4. 可与老师或同学就某些问题进行讨论和交流。

5. 认真完成本章思考题将有助于你更好地进行学习。

本章是对儿童发展心理学这门学科的一个概要性介绍，主要包括三方面内容：儿童发展心理学的性质、学科发展历史和主要研究方法。首先，对发展心理学的含义、性质和研究内容加以介绍，在此基础上，阐述了儿童发展心理学的学科性质、研究内容、儿童心理发展的阶段划分等，并对贯穿儿童发展心理学领域的基本主题进行了重点介绍。其次，对儿童发展心理学的学科历史做了简要介绍，并且重点阐述了该学科领域的主要理论观点。最后，介绍了儿童发展心理学的主要研究方法。

第一节　什么是儿童发展心理学

在界定什么是儿童发展心理学之前，需要先说明心理学意义上的“发展”的含义以及什么是发展心理学。在此基础上，就比较容易把握儿童发展心理学的性质。此外，还需了解儿童发展心理学的研究内容和儿童心理发展的阶段划分，这样才能较为全面地理解儿童发展心理学。最后，还要深入理解儿童发展心理学的基本主题，这些主题是贯穿整个儿童发展心理学研究领域的核心线索，也是我们建构自己的儿童发展观的重要路径。

一、什么是发展

“发展”是儿童发展心理学的一个基本概念，对这个概念进行建构性的理解是把握儿童心理学知识的一把钥匙。

按照美国儿童发展心理学家谢弗（D. R. Shaffer）的提法，发展是个体从受精卵形成到死亡这个过程中发生的系统的和连续性的变化。他指出，发展的连续性是指个体自身保持跨时间的稳定性，“系统的”变化表示这些变化是有序的、模式化的、相对持久的①。“系统的”这一规定向我们指明了如何判断一种或一些变化可被称为“发展”。被称为“发展性的变化”必须具有系统性的、结构性的特点，是那些能反映从整体未分化的机能（例如，将所有四条腿的生物称为“小狗”）到分化的机能的过程（能准确说出不同生物的名称，如小狗、小猫和兔子），只有符合从整体到分化这一序列的结构性变化才是发展性的变化②。马森（P. H. Mussen）、康格尔（J. J. Conger）和卡根（J. Kagan）认为，能被判断为“发展”的变化“一般被认定为有助于个体更好地成长，而且使行为变得更具有适应性、组织性和更加复杂”③。综上所述，所谓“发展”，是指个体在从受精卵形成到死亡的整个生命历程中的系统的和连续性的身心变化，这些变化是有顺序的、相对持久的，并且使个体的行为更具有适应性、组织性和更为复杂。

出于研究和探讨的方便，儿童心理发展常常被分为三个领域：生理的成熟和发展，包括随时间变化而产生的身体结构和功能上的变化；认知发展，包括感知觉、思维和语言的发展以及学习；人格和社会性发展，包括情感、人格、人际关系和道德的发展。但这不意味着发展是零碎的，这三个方面的发展实际上是交融在一起、相互作用的。人同时具有生物性、认知、人格和社会性，每个成分的发展在某种程度上依赖其他成分的变化。

二、什么是发展心理学

发展心理学是心理学的一个分支，它是研究心理发展规律的科学。这里的“心理发展”包含以下三方面的内容④。

第一个方面是动物种系演进过程中的心理发展。心理现象主要为人类所特有，但它是在动物界长期进化的基础上产生的。在动物进化过程中出现了一些心理现象，为人类心理的发生、发展准备了前提条件。动物心理的发展可划分为感觉、知觉和思维萌芽三个基本阶段。对动物心理进化进行研究，是动物心理学的主要课题。

第二个方面是人类心理的历史发展。人类所处的生存环境不只是自然环境，还有社会文化环境。自然环境和社会文化环境的变迁影响了人类心理的发展变化。另外，这方面还研究人类不同历史发展阶段中各民族的心理，以此探讨人类心理的历史发展轨迹，称为“民族心理学”。

第三个方面是人类个体的心理发展，是指人类个体从受精卵形成到死亡的整个生命过

---

① 戴维·R. 谢弗. 发展心理学——儿童与青少年. 北京：中国轻工业出版社，2005：4.
② 理查德·M. 勒纳. 人类发展的概念与理论. 北京：北京大学出版社，2011：19-20.
③ 阿妮塔·伍德沃克. 教育心理学. 南京：江苏教育出版社，2005：25.
④ 刘范. 发展心理学——儿童心理发展. 北京：团结出版社，1989：1-3.

程中心理与行为的发生和发展。

总而言之，动物种系演进过程中的心理发展、人类心理的历史发展、人类个体的心理发展构成了发展心理学的研究对象。这是广义的发展心理学。本书将在人类个体心理发展（以下简称“心理发展”）的意义上使用发展心理学这一概念，即狭义的发展心理学。

三、什么是儿童发展心理学

儿童发展心理学是发展心理学的一个分支，是研究儿童心理发展规律的科学。这里的“儿童”作为一个科学概念，不同于日常生活或常识中所指的儿童，是指从出生到十七八岁这一年龄段的个体。

从现代发展心理学的观点来看，个体的生命始于受精卵，儿童出生以后的身心发展都以其胚胎和胎儿的发育状况为基础，因此产前期的发展应该纳入研究的视野。

（一）儿童发展心理学的研究内容

儿童发展心理学主要包含两方面的研究内容：心理发展的基本过程和个体差异。心理发展的基本过程是指发生在所有儿童身上的变化，而不管他们的具体文化环境和个体经验，即发展的普遍性。心理发展的个体差异是指在遗传和环境的交互作用下，个体心理发展的不同变异，即发展的差异性。

通常把心理发展分为以下三个宽泛的领域：生理发展，包括随时间而产生的身体结构和功能上的变化；认知和语言发展，其中包含感知觉、注意、记忆、思维、知识获得、元认知、创造和语言能力等方面的发展；人格和社会性发展，其中包含情绪、自我、社会理解和人际关系、性别角色、道德等方面的发展。需要注意的是，划分出发展领域只是为了探讨的方便，现实中它们是融为一体的，彼此之间互相影响。

（二）儿童心理发展阶段

儿童心理发展的水平在不同的年龄阶段既有量的差异，也有质的不同。各个学派的发展心理学家根据自己研究心理发展某一方面的事实以及对其的理解，提出了划分心理发展阶段的不同标准。例如，皮亚杰（J. Piaget，1896—1980）所提出的儿童认知发展阶段，弗洛伊德（S. Freud，1856—1939）提出的性心理发展阶段，埃里克森（E. H. Erikson，1902—1994）提出的心理社会发展阶段等。因此，将心理发展的历程划分为不同的阶段是十分困难的，这必须以综合认知、人格、社会性等各领域内心理发展的事实为依据。

笔者分析了国内外不同教材对心理发展阶段的划分情况①，从儿童心理发展研究的进展来看，划分为如下五个阶段较为合理，每一个阶段都会有新的能力和社会期望出现。

（1）出生前期：从受精卵形成到出生，9 个月的时间内，一个单细胞有机体发展成适应能力很强的人类婴儿。

（2）婴儿期：0～2 岁，身体和脑的发育迅速，个体从嗷嗷待哺到能独立行走，会用语言表达，并发展了自我再认能力，与主要照料者建立了亲密的情感联系。

---

① 朱智贤．儿童发展心理学．北京：人民教育出版社，2003；刘范．发展心理学——儿童心理发展．北京：团结出版社，1989；许政援等．儿童发展心理学．长春：吉林教育出版社，1987；方富熹，方格．儿童发展心理学．北京，人民教育出版社，2005；劳拉·E．贝克．儿童发展．南京：江苏教育出版社，2002；戴维·R．谢弗．发展心理学——儿童与青少年．北京：中国轻工业出版社，2005.

(3) 幼儿期：2～6 岁，个体的身体动作技能更加协调，游戏成为主要活动，语言和思维能力快速发展，道德感更加明显。

(4) 童年期：6～12 岁，个体通过学习以及学校中的师生交往、同伴交往，不断地促进思维、情感、人格和社会性的发展。

(5) 青少年期：12～18 岁，这是从儿童走向成年的过渡期。个体具备了抽象思维能力，性意识萌动。确立价值观和人生观、建立自我同一性、走向独立是这个阶段最主要的发展任务。

儿童发展心理学在发展心理学中占有非常重要的地位，因为个体心理机能在这一时期内完成了从不随意到随意、从具体到抽象概括、从零散到整合以及个性化和社会化的整个发展过程。

四、儿童发展心理学的基本主题

在试图描述和解释儿童发展变化的过程中，发展心理学家一直努力解决四个基本问题：发展的原因、机制和影响因素是什么？个体在自身发展中起什么样的作用？发展过程中的变化是渐变的还是突然变化的？心理特征如何随年龄的变化而变化？了解儿童发展心理学的几个基本主题，将有助于我们更深入地理解“发展”的内涵和儿童发展心理学的学科性质。

(一) 四个基本主题

1. 遗传和环境因素在儿童发展中各起多大的决定作用

发展的原因和机制是什么？发展是遗传作用的结果，还是环境影响的结果？儿童心理学研究历史上不同阶段对这些问题有不同的回答。

(1) 历史上的争论。

早期关于遗传与环境作用的争论都非常极端。英国的弗朗西斯·高尔顿（Francis Galton，1822—1911）主张个体的发展是遗传决定的，它是内在因素的自然展开。他在《天才的遗传》一书中写道：一个人的能力乃由遗传得来，其受遗传决定的程度如同机体的形态和组织之受遗传决定一样。美国心理学家斯坦利·霍尔（G. Stanley Hall，1844—1924）也说过：“一两的遗传胜过一吨的教育。”① 另一方面，行为主义创始人、美国心理学家约翰·B. 华生（John B. Watson，1878—1958）主张环境决定发展，他有一段著名的宣言：“给我一打健全的婴儿和我可用以培育他们的特殊世界，我都可以把他们训练成为我所选定的任何类型的特殊人物如医生、律师、艺术家、大商人或甚至于乞丐、小偷。”②

后来，以上极端的观点逐渐被人们所质疑，于是，既承认遗传作用也承认环境作用的共同决定论出现了，以德国心理学家威廉·斯滕（William Stern，1871—1938）提出的“幅合论”为代表。斯滕认为，人类心理的发展既不是仅由遗传的素质决定，也不是仅由环境影响的结果，而是两者“幅合”的结果，遗传和环境都是发展不可缺少的成分，只是

---

① 朱智贤. 儿童心理学. 北京：人民教育出版社，1981：76.

② 高觉敷. 西方现代心理学史. 北京：人民教育出版社，2001：265.

所占的比重因心理机能不同而异。

在共同决定论的基础上，一些心理学家进一步分析了遗传和环境因素的关系。如今，发展心理学家不再简单地争论决定发展的首要因素是遗传还是环境，而是更成熟地考虑遗传与环境是怎样联合或交互作用来促进发展变化的。现代的发展心理学基本上同意大多数发展变化是遗传和环境（或成熟和学习）的相互作用的产物。关于遗传与环境的交互作用有两个重要的原则。

第一个原则是康拉德·沃汀顿（Conrad Waddington）提出的导向原则，是指基因将表现型限制在有限的发展结果里。对于一个高度被导向的特征，它的发展只能沿着一条预先决定好的道路，环境对发展结果的作用很小。例如，婴儿的运动能力就是高度导向的特征，它只是简单地按照基因里的成熟程序来自然展现。智力、人格则是低导向的特征，能够被各种生活经历影响。不但基因能够导向发展，有效的环境影响也能导向发展，例如早期社会环境不丰富，会长期阻碍儿童的成长并削弱他们的智力发展。

第二个原则是高特斯曼（Gottesman，1963）提出的反应范围原则，是指一个人的基因型对任一特质设定了一个可能的结果范围，在这个范围里，环境可以极大地影响个体的发展。我们用一个例子来说明环境丰富程度对儿童智力表现的作用（见图 1－1）。儿童 A 遗传的智力潜能很高，儿童 B 遗传的智力潜能一般，儿童 C 遗传的智力潜能远低于平均水平。在相似的环境条件下，A 的智力表现总是优于 B 和 C，而且，A 的反应范围也是最宽的，他的智商可以从局限性环境里的低于一般水平变化到丰富环境里的远远高于一般水平，而 C 的反应范围很窄，他比另外两个儿童在不同环境里的变化更小①。

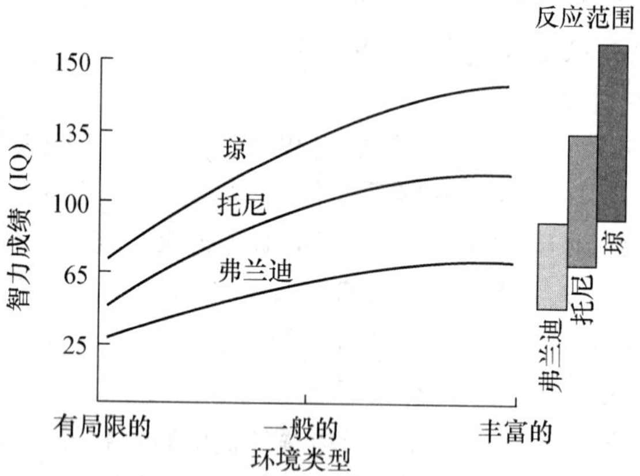

图 1－1　三个儿童在有局限的、一般的和丰富的智力环境下，智力成绩的假定范围

资料来源：戴维·R. 谢弗. 发展心理学——儿童与青少年. 北京：中国轻工业出版社，2005：101.

关于遗传和环境交互作用的类型，斯卡尔和麦卡特尼（Scarr & McCartney）认为基因型与环境的关系有两大类：阳性关系和阴性关系。在阳性关系中，个体的经验总是促进和保持遗传倾向；在阴性关系中，经验同遗传倾向不协调。阳性关系有三种方式：第一种

① 戴维·R. 谢弗. 发展心理学——儿童与青少年. 北京：中国轻工业出版社，2005：100-101.

是被动的基因型/环境相关，是指父母为儿童提供的家庭环境类型一部分受父母自己的基因型影响，而且父母的基因也提供给了他们的孩子，因此，儿童所处的养育环境与他们自己的基因型也相关。例如，有运动天赋的父母，可能会创造很有运动气息的家庭环境，他们的孩子不但处于一个鼓励运动的家庭环境，而且可能遗传了运动基因，因此，孩子可能会非常喜欢运动。第二种是唤起的基因型/环境相关，是指个体遗传的特征会影响他人对个体的反应，并因此影响了个体发展所处的环境。例如，活泼外向的婴儿会比被动内向的婴儿受到更多的注意和更积极的社会性刺激。第三种是主动的基因型/环境相关，是指儿童总是喜欢和寻求那些与他们的基因倾向性最一致的环境，比如，一个在遗传上倾向于外向的儿童通常喜欢社交活动，常常邀请朋友到家里玩。阴性关系也有三种：第一种是阴性的被动关系，如擅长运动的父母却有一个基因型偏向安静的孩子，父母经常鼓励他运动；第二种是阴性的召唤关系，上例中的孩子入学后，老师和同学注意到他不爱参加体育活动，就会鼓励和督促他；第三种是阴性的主动关系，随着年龄增长，这个孩子的自我意识增强，他可能认识到运动和锻炼的重要性，于是主动去寻求健身机会。总之，遗传和环境交互作用，形成了发展结果中的变化和变异。一方面，基因对我们可能经验的环境有一定影响，另一方面，我们可得到的特定环境也限制了特定基因型所可能出现的表现型。此外，遗传和环境的关系随着发展而变化，从婴儿到青少年，被动关系会逐渐减少，而主动关系会逐渐增加，年龄越大的孩子，越会积极主动地选择环境①。

（2）导致发展的两个过程：成熟与学习。

以上讨论使我们加深了对“遗传与环境的相互作用影响个体发展”这一论题的理解。与此相关，发展心理学家还常常讨论导致发展变化的两个重要过程。一个是成熟，是指个体在基因预先设定的生物程序作用下的变化，是由遗传决定的、自然发展的成长过程。早期的成熟理论在很大程度上归功于心理学家格赛尔（A. Gesell，1880—1961）的贡献，他甚至提出“成长最原始的动力是内在的而不是外在的。所谓的环境并不能导致发展。环境因素可以支持、调整、实现发展，但并不能决定个体心理特征发生的顺序和基本形式”②。成熟在动作技能、语言获得和知觉发展中所起的作用已经被认可，在这些领域中，一些关键而基本的发展转折都是由内在程序控制的，它们的出现时间和发展速度几乎取决于基因。例如，儿童大约在1岁左右开始行走并说出第一个有意义的词，11～15岁时进入青春期等等。导致发展变化的另一个重要过程是学习，是指由外部环境影响带来的个体经验而导致的行为或行为潜能相对持久的变化。这里强调的重点是经验，关注环境因素对儿童发展的影响。环境包括家庭、同伴、学校、社区、媒体以及文化和历史背景等等。对学习过程进行的研究主要有三种观点：第一是基于克拉克·赫尔（Clark Hull，1884—1952）的经典条件反射所做的解释，第二是斯金纳（B. F. Skinner，1904—1990）的操作条件反射模型，第三是班杜拉（Albert Bandura，1925—　）的社会学习理论。操作性条件反射理论认为，学习开始于儿童的自发行为，环境中的各种反馈决定了行为今后出现的频率。班杜拉提出的观察学习认为个体可以经由观察别人的行为而获得新的行为模式，个体不是外

---

① 戴维·R. 谢弗. 发展心理学——儿童与青少年. 北京：中国轻工业出版社，2005：101-102.

② 鲁道夫·谢弗. 发展心理学的关键概念. 上海：华东师范大学出版社，2008：27.

界刺激的被动接受者，而是可以自我组织的、有主动性的、能自我反馈和自我调节的。由于学习过程在个体发展中的重要作用，目前人们认为，格赛尔所提出的成熟是发展变化的唯一原因的观点是错误的，环境学习对发展的影响很可能比格赛尔所认为的更为直接和广泛①。

（3）遗传与环境交互作用的规则。

把握以下几条规则有助于我们更加深入地理解遗传与环境的交互作用如何影响个体发展②。

第一，在发展的不同领域，遗传和环境所发挥的作用不同。一些领域主要受大脑系统的主导，而这些系统是由基因控制的，例如深度知觉能力和语音辨别能力等，这些能力生来就有，它们的发展只需要环境的刺激即可。而学校课程领域（如阅读、历史、生物、艺术等方面）中高超技能的发展则更多依赖环境支持。

第二，遗传的天性可能使儿童对于某些环境影响更敏感。例如，天性胆小的儿童如果所处环境中很少有人际交往，他们可能会更害羞，但如果父母或教师鼓励他们交朋友，他们可能会变得更加外向。

第三，当处于两极条件（环境特别优越或特别恶劣）而不是中等条件时，环境可能会产生更大的影响。

第四，在某个特定的年龄，某些环境经验可能会产生更大的作用。这可能是某个方面的发展存在敏感期，即某个刺激的最佳时机。

第五，儿童的选择可以影响他们所处的环境。除了遗传和环境因素外，儿童自身的特征和行为也影响他们的发展。儿童不是消极地接受遗传和环境的影响，他们做出选择，甚至创设一些可以激发他们天性的情境。例如，脾气暴躁的儿童可能会寻找冲突，向他人寻衅，这样儿童便为自己的成长创造了更具攻击性的环境。拥有乐观气质的儿童常常获得积极的反馈，这种积极的反馈强化儿童相信自己的微笑可以获得奖励，从而笑得更多。

在对遗传和环境交互作用的认识上，心理学家们虽然承认遗传和环境对于发展都是必要的，但首先强调的是遗传的作用，主张遗传在决定儿童经验何种环境方面起着关键作用。而当代儿童心理发展领域越来越关注不同儿童所处的不同成长环境，认为儿童的发展面貌是个体与环境的独特组合。同时，心理学家们认为塑造发展的情境是复杂的、多层面的，这包括即时的情境（如家庭、幼儿园、学校等）和远离的情境（如价值观、重要历史事件、科技创新等）。此外，心理学家还意识到文化对发展多样性的重要影响。

2. *个体在自身的发展中是主动的还是被动的*

以皮亚杰的认知发展理论为代表的观点认为，生命本身包含着变化，发展的原动力源于有机体的内部。儿童从一出生就积极地探索周围世界，他在与环境的相互作用中不断形成和发展着各种心理结构。以马斯洛（A. Maslow，1908—1970）、罗杰斯（C. Rogers，1902—1987）为代表的人本主义理论认为，自我实现的需要是发展的根本动力，个体对自身的发展负有责任。埃里克森所提出的心理社会理论也强调个体的自我调节能力，纽曼

① 鲁道夫·谢弗. 发展心理学的关键概念. 上海：华东师范大学出版社，2008：26-31.

② 特里萨·M. 麦克德维特，珍妮·埃利斯·奥姆罗德. 儿童发展与教育：上册. 北京：教育科学出版社，2007：8-11.

(Newman) 等对此曾评论道："心理社会性理论认为，个体具有促进生命各个阶段心理发展的能力。人有能力将他们的经验进行综合、组织和概念化，以自我保护、应对变化以及主宰自己的生活。因而，生物因素与社会影响的相互作用以及自我调节能力共同决定着个体的发展过程。"① 在此，我们看到个体在自身发展中对人的主观能动性的强调。相反，以华生为代表的行为主义理论认为，人的行为是环境塑造的结果，发展的动力来自外部环境，个体在自己的发展中没有主动性，他是被环境决定了的。

当代儿童发展理论把个体看成积极的、有自身目标的人，他们赋予自己的世界以意义，通过自我调节活动在很大程度上掌控自己的发展。最近，持发展系统论观点的心理学家强调人的心理系统的本质特点——自我组织。所谓自我组织，是指"在有机体内部和环境都没有提供明确指导的情况下，通过系统自身所固有的一系列过程，在发展过程中自发地出现了新的结构和新的行为模式"②。一些心理学家认为自我组织才是发展的真正原因。在发展系统论中，人类发展的行动观点（action perspective）认为，应该重视个体在生命全程中对自身发展史创造的贡献，个体是他们自身发展的产生者，或者至少是协同产生者。要关注个体的自我反思和自我调节，要把个体的发展变化与他们通过行动和思考来建构个人发展的方式联结起来，这样才能充分理解人类的发展。自我调节活动与个人目标、规划和认同等有关，这些成分在向成人期过渡中，在越来越要求独立性和自主性的发展任务中，变得更加分化和具体。人类发展的行动观点强调行动的意向性，即活动显示出目的性，有意指向某种发展任务或目的。在发展早期，婴幼儿的行动目的性还是微弱的，进入青少年期和成年早期后，个体关于自身和个人未来的认知才逐渐清晰，可以引导意向性活动。发展从他控和外部调节模式进展到意向性自我发展的内控模式。发展的传统研究比较忽视这种自发性—意向性模式，而这是行动观点的核心兴趣所在③。此外，对元认知、自我调节、自我效能感、自尊、自我概念等的研究也都显示了对人的主动性在个体心理发展中所起作用的重视。

3. *发展是渐进的还是阶段性的*

我们如何描述发展的过程？它是通过小到无法察觉的变化增量日积月累，还是由一个特征明显的阶段跳向另一个完全不同质的阶段？形象地说，它是不断上升的曲线，还是具有像台阶一样的结构？（如图 1-2 所示）有些心理学家认为儿童与成人的差异主要表现为行为的数量累积和复杂程度不同，发展是连续、渐进的过程，没有突然的变化，发展主要表现为行为上的精细化和复杂化。这派观点的代表有行为主义理论、社会学习理论等。还有些心理学家认为发展不是渐进的，个体的成熟道路是由一系列突发的变化组成的，每一次变化都把个体提升到一个新的、更高级的发展水平上，从而显示发展的质的飞跃和阶段性。儿童与成人相比有其独特的认识事物和组织经验的方式，并且在不同的时间段，儿童对世界的理解和反应方式不同。非渐进发展的观点包含一个重要的发展概念：阶段。阶段

---

① 纽曼等. 发展心理学. 西安：陕西师范大学出版社，2005：43.

② 鲁道夫·谢弗. 发展心理学的关键概念. 上海：华东师范大学出版社，2008：37.

③ William Damon, Richard M. Lerner. 儿童心理学手册：第一卷. 上海：华东师范大学出版社，2009：602，624.

是以一系列独特的心理特征为标志来区分的生命周期①。阶段代表着儿童在特定发展时期思维、情感和行为方面的质的变化，变化是相当突然的。“阶段提供一种组织原则，把各方面的发展联系起来，达到系统的、模式化的发展。”② 阶段论的代表如皮亚杰的认知发展理论、弗洛伊德的个体发展理论和埃里克森的人格发展阶段论。

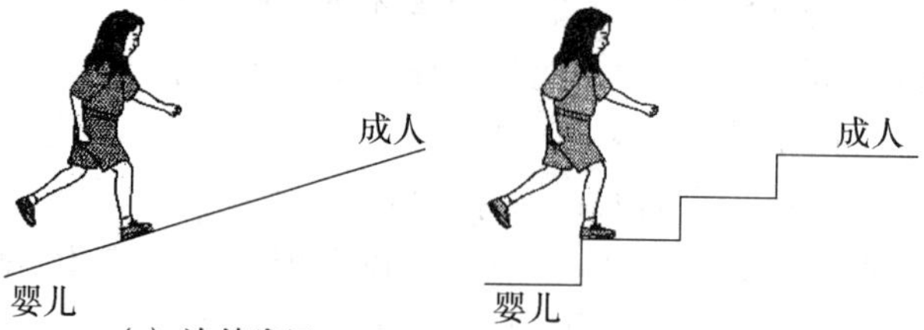

图 1－2 渐进性和阶段性所描述的发展过程

资料来源：卡拉·西格曼，伊丽莎白·瑞德尔．生命全程发展心理学．北京：北京师范大学出版社，2009：37.

认定发展过程是渐进的还是阶段性的核心在于：从本质上，发展过程中的变化是量变还是质变。量变是指程度上的变化，质变是指性质的变化。渐进论者认为，个体的发展变化本质上是一个量变的过程，而阶段论者认为个体的发展变化是质变的结果。

4．*发展是稳定的还是可变的*

在发展心理学领域中人们常常探讨的一个问题是，随着个体的年龄增长，他们的心理特征在多大程度上保持不变，又有多少会在发展过程中发生变化。发展的稳定性有两个含义：第一个含义是从遗传和环境对发展的影响方面考虑的发展稳定性，是指个体在发展中的长期一贯性，主要表现为时间上的稳定性和跨情境的一致性两个方面。在时间上稳定和不同情境下一致的特性和行为会在较大程度上受生物因素的影响，如气质特征、情绪特性和探索活动的主动性等；而在发展中显示了变化的特性和行为则较多受环境因素的影响。发展的稳定性虽然有个体特征不因年龄增长而发生改变的含义，但这并不意味着个体特征在外部表现上的完全相同，而是指个体特征虽然在不同年龄有不同的外部表现，却有着相同的加工过程。例如，一个人从童年到成年都有明显的攻击性，但是，他在小时候和年龄大时所表现出攻击性的方式是不同的。正是由于发展的稳定性，我们有可能通过个体早期的行为预测其后来的特征，因此也就有可能对个体进行干预和帮助③。

发展稳定性的第二个含义是从早期经历能否被今后经历抵消或矫正的角度考虑的，是指个体在早年经历影响下所形成的特性和行为在发展过程保持相对不变并对以后的发展产生持续影响。对于受环境因素影响所形成的特性和行为，心理学家特别关心那些消极的特性和行为，关注以后的经历能否抵消早年经历的消极影响，从而改变消极的特性和行为。对于这一点心理学家大体上有两种看法。精神分析学派的观点认为早期经验对一个人的毕生发展有重要影响，我们是过去经历的受害者，在生命最初几年所经历的种种事件塑造了我们人格的基础，强调发展的稳定性；有些心理学家则

① 鲁道夫·谢弗．发展心理学的关键概念．上海：华东师范大学出版社，2008：12.

② 孟昭兰．婴儿心理学．北京：北京大学出版社，1997：33.

③ 同①5－6.

强调发展的结果并非是稳定不变的，而是可变的，他们认为虽然个体早年的生活经历影响了后来的心理发展，但是如果给予补偿性经历的话，个体能够在某种程度上克服早年经历的影响，在一定程度上改善心理功能，在心理和行为方面发生改变或成长。例如，一些因在孤儿院长大而得不到应有教养的孩子，如果被充满爱心的家庭收养，其生理和心理方面的偏差都有可能得到改善①。

与“发展是稳定的还是可变的”这一基本问题相关联的一个概念是发展的可塑性。发展的可塑性是指在积极或消极生活经历的作用下个体心理或行为改变的过程，也就是说存在着变化的可能性，发展的状态可以被经验塑造。心理学家发现，如果个体生活的重大方面发生改变的话，例如，父母离婚、父亲或母亲的死亡、从刺激单调的环境到刺激丰富的环境等，发展的过程就会发生突变。可塑性原理表明早年有过创伤、消极经历而发展出现偏差或固着的个体能够在外界一定的支持和帮助下，纠正发展偏差，获得心理成长。

（二）均衡化的观点

对于上述四个基本主题，现代的儿童发展心理学家已不再采取极端的观点，而是同时吸纳两种观点的优点，保持一种综合性的立场。一些心理学家认为，连续发展和阶段发展都代表了个体发展的特征，互为补充，他们不再追究遗传与环境哪个更重要，而是更关注成熟与学习如何共同影响着儿童的特质和能力。

总之，制约和影响人类心理发展的因素构成了一个错综复杂的网络，把这些因素严格地分离出来并非易事，尽管关于这些主题的争论仍在继续，无法得出一致的意见，但对这些主题的探讨和理解有助于我们尝试建立更为合理的儿童发展理念②。

第二节 儿童发展心理学简史

一、儿童心理发展研究的推动力：儿童观的演进

儿童发展心理学的产生与儿童观的演进有着十分密切的关系。为了更好地认识儿童发展领域的现状，有必要追根溯源，我们会看到许多儿童发展的早期观念对今天的理论和研究所起到的深远影响。

中世纪时，人们对儿童期缺乏关注，没有考虑到幼儿在心理和生理上与成年人有本质上的区别。从婴儿期起，儿童就被看作发育完成了的微型成人，年龄显得无足轻重。

16世纪时，由宗教改革运动催生的新教教义认为，儿童是上帝创造的羸弱的生命，是无知、无助的灵魂，需要保护和完善。人生来就有不良习性，是自私自利的，因此儿童必须受到美德的熏陶和教育来拯救他们的灵魂，这导致了人们奉行严厉、专制的儿童教养方式。

17、18世纪的启蒙运动时期，由于意识形态的变化和教育实际的要求，一些哲学家

---

① 鲁道夫·谢弗．发展心理学的关键概念．上海：华东师范大学出版社，2008：6．
② 劳拉·E．贝克．儿童发展．南京：江苏教育出版社，2002：9．

和思想家开始思索如下问题：孩子是性本善还是性本恶？孩子受天生的动力和本能的驱动还是环境的产物？孩子自身的特点是主动形成的还是由父母、教师和其他社会因素塑造而成的？围绕着这些问题的思考和争论形成了对儿童和儿童养育的不同观念。英国哲学家约翰·洛克（John Locke，1632—1704）认为儿童的心理是一张白板，并没有天生的倾向性，既非性本善，也非性本恶，他的发展完全取决于来到这个世界之后的经历。洛克主张，经验和养育是婴儿发展的决定因素，父母应该是理性的教导者，通过精心指导、示范以及对良好行为的赞扬与奖励，他们可以按照任何方式塑造孩子。法国启蒙思想家卢梭（Jean-Jacques Rousseau，1712—1778）认为，儿童不是白板，也不是任由成人灌输的空的容器。相反，儿童具有天赋，生来就有是非观念，有追求秩序和健康成长的需要，其发展过程是由自然力量决定的。自然为儿童安排了保证他们健康成长的发展秩序：婴儿期、幼儿期、儿童期和青少年期，儿童道德感的建立和独特的思想情感方式，会因父母和教师的干涉和训练而遭受损害。应该给予儿童更多的自由以发展他们的天生禀赋，最好的教育就是最自然的教育，因为儿童在自己的智力和人格形成中是积极主动的，他不是“老师教育的被动受体”，而是一个“忙碌着、尝试着、有动机的探索者”①。可以看到，卢梭的理念里已经包含了现代儿童发展心理学中两个重要的概念：成熟和阶段。

卢梭的著作《爱弥儿》问世后，他的自然主义教育思想影响更大了。瑞士教育家裴斯泰洛齐、德国教育家福禄培尔不仅继承了这种思想，而且在实践中加以贯彻。一方面，他们开办幼儿园，编写儿童读物，提倡游戏；另一方面，他们的这些实践又反过来促进了对儿童天性的探讨。

二、科学儿童研究的先驱：达尔文

19 世纪晚期，受达尔文进化论思想的影响，为了找出儿童发展与人类进化之间的联系，一些研究者开始对自己的孩子进行细致的观察，并以婴儿传记的形式著书出版。其中，达尔文的《一个婴儿的传略》最有影响，达尔文也因此被认为是科学儿童研究的先驱。这是儿童心理引起人们广泛兴趣的开始。

但是婴儿传记还不能被看作科学著作，有几个原因：第一，观察者是婴儿的父母，很难保证观察的客观性；第二，这些观察往往缺乏预先的观察目的和假设；第三，不同婴儿传记观察的行为不同，它们之间很难进行比较；第四，每个婴儿传记以一个儿童为观察对象，这很难使观察结果推广至所有儿童。虽然存在这些不足，但它毕竟是对儿童进行系统研究的一个探索，成为自然观察法和纵向研究设计的前身。随后不久，儿童研究有了方法的改进和理论观点的指导。

三、儿童心理发展研究的规范阶段

德国生理学家、实验心理学家威廉·普莱尔（William Preyer，1842—1897）对自己的孩子进行了 0～3 岁期间的系统研究。与达尔文不同的是，他设计了观察儿童的精确标准，还将自己的观察记录与第二位观察员的记录进行对照，以保证准确性。普莱尔

① 戴维·R. 谢弗. 发展心理学——儿童与青少年. 北京：中国轻工业出版社，2005：9.

于1882年出版了第一本科学、系统的儿童心理学著作《儿童心理》，这标志着科学儿童心理学的正式诞生。普莱尔的工作对进一步的儿童心理发展研究起到了奠基作用，由此引发了心理学家们对儿童心理发展的研究兴趣和实践，这些研究兴趣和实践与17世纪以来关于天性和教养问题的争论交织在一起，将对这一问题的争论引向深入和具体化。

美国心理学家霍尔充分意识到婴儿传记的缺陷，他在19世纪后期发展了规范的问卷调查法作为研究儿童心理的主要方法。他编制了复杂的问卷，收集了大样本的数据，然后计算数据的平均值，从而获得儿童发展的常模。1904年，霍尔出版了《青少年心理学》一书，这是第一本要求人们把青少年期作为人生中一个独特的阶段加以关注的书。霍尔对儿童心理学研究的兴起起了重要的作用，他把儿童研究范围从婴儿拓展至青少年，加之他对研究方法方面的贡献，霍尔无愧于发展心理学奠基人之一的称号。霍尔的学生格塞尔还以儿童的动作能力、社会性行为和个性特点等为指标，制定了不同年龄儿童的发展常模。

此外，霍尔和格塞尔受达尔文进化论的影响，提出用成熟论来解释儿童的心理发展，他们认为儿童发展是遗传决定的、自动展开的过程，好似一朵鲜花的自然绽放。格塞尔相信儿童的发展时间表是人类进化的产物，因此儿童在本性上是懂得自己的需要的，但这并不意味着父母可以放任不管，而应该采取一种“警惕的自由放任主义”①，了解儿童的成长变化，对他们的行为做出积极、敏锐的反应。格塞尔在一篇文章中写道：“导致生长的原始冲动……是内源性的而不是外源性的。所谓环境，无论是内环境还是外环境，并不导致发展的进步。环境因素支持、影响和具体化，但并不引起个体发展的基本形式和结果。”②

当霍尔、格塞尔在美国发展他们的理论和方法的同时，法国心理学家比奈（Alfred Binet，1857—1911）和他的同事也在建立研究儿童的常模法，他们的目的是在巴黎的学校系统中鉴别出智力落后儿童，让这些儿童进入特殊班级学习。1905年，比奈和西蒙（T. Simon，1873—1961）成功地编制了世界上第一个智力量表。1916年，比奈-西蒙智力量表在美国斯坦福大学被译成英文，并进行了修订，这就是著名的斯坦福-比奈智力量表。除了能成功地预测学业成绩，比奈测验还引起了人们对发展的个体差异的浓厚兴趣。研究者比较了不同性别、种族、出生次序、家庭背景和其他特征下的儿童智力测验分数的差异。智力测验对有关遗传与环境的争论起到了推动作用。

在儿童发展心理学历史上曾被忽视的一位重要人物是美国心理学家詹姆斯·马克·鲍德温（James Mark Baldwin，1861—1934）。他既不把儿童本身，也不把环境看作发展的决定性因素，相反，他认为先天因素和后天因素同等重要。儿童积极地改变着他们看待世界的方式，同时也通过习惯化进行学习或模仿他人的行为。鲍德温认为遗传和环境不能被视为两个相互对立的因素，人类大部分的特征是两种因素共同作用的结果。

---

① 方富熹，方格．儿童发展心理学．北京：人民教育出版社，2005：36．

② 孟昭兰．婴儿心理学．北京：北京大学出版社，1997：13．

四、20 世纪中期的儿童发展心理学理论

20 世纪中期，儿童心理发展领域的研究吸引力不断增强，出现了一大批理论。在这些理论中，欧洲心理学家比较关注内在的认知和情感过程，美国心理学家更为关注科学的精确性和可观测的行为。了解这些理论有助于认识当代儿童发展心理的研究现状和未来趋势。

需要说明的是，这里只是从历史回顾的角度来了解这些理论，因此只是大致勾勒一个轮廓，更详细的讨论将在后文的相关章节中进一步展开，这里从略。

（一）精神分析理论

精神分析学派的创立者西格蒙德·弗洛伊德是维也纳的一位临床精神科医生。据对患癔症、恐惧症和瘫痪的病人的临床经验，他发现这些病人的神经症并没有相应的生理基础，让患者自由谈论幼年时期的痛苦经历可以缓解他们的症状。借助自由联想法、催眠法和释梦法，弗洛伊德仔细探寻患者的无意识动机，构建起自己的个体发展理论。他认为，人类主要是由潜意识中的动机和冲突所驱动；人的发展是一个冲突的过程，人具有基本的性本能和攻击本能，这些本能需要被满足，但在社会规范中这些本能是必须被限制的；父母在儿童早期对性本能和攻击本能的控制对其人格的健康发展至关重要，早期经验塑造了人格。弗洛伊德的个体发展理论包括人格结构理论和性心理发展阶段理论。

弗洛伊德的追随者吸收了他理论中的合理成分，并修正了他的一些思想，在此基础上提出了各自的理论。其中，埃里克森的心理社会发展理论影响很大。埃里克森接受了弗洛伊德的许多观点，但是有两个方面他不同意弗洛伊德的观点。第一，儿童不是父母遗传的生物本能的奴隶，而是寻求适应环境的积极的、好奇的探索者，自我是人格发展的积极力量；第二，强调社会文化对心理发展的影响。此外，埃里克森认为个体发展并不局限于儿童时期，而是贯穿了生命的整个历程。

除了弗洛伊德和埃里克森，还有很多精神分析学家对人类发展的研究做出了有意义的贡献，包括霍妮（K. Horney，1885—1952）、阿德勒（A. Adler，1870—1937）、沙利文（H. S. Sullivan，1892—1949）和荣格（Carl Gustav Jung，1875—1961）等。我们将在第七章探讨人格的发展时全面阐述精神分析理论。

（二）行为主义和社会学习理论

行为主义学派是美国心理学家约翰·B. 华生在 20 世纪初开创的，其基本主张是：心理学的研究对象应该是可观察的外显行为，而不是不可见的内部活动。华生也是第一个学习理论家，他的理论受到巴甫洛夫的经典条件反射研究的启发，他认为习得的外部刺激和可观察的反应之间的联结是人类发展的基石；环境是儿童发展中的主导力量，他们的发展取决于养育环境和父母或其他重要人物对待他们的方式。只要严格控制刺激和反应的联结，成人可以按照自己的意愿任意塑造儿童的行为。发展是由个体所处的独特环境所塑造的行为改变的连续过程。

继华生之后，美国的行为主义流派中出现了一些分支，其中之一是伯尔赫斯·F. 斯金纳的操作学习理论。通过对动物的研究，斯金纳认识到人类大多数行为习惯（这些习惯组成个体独特的人格反应）形成的基础是操作学习。人类往往重复导致愉快结果的行为，

而压制导致不愉快结果的行为，外部刺激在控制人类行为中有重要作用，人的行为习惯的出现或消失取决于行为结果是积极的还是消极的。可以用斯金纳的动物实验说明这个原理：小白鼠按压杠杆，这个操作的结果是获得美味食品，小白鼠很有可能会再次重复这种行为。这里，自由按压杠杆叫作操作，增强反应的食物叫作强化物。总之，斯金纳认为儿童通过独特的操作学习经验形成了习惯。

随后的研究者们承认了学习的条件反射原理和强化理论，然而他们认为认知因素在社会学习中的重要作用被严重忽略了。在这种背景下，相继出现了一些社会学习理论，其中最有影响的是阿尔伯特·班杜拉提出的理论。班杜拉认为人类的社会学习行为不能用动物实验的结果来解释，对于动物来说，操作条件反射是一个很重要的学习形式，然而，人类与动物不同的是，人类具有认知能力，能够积极地思考行为和结果之间的关系。因此，个体更多的是受事件后果的影响，而不是受实际所经历的事件的影响。观察学习是班杜拉的社会学习理论的核心部分。观察学习是通过观察他人（称为榜样）而进行的学习，是儿童习得各种行为的基础，儿童的良好行为或不良行为是他对周围人（榜样）进行观察的结果。观察学习借助于认知加工能力而实现，个体需要注意榜样的行为，积极地对所观察到的内容进行编码，然后以表象或言语形式储存信息，以便后来模仿这种行为。早期的学习理论认为儿童是环境影响的消极接受者，班杜拉对此提出反对意见，他认为儿童是积极的、有思想的人，他们可以自由选择要注意的榜样，并决定向榜样学习哪些内容，因此，儿童可以有很多发展方向。与环境决定论不同，班杜拉用相互决定论的概念来阐述自己关于个体发展的观点，他认为积极的人、个体的行为和环境之间是相互作用的，一个儿童会因自己的行为而影响环境。

虽然班杜拉强调了认知因素和儿童作为学习的主体，但总体上来说，行为主义和社会学习理论还是低估了儿童对自身发展的积极参与和贡献。

（三）皮亚杰的认知发展理论

皮亚杰是瑞士的心理学家，从20世纪20年代开始研究认知发展。皮亚杰的认知发展观受其早年生物学训练的影响，他认为智力的本质是适应，在认知的同化和顺应过程中，儿童获得越来越复杂的认知结构，使他们能很好地适应环境。认知结构（皮亚杰也称之为图式）是指用来应对或解释某些经验的有组织的思维模式或行为模式。所谓同化，就是运用已有的认知图式理解新经验或解决问题；顺应是指当已有认知图式不能理解新经验或解决问题时，对当前认知图式进行修改以更好地适应现实。在皮亚杰看来，认知发展主要是在儿童积极探索环境、对客体进行操作和与外部世界相互作用的过程中，通过同化和顺应而发生认知结构的变化而实现的。当然，生物成熟在发展中也起了很大作用。皮亚杰提出认知发展有四个主要阶段，每一阶段都以思维方式质的不同为特征：感知运动阶段（0～2岁）、前运算阶段（2～7岁）、具体运算阶段（7～11岁）、形式运算阶段（11岁以上）。

五、近期的儿童发展心理学理论观点

20世纪下半叶以来，各种理论和思想不断涌现，这些理论中有些是对早期理论的再发现，有些是对早期理论的质疑和拓展，有些则是以全新的视角探讨儿童的发展，拓宽了我们对儿童发展的认识。

（一）信息加工理论

20世纪70年代，儿童发展心理学家们不再以行为主义作为解释儿童发展的全部依据，也对完全证实皮亚杰的认知发展理论产生失望，于是他们将视野转向了认知心理学领域，用信息加工的观点研究心理发展。所谓认知，奈塞尔（U. Neisser，1928— ）认为“是指人们（或其他有机体）获取和利用信息的全部过程和活动”①。信息加工理论是随着计算机的出现而发展起来的，根据信息加工理论，人类大脑的信息加工过程类似于电脑的信息输入、加工和转换输出，大脑可被看作信息流动的符号控制系统。

信息加工理论承认生物成熟因素对认知发展的重要影响，大脑和神经系统的成熟使儿童能够更好地维持注意，辨认和储存与任务相关的信息，并利用所存信息回答和解决问题。同时，信息加工理论认为儿童的信息加工策略和能力也受他们经验的影响。

信息加工理论把儿童看作信息的感受主体，他们根据自己的需要主动地选取信息进行加工。儿童的发展是连续的，并非阶段式的，信息加工能力和策略在整个儿童期是逐渐发展的，即认知发展是小的量变过程，而不是大的质变过程。

信息加工理论注重细致精确的研究方法，它对不同年龄段儿童思维方面的差异做了大量研究，对教育有很重要的应用价值。但是，信息加工理论在一些方面存在不足，第一，研究是在人工实验情境中进行的，把儿童的思维从现实生活情境中隔离出来；第二，以计算机模型为基础来模拟人脑的工作过程，严重低估了人类认知的丰富性；第三，不能充分解释创造力、想象等认知活动。

（二）习性学（或进化论）的观点

习性学关注的是适应或生存、行为的价值及其进化史，从20世纪60年代开始运用于儿童发展的研究。习性学的起源可以追溯至达尔文的思想，康拉德·洛仑兹（Konrad Lorenz，1903—1989）和尼科·廷伯根（Niko Tinbergen，1907—1988）这两位欧洲动物学家是现代习性学的奠基人，他们对动物的相关研究强调进化过程与适应性行为的重要联系。

习性学最基本的假设是：所有动物生来就具有许多生物性的程序化的行为，这些行为是进化的产物，同时也是有利于生存的适应性行为。因此，习性学家主要关注天生的或本能的反应，而且他们主张应该在自然情境中寻找这些适应性行为并研究其对发展的含义，因为在自然情境中这些行为更容易被识别和理解，对于人类的研究同样如此。

通过在自然情境中对动物物种的行为的大量观察，洛仑兹和廷伯根发现了提高生存的一些适应性行为，其中最著名的是印刻（imprinting）作用。洛仑兹发现，刚孵出来的小鹅有追随运动物体的依恋行为，这种行为被称为“印刻”。通常小鹅孵出后遇到的第一个运动物体是母鹅，于是小鹅会追随母鹅，但如果将母鹅替换成一个上发条的木质鹅，小鹅也会追随这只木质鹅。印刻行为的出现有一个关键时间，即小鹅孵出24小时之内，如果在这段时间不向它提供运动对象刺激，印刻现象就不容易出现了。许多鸟类也有印刻现象。习性学家认为印刻现象对小鹅有生存价值，是对环境的一种适应性行为。

---

① 荆其诚. 现代心理科学发展趋势. 北京：人民出版社，1990：140.

对印刻作用的研究导致了一个重要概念：关键期。关键期是一个有时间限制的时期，是指有机体生理上准备出现某种适应行为，但需要得到环境刺激的一个时期。关键期可以解释动物发展的某些方面。但是许多习性学家认为，用敏感期来描述人类的发展更为严谨和准确。敏感期是指最适合某一些能力发展的阶段，在此期间，儿童对环境中的刺激特别敏感。敏感期的时间界限没有关键期那样严格和精确，错过敏感期某种发展还有可能出现，只是培养难度增加了。

受印刻作用研究的启发，英国精神分析学家约翰·鲍尔比（John Bowlby，1907—1990）运用习性学理论来研究婴儿与他们的照料者的关系。他认为，婴儿的依恋行为同样具有适应性价值。

（三）维果斯基的社会文化理论

维果斯基（Lev Vygotsky，1896—1934）是苏联心理学家，他是首先对皮亚杰理论提出挑战的人物之一。维果斯基不赞同儿童仅仅是独立的探索者，相反，他认为儿童通过与社会中有更高认知水平的伙伴或成年人的合作性对话并将其加以内化来获得认知的发展。也就是说，社会交往是儿童心理发展所必需的，最重要的一种社会交往形式是教学。维果斯基指出教学可以定义为人为的发展。

维果斯基不认为所有儿童都要经历相同的发展阶段。当儿童学会语言之后，其与他人交流的能力提高了，这导致了儿童在思想和行为上连续的变化，这种变化在不同文化间的差异非常大。

维果斯基承认儿童在自身发展中的主动作用，这种主动性表现为儿童将外部的社会活动内化为个人内部的智力活动。但是，维果斯基指出认知发展是一个社会中介过程，即儿童完成新任务时，离不开成人或更成熟一些的伙伴的支持。

（四）生态系统理论

美国心理学家布朗芬布伦纳（Urie Bronfenbrenner，1917—2005）的生态系统理论解释了环境对儿童发展的影响。这个理论强调个体嵌套于相互影响的多层次环境系统中，每一系统都与其他系统以及个体相互作用，影响着个体的发展。布朗芬布伦纳认为，环境（或自然生态）是一组嵌套结构，从家庭扩展到学校、社区以及社会文化，环境的每一层次对儿童的发展都有重要影响。环境最内部的层次是微系统（microsystem），是指个体活动与交往的直接环境，如家庭、学校、同伴群体等；第二个环境层是中间系统（mesosystem），指的是在微系统之间的相互联系，布朗芬布伦纳认为，如果在微系统之间有较强的支持性联系，发展就有可能实现最优化；第三个环境层是外在系统（exosystem），是指儿童并未直接参与但对他们的发展产生影响的社会环境系统，如父母的工作环境和社会关系网、学校的发展规划等；最外层是宏观系统（macrosystem），是指微系统、中间系统、外在系统嵌套于其中的文化、亚文化和社会阶层背景，包括价值观、习俗等。布朗芬布伦纳的环境结构模型还包括时间维度，称作动态变化系统，布朗芬布伦纳认为环境并非按固定方式始终如一影响着儿童发展，它是动态的、时刻变化的。

到目前为止，我们对儿童发展心理学的历史做了一个简要的回顾，在此过程中对现代儿童研究的主要理论观点做了简要介绍。这些理论都探讨了儿童发展的天性与教养问题，只是研究的发展领域有所侧重，有的聚焦于情感和社会发展，如精神分析理论；有的关注儿童认知的变化，如皮亚杰和维果斯基的理论；有的则讨论影响儿童发展的环境因素，如行为主义理论、社会学习理论和生态系统理论。没有一个单独的理论可以全面解释儿童的心理发展，但是通过对这些理论的分析、比较和批判，对它们的合理成分加以提炼和整合，我们可以建立自己的儿童发展观，当然它很有可能是几种理论的混合体。

（五）行动理论

行动理论是发展系统理论大家族中的一员，因而有必要在这里先对发展系统理论加以简要介绍。发展系统理论在20世纪末出现，是许多人类发展模型的上位理论框架，这些发展模型包括：渐成论、动态系统论、整体性人—情境互动理论、发展情境论、毕生发展理论、生命历程理论等等。发展系统理论的主要观点有：第一，所有将人类发展的生态系统成分（比如天性和教养）、连续性与间断性、稳定性与不稳定性加以两分的做法是不被接受的，而是以系统整合取代之；第二，人的生命和发展过程涉及很多变量，这些变量存在于多个不同分析水平或组织水平上，它们必须以有组织的模式发挥作用，使处在情境中的人有连贯和协调的功能。人类发展生态系统内的所有组织水平是融为一体的，组织水平分布于生物和生理水平与文化和历史水平之间；第三，个体的功能和发展源于组织水平内不同变量之间以及各水平之间的动态相互作用；第四，个体对情境的行动和多水平情境对个体的行动之间的整合（个体—情境关系）构成人类发展基本过程研究中的基本分析单元；第五，每个人与其他任何人的不同，既存在于基因结构上，也存在于其所处环境中，还存在于基因与环境之间的动态相互作用中；第六，人类发展呈现出相对可塑性，因而对任何人来说都没有唯一的、理想的发展道路，发展结果是开放的，具有或然性。第七，个体通过自身在多方面的功能影响自己的发展。从这个意义上讲，人类是自我组织、自我建构的①。在发展系统论中有关探索人类可塑性本质的理论认为，人类发展研究应该主要关注发展的调节，所谓发展的调节，是指个体作用于他们所在情境以及情境作用于个体的过程，也就是个体—情境之间的关系的动态过程。行动理论就是关注这些关系过程取向的一个范例②。

行动理论的提出者是约基·布兰特斯塔特尔（Jochen Brandtstädter）。行动理论把个体作为其自身发展的创造者，强调个体在其发展过程中是主动的，强调个体的自我调节行动与人类可塑性的联系，认为“个体既是（自身发展）积极的创造者也是他或她发展的产品……（因此）通过行动和精神作用，自我调节的循环把个体的发展变化与个体建构自身发展的方式联系了起来”。布兰特斯塔特尔认为，行动是个体影响他们所处情境的一种手段，个体根据行动所引发的反馈来组织自己对于所处情境以及自身的认识，进而基于这些认识来设定未来行动的目标和意图等。人类发展就是这种交互的行动—反馈—自我组织—进一步行动的过程，行动是调节个体与情境之间的联系以及作为自我发展基础的动态性手段。行动理论还特别强调个体的意图在调节个体与环境交互作用中的核心作用，以及由基于意图的交互作用所引发的发展变化。布兰特斯塔特尔指出，在个体发展的早期，行动与发展之间的关系主要是功能性的而不是目的性的，但在随后的发展中，目的性或意图性的

---

① Richard M. Lerner. 儿童心理学手册：第一卷：上. 上海：华东师范大学出版社，2009：2-3.

② 理查德·M. 勒纳. 人类发展的概念与理论. 北京：北京大学出版社，2011：264.

作用越来越凸显。由此，布兰特斯塔特尔把行动界定为，“（a）在考虑个体意图状态（目标、价值观、信念和意志）的基础上，能够被预测和解释的行为；（b）至少能部分地受个人控制，并且是从一些备择行为中选择的行为；（c）由社会规则和社会习俗或主体对这些环境限制的表征所构建和限制的行为；（d）为了与个体所渴望的未来状况的表征相一致，旨在转变情境的行为”。由于形成意图的重要性，个体必须要为个人的发展构建目标，并且能够基于目标评价情境。此外，个体关于现实自我、理想自我和可能自我的概念为意图的形成提供了动机基础。总之，行动理论在个体的调节行动中尤其强调个体的意图。通过自我调节行动，积极主动的个体与情境交互作用，并通过发展和支持自我、使自我复杂化的方式来实现他的可塑性。布兰特斯塔特尔建议，在分析有目的的自我发展时，应该关注三条基本的发展路线：第一，一般意义上的目的性行动的发展以及与目的性相关的认知与表征过程的发展；第二，与个体对发展的控制相联系的信念与能力的形成；第三，自我（作为由自我参照的价值观、信念和标准组成的结构）的发展能够引导自我调节过程①。

总体上来说，当代儿童发展心理学不再极端片面地强调环境的作用或遗传的作用，许多发展心理学家采取了情境主义观点，这种观点认为：发展是动态的，是人与环境相互影响的产物，在发展过程中人是积极的，环境也是积极的；发展既有普遍性的一面，也有展现某种文化、某个时代的特异性的一面；发展既有量的变化，也有质的变化；个体可以沿不同的路线发展，所有这些取决于个体内部力量（遗传）和外部力量（环境）之间的复杂交互作用。同时，当代许多发展心理学家也不再明确地属于哪一流派或学术阵营，而是各种理论的折中派，因为每一个有关儿童发展的理论都有其合理成分，都对理解儿童的发展做出了各自的贡献。

第三节 儿童发展心理学的研究方法

科学研究一般从研究假设开始，有时也从研究问题开始，然后选择研究方法、进行研究设计，在收集数据并对数据进行分析的基础上，检验假设或给出问题的回答。

一、儿童发展心理学的基本研究方法

研究者要选择一定的研究方法来收集儿童发展的信息、验证研究假设。儿童发展心理学的研究方法主要有系统观察法、自我报告法、个案研究法、人种志研究法以及心理生理学法等。

1. 系统观察法

系统观察法包括自然观察法和结构观察法两种。

自然观察法是指到现场或自然环境中去观察儿童，记录他们的重要行为。自然观察法的最大优点在于它能揭示儿童在日常生活中的真实行为；它的主要局限性在于难以观察到

① 理查德·M. 勒纳. 人类发展的概念与理论. 北京：北京大学出版社，2011：264-268.

发生频率低的或不被社会赞许（如违背诺言）的行为，而且由于取样时间和地点的限制，不是每个儿童都有同等机会展示被观察的行为。

结构观察法（也可称作实验性观察）一般在实验室中进行，研究者通过实验设计设置某种情境，使儿童有相同的机会表现特定行为。结构观察法能较好地克服自然观察法的不足，它的主要缺点在于儿童在实验室情境中的行为有时并不能反映他们在自然情境中的行为。

系统观察法存在三个主要的问题。第一，观察者对研究行为可能有一定的影响，主要表现为观察者的在场会引起儿童的不自然反应方式，或观察者的暗示会促使儿童表现出最好的行为；第二，观察者的偏见会损害研究的客观性，当观察者意识到研究的目的后，他们可能选择性地记录期望的行为，而不是儿童的实际行为；第三，系统观察法不能展示儿童行为背后的思维过程。

2. 自我报告法

自我报告法是由研究者提出问题并让研究对象回答，从而收集有关研究对象的认知、情感、人格和过去经验的一种研究方法，包括访谈法、问卷法和测验法。

（1）访谈法。

访谈法是一种要求研究对象口头回答调查者提出的问题并从中收集数据的研究方法。包括非结构性的临床访谈和结构性的访谈。

临床访谈法是由皮亚杰首创的一种儿童发展研究方法。运用这种方法时，研究者向研究对象提供某个任务或某种刺激，然后要求研究对象回答问题。向研究对象提出的第一个问题是相同的，接下来会根据研究对象的回答情况来决定下一个要问的问题，通过这种追问来澄清研究对象对上一个问题的回答。可见，临床访谈法最大的特点是访谈程序非常灵活。

结构性访谈的访谈程序相对固定，研究者以相同的方式向研究对象询问一系列相同的问题，并对研究对象的回答进行记录。

（2）问卷法和测验法。

问卷法和测验法是心理测量学中两种最主要的方法。

问卷法是指研究者根据一定的理论假设和所研究的问题编制出一系列问题，要求研究对象以书面的形式进行回答，从而收集研究数据和验证假设的研究方法。测验法是运用各种心理测验来研究儿童心理发展规律的方法。主要的智力测验有斯坦福-比奈量表、韦克斯勒量表、瑞文推理测验，主要的人格测验有卡特尔 16 项人格因素测验、艾森克人格问卷等，此外还有画人测验、托兰斯创造性思维测验等。

自我报告法的优点在于能在短时间内收集到大量有用的数据，同时，这种方法能避免儿童以社会赞许的方式来回答问题。但是，它不太适合年龄小的孩子，因为他们还不会阅读或还不能很好地理解语言。此外，研究者对儿童和对其父母或老师的访谈结果有可能不一致，因此，很难判断哪种信息是准确的。

3. 个案研究法

个案研究法强调认识个体的重要性。这种方法综合运用访谈法、问卷法、心理测验法以及观察法来收集单个个体发展特点的详细信息，目的是获得尽可能完整的儿童心理发展的详细信息。19世纪末和20世纪初的婴儿日记、弗洛伊德的临床分析都属于个案研究。

个案研究提供了对发展历程的丰富的描述和深入的洞察，但是个案研究的结论不具有普遍推广性，因为从少数个体得出的结论不能简单应用到多数人身上，所以，个案研究的结论在受到普遍性认可之前还有待通过其他方法进一步检验。

除了以上三种主要的研究方法以外，还有两种方法得到越来越多的运用：人种志研究法和心理生理学法。为了研究不同文化对儿童发展的影响，儿童发展研究者借鉴了人类学领域的方法——人种志研究法。人种志研究是通过参与式观察而实现的，人种学家常常在所研究的文化或亚文化群体中生活几个月甚至几年，通过融入当地生活进行观察、访谈等，来解释儿童行为的文化意义，并总结出这个文化群体的独特价值观和传统如何影响儿童发展的理论。至于心理生理学研究方法，是通过测量生理反应和儿童行为之间的关系，来探察儿童感觉、认知和情感反应的生理基础。心理生理学研究在研究婴幼儿的感知、思维和情感过程等方面非常有用，因为婴幼儿往往不能清楚地报告自己的心理过程。但是这种方法要求研究者对生理反应的含义有很高的推断能力。

不论使用哪种研究方法来收集数据以验证研究假设，一个科学研究要想获得认可，必须满足两个关键条件：它的数据是可信的和有效的。就是说，对数据的测量要满足两个特性：信度和效度。

(1) 信度。信度指的是行为测量的一致性、可重复性。通常我们会从评分者的一致性和测量结果在时间上的稳定性来考察信度。如果就某个测量而言，不同评分者能给出较为一致的评价，这个测量就是可信的，这叫作评分者信度。此外，对儿童进行一次测量后，隔较短的一段时间用相同的测量方法对他（们）再测量一次，两次测量的结果必须是接近的，这叫作测信度。

(2) 效度。效度是指一个测量准确地测得了研究者所希望获得的东西。一个测量工具必须是可靠的、有测量一致性的，它才可能是有效的。然而，信度只是效度的必要条件而不是充分条件。为了保证研究的有效性，研究者要分析问卷中或观察中是否确实完整包含了研究者所希望研究的行为，这叫作内容效度。此外，还可以检验一种研究方法对行为预测的程度或效果，这叫作预测效度。

二、一般研究设计

研究者提出研究的问题和研究假设后，需要进行研究设计，以鉴别事件和行为之间的关系，并进一步确定形成这些关系的原因。

（一）相关设计

在相关设计中，研究者收集数据，以确定所感兴趣的两个或多个变量之间是否存在有意义的相关。研究者通常用相关系数来检验变量之间的相关关系，相关系数的取值范围从－1.00到＋1.00。数值的绝对值显示相关程度，相关系数为0时表示两者的变化没有一致性关系；正相关（＋）表示一个变量增长时，另一个变量也随之增长；负相关（－）表示一个变量增长时，另一个变量在减少。

在相关设计中，研究者对现存的样本进行数据收集，检验变量之间的相关关系，它的主要缺点是我们不能从中推论出因果关系。怎样确立因果关系呢？一个解决办法就是使用实验法。

（二）实验设计

实验设计可以推断两个变量之间可能存在的因果关系，它是研究者在实验情境中引发一些变化，然后测量这些变化对研究对象有何影响的研究设计。当需要检验某个研究假设时，研究者在实验室中对研究对象进行不同的实验处理，记录他们对这些实验处理的反应，从而获得实验数据。对研究对象施行的不同实验处理称为自变量，受自变量影响而变化的变量称为因变量。由于研究者严格控制着自变量的变化，因此可以进行因果关系推论。为了得到自变量和因变量之间的因果关系，实验者还必须进行严格的实验控制来消除其他无关变量对实验结果的影响，这可以通过随机分组设计和配对分组设计来实现。

实验法的优点是能确认因果关系，但严格控制的实验环境常常是不自然的、虚假的，因此，从实验室得出的结论很可能不适用于真实生活。怎样才能使一个实验室得出的结论适用于现实生活呢？最理想的解决办法是运用现场实验，这是对实验室研究的补充。所谓现场实验，就是在家庭、学校等自然环境下进行的实验，研究者将研究对象随机分配到自然环境中的各个实验处理组中。这个方法把观察的优点和实验法的严格控制很好地结合起来。由于是在自然环境中进行的，现场实验可以有效地提高研究结果的生态效度。

（三）自然实验

对于无法操纵或控制的自然事件的影响，是不能用实验法来研究的，而应该采用自然实验。自然实验是指研究者可以对现实生活中已经存在的实验处理进行比较（如不同的家庭环境、学校、教育方法等），并仔细选择研究对象以确认各组在某些特征上尽可能相似。通过这种方式，研究者对实验处理的效应进行尽可能完善的解释。在自然实验中，研究者不去控制自变量，也没有把研究对象随机分配到实验处理中，他们只是观察和记录自然事件的明显结果。

由于没有进行实验控制，因此无法得出严格的因果关系，但是，自然实验可以告诉我们，人所经历的自然事件是否可能对人产生影响，并对这些影响进行测量，另外，它还可以提供关于因果关系的一些有意义的线索①。

三、发展研究设计

发展心理学家不只是对儿童在特定阶段的发展感兴趣，他们还希望了解儿童随着时间的推移是如何发展变化的。因此，研究者需要扩展相关设计和实验设计使其包括对不同年龄阶段儿童的测量。下面介绍在发展研究中的几种特殊的研究设计：纵向设计、横断设计、纵向设计和横断设计相结合、实验设计和发展设计相结合。

（一）纵向设计

纵向设计是研究者对同一组研究对象在不同年龄段进行反复研究，记录他们成长过程中的各种变化，研究的周期可能较短（几个月到一年），也可能很长（几十年甚至一生）。

纵向设计有两个优点：第一，由于它随时间追踪每个研究对象的情况，因此研究者可以确定发展的一般趋势和过程，也可以了解发展中的个体差异。第二，研究者可以验证早

---

① 戴维·R. 谢弗. 发展心理学——儿童与青少年. 北京：中国轻工业出版社，2005：24-25.

期经历与后期事件和行为之间的关系。

但是研究设计也存在大量的问题，除了经费昂贵、耗时长以外，样本偏差、练习效应、同质效应以及理论的生命力都会影响到研究结果的效度。所谓样本偏差，是指愿意参与研究的研究对象可能有着与众不同的特征（如自身素质较高，有对科学价值的鉴赏力等），因此从他们那里得出的研究结论很难推广到其他人中。有些儿童由于各种原因中途退出研究，结果出现非代表性的小样本，使得研究结论只能局限在长期参加研究的儿童身上。练习效应是指对研究对象经过多次反复的测量后，研究对象由于更高的应试技巧而使测验分数受到与发展无关的因素的影响。另外，经过多次被访谈和观察后，研究对象对自己思想、情感和行为的敏感度逐渐提高，有可能以与年龄无关的方式改变自己的行为方式。所谓同质效应，是指研究对象是出生于同一时期并受特定历史文化状况影响的儿童，建立在某一同质基础上的研究结论不适用于其他时代和文化历史背景下的儿童。另外，由于有些纵向研究比较长，因此当初研究开始时对研究假设有帮助的理论很可能到后期就过时了。

（二）横断设计

横断设计是指研究者在同一时间里对不同年龄段的儿童进行研究。通过比较不同年龄段的儿童的差异，研究者可以确定与年龄相关的发展变化。

横断设计的优点是研究者能在短时间内收集不同年龄段儿童的数据。同时，横断设计有两个局限：第一，存在同辈效应的影响，即每个年龄段的研究对象所生长的文化环境和历史背景不同，因此，研究结论可能并不真正代表与年龄相关的变化，而是反映了不同时代背景对发展的影响。第二，因为横断设计仅仅在某个时间点上考察不同年龄段的儿童，因此它不能获得关于个体发展实际发生阶段的证据。

（三）纵向设计和横断设计相结合

为了克服纵向设计和横断设计的局限，并将两者的优点结合起来，研究者有时也将两种方法结合起来使用。其中一种称为纵向序列设计，即选择一系列不同年龄段的样本并对其长期追踪。

纵向序列设计有三个优点：第一，它是研究者能够通过比较生于不同年份的同龄儿童，来确定同辈效应是否对研究结果产生影响。第二，研究者在同一个研究中同时进行横断比较和纵向比较。第三，比标准的纵向设计耗时短，可以提高研究效率。

（四）实验设计和发展设计相结合

无论是横断设计还是纵向设计，只能提供关于发展的相关关系而不是因果关系的推论。可以把发展设计和实验设计结合起来，使研究者完成从相关关系到对因果关系的推论。如果发展设计研究发现儿童的某一行为与某些经历是相关的，可以在随后的研究中对儿童的经历进行实验处理，进一步探求这一行为与经历的因果关系。

思考题

1. 举例说明什么是发展？“发展”和“变化”有什么区别？
2. 对于儿童发展心理学的基本主题，你有什么样的看法？你的观点有什么依据？

3. 儿童发展心理学产生的历史文化背景是什么？或者说，儿童观的演进如何推动儿童发展心理学的研究？

4. 儿童发展心理学的基本研究方法有哪些？

5. 20 世纪中期，探讨儿童心理发展的主要理论有哪些？在基本主题方面，它们的主要观点有什么不同？

6. 20 世纪下半叶，探讨儿童心理发展的主要理论有哪些？它们的主要观点是什么？

7. 从儿童发展心理学的研究历史来分析，心理学家们对于儿童心理的发展产生了哪些深刻的认识？

第二章 心理发展的基础

知识结构图

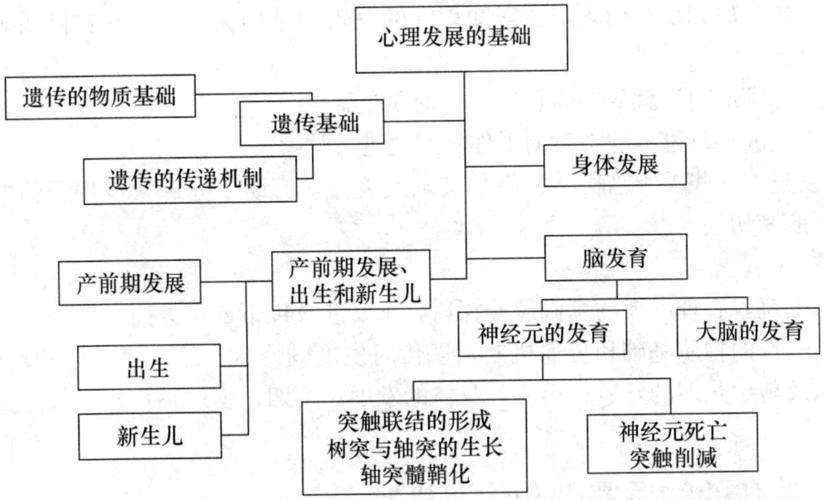

学习目标

1. 了解遗传的物质基础和传递机制，产前期、出生和新生儿三个阶段的发展、儿童的身体发展。

2. 了解基因对发展的作用、影响产前期发展的因素、出生并发症以及新生儿反射和新生儿状态对新生儿适应能力的提示作用，建立从心理发展的生理基础来分析心理现象的思路框架。

3. 掌握脑发育的过程，建立基于脑的发育来分析心理发展的思路。

学习重点

1. 基因对发展的作用、影响产前期发展的因素、出生并发症、新生儿反射和新生儿状态等概念的掌握。

2. 掌握神经元发育的过程，包括突触联结形成、树突和轴突生长、轴突髓鞘化等概念的掌握；掌握大脑发育的过程，包括轴突髓鞘化的顺序、神经元联系的建立和大脑偏侧化等概念的掌握。

学习难点

运用脑发育过程的知识和原理来解释生活和工作中的现象。

学习建议

1. 结合自己的生活和工作经验来理解和掌握有关的概念、主题和理论，寻找它们对你的生活和工作的意义。

2. 参照本章的知识结构图，懂得知识间的逻辑和结构关系，并在自己头脑中建立相应的认知结构。

3. 可与老师或同学就某些问题进行讨论和交流。

4. 认真完成本章思考题将有助于你更好地进行学习。

5. 可以查阅一些关于脑科学方面的文献或著作，有助于你进一步理解脑的发展与心理发展之间的密切联系。

本章将围绕着心理发展的基础展开探讨，主要涉及以下四个方面：

第一，遗传的物质基础和传递机制，遗传对发展的影响；第二，个体的产前期发展、出生过程以及新生儿期的发展；第三，身体的发展；第四，脑的发育。

第一节 遗传的物质基础和传递机制

个体的心理发展受到遗传因素的影响，行为遗传学家把个体的发展看作一个人的基因型表达为他的表现型的过程。个体的基因型是从上代获得的遗传物质，从细胞水平上来说，遗传物质是指细胞核内的染色体，从分子水平上来说，则是指构成染色体的主要物质脱氧核糖核酸（DNA）。个体的表现型是指个体可见或可测量的特征。在本节中，我们将首先了解一下遗传的物质基础，然后介绍遗传信息如何由父母传递给他们的后代。

一、染色体、DNA 和基因

我们每个人都是由无数个细胞构成的。在每个细胞内部有细胞核，通过高倍显微镜对经过化学染色的细胞进行观察时可以发现在它的细胞核中有一种线状结构，这种结构被称为染色体。染色体能储存和传递遗传信息，因此，染色体是遗传的物质载体。染色体是成对出现的，一条由母亲遗传而来，另一条则来自父亲的遗传，二者在大小、形状和遗传功能上是相配的。人类有 23 对染色体，这 23 对染色体存在于人类的每一个细胞之中。在 23 对染色体中，22 对为常染色体，1 对为决定性别的性染色体。女性的 1 对性染色体是相同的，它们称为 XX 染色体，男性的性染色体则包括一条 X 染色体和一条很小的 Y 染色体。

染色体主要由脱氧核糖核酸（DNA）和蛋白质构成。DNA 是一个长链式的“双螺旋结构”分子，看上去像一个扭曲了的梯子，每一个梯级由介于两边之间的一对特殊化学物质对接而成，这种化学物质叫作碱基。有四种碱基，而且碱基的配对有一定的规律：A 接 T，G 接 C。但是碱基能够以任何序列出现，碱基的这种序列代表了基因的遗传信息，称为遗传密码。由于碱基排列的无限可能性，使 DNA 分子蕴藏极其丰富的遗传信息成为可能，从而决定了个体遗传的多样性。DNA 的一个主要特性是能够通过有丝分裂进行自我复制，DNA 链从中间断开，像拉链一样打开，然后这个分子的每一半自我复制它失去的另一半，这样就形成了两个与原有结构完全一样的新的 DNA 分子。由于 DNA 的自我复制功能，祖辈便能把他们的 DNA 复制一份传给后代，保持种的延续，也正是由于这一点，人体的所有细胞才有可能载有和受精卵同样的遗传密码。

一个基因只是染色体中 DNA 分子的一个片断，是一段能表现生理功能的序列，一个基因代表一个遗传信息，它是遗传信息的基本单位。基因的长度也各不相同，可能从一百到数千个梯级不等，每一个基因均不同于其他基因。人类染色体上总共有 3 万～3.5 万个基因序列。基因把指令发送至细胞质（细胞核周围的区域），用以合成各种类型的蛋白质，蛋白质可以触发身体内部的所有化学反应，蛋白质也是我们的特征和功能赖以形成的生物基础。

二、减数分裂和受精作用

人类有两种细胞：体细胞和生殖细胞。减数分裂是在生殖细胞成熟过程中发生的，它的特点是染色体复制一次，细胞连续分裂两次，结果是原有细胞的染色体数目减少一半。生物体首先复制它的 46 条染色体，然后发生遗传物质的交换：相邻的染色体交叉并在一点或更多的点纵向脱离，交换基因节段，在这个基因交换的转移中产生了独特的遗传组合。随后，复制的染色体对分开进入两个母细胞，最后，母细胞分裂使得每个子细胞（或者叫配子）含有 23 条单的、非配对的染色体。减数分裂确保不会有两个完全相同的配子同时存在，这就解释了为什么兄弟姐妹之间会相互区别。

生殖细胞经过减数分裂形成配子（精子和卵子）。精子和卵子结合形成一个有 23 对染色体的受精卵，每对染色体的一个单体来自母亲的卵子，另一个来自父亲的精子，这样，父母每个人都给自己的孩子贡献了 23 条染色体。

因。绝大多数染色体缺陷是因为生殖细胞在减数分裂过程中出现的差错而导致的。正常情况下，46 条染色体会平均分配到新形成的精子或卵子中，但有时也会出现不均衡的情况，这样，在分裂出的配子中，可能一条染色体过多而另一条过少。绝大多数这样的染色体异常是致命的，很可能导致发育停滞或自动流产。然而，有些染色体异常不是致命的，它会导致不少生理异常和精神症状的疾病，如唐氏综合征。

有些基因异常可能是由携带异常基因的父母传递给孩子的，尽管父母没有表现出异常特征。此外，基因异常也可能由突变引起，即一个或多个基因里的化学结构的变化。突变可以自动发生，也可以由于辐射或有毒的化学制剂等环境危害而发生。

第二节　产前期发展、出生和新生儿

一、产前期发展

产前期发展始于受精卵形成，大约经过 266 天的时间，单细胞受精卵发育成一个将要出生的由 2 000 亿个细胞组成的个体。产前期发展的这九个月非常重要，一方面是因为这个时期奠定了一个人发展的基础，另一方面是由于这个时期的发展很容易受到许多因素的影响。如果产前期发展发生什么差错，有可能会造成严重而持久的后果。

（一）产前期发展的三个阶段

产前期发展过程一般分为三个阶段：胚种期（或称受精卵期）、胚胎期和胎儿期。

胚种期一般持续两周。这一阶段主要完成受精卵着床、胎盘形成和支持系统的发展等过程。

胚胎期从怀孕的第 3 周开始，到第 8 周结束。在这一阶段，受精卵内部组织分化成三层：外胚层、中胚层和内胚层。外胚层发育成神经系统、表皮、毛发、指甲、牙齿的一部分、皮肤腺和感觉系统，中胚层发育成真皮、肌肉、骨骼、循环系统和排泄器官，内胚层发育成消化系统、肺、泌尿系统、胰腺、肝脏等重要内脏器官。胚胎期末时，所有身体组织和器官的基础均已具备。

胎儿期从第 9 周持续到分娩时，是最长的一个时期，在这一时期胎儿肌体迅速增大，各种器官和系统也在逐步成熟并精细化。从第 9 周到第 12 周，胎儿生长迅速，所有器官之间的连接已形成，此时胎儿的身体和四肢可以移动，能吞咽和消化养料，泌尿系统开始发挥功能，外生殖器形成。从第 13 周到第 24 周，母亲可以感觉到胎儿的移动，听到胎儿的心跳，胎儿也可以对明亮的光线和大的声音产生反应，胎儿身上的许多器官已经得到很好的生长和发育。从第 25 周到第 38 周，胎儿继续发育身体，所有的器官已经成熟，为出生做好了准备。在胎儿的发展中，第 28 周是重要的时期，胎儿达到成活年龄，他们在子宫外有可能生存下去。

（二）影响产前期发展的因素

在产前期发展过程中，一些环境因素会导致胎儿发育的异常，主要包括致畸因素和母亲自身的状况。

1. 致畸因素

致畸因素是指可能使胚胎或胎儿发育受到损害的任何环境因素。身体的各个主要器官和部分都有一个发育的关键期，在关键期内最容易受到致畸因素的影响。由于身体的大多数器官和部分在胚胎期迅速形成，因此，胚胎期被称作是怀孕过程中最关键的时期，也是对致畸因素最敏感的时期。需要注意的是，在孕期的任何时间都可能发生由致畸因素导致的问题，从这个意义上讲，整个孕期都应被看作人类个体发展的关键期。

常见的致畸因素包括母亲的疾病（如风疹、弓形虫病、艾滋病、糖尿病等）、Rh 因子、药物、酒精、烟草、毒品等以及环境危害（如辐射、化学物质污染等）。

2. 母亲自身的状况

除了上述的致畸因素以外，母亲的营养状况、情绪状态以及年龄也可能对产前期发展产生影响。

产前期的营养不良对胎儿是有害的，会阻碍胎儿的生长发育，对中枢神经造成严重伤害，还会使身体其他器官受影响，包括胰腺、肺、血管等，这将使成年期患心脏疾病和糖尿病的可能性大大增加。产前期营养不良的孩子在出生后往往也会表现出一些认知问题和情绪问题，如对事物缺乏兴趣、对刺激反应迟钝、焦躁不安、爱发怒等。

孕妇在产前期有长期、严重的情感压力可能会阻碍胎儿生长发育，导致早产、婴儿低体重以及易患呼吸道系统疾病，还会出现唇腭裂等身体疾病。另外，有严重心理压力的孕妇所生的孩子可能会多动、易怒，饮食、睡眠和排泄习惯没有规律。

一般来说，年龄超过 35 岁的妇女怀孕时染色体异常的概率增大，从而易导致婴儿的出生缺陷，并且大龄妇女出现其他并发症的危险也比较大。当然，这并非绝对，生育受多种因素的影响。

二、出生

（一）出生过程

婴儿的出生过程可分为三个阶段。第一产程从子宫以 10～15 分钟的间隔进行周期性的收缩开始，到子宫颈完全张开能通过胎儿头的时候为止，这一产程对于头胎孩子来说通常持续 8～14 小时，对后儿胎孩子来说可能持续 3～8 小时。

第二产程是胎儿的娩出期，开始于胎儿的头通过宫颈进入产道之时，当胎儿从产道中产出、离开母体时，第二产程结束，这个阶段通常持续 0.5～1.5 小时。

第三产程是胎盘娩出期，胎儿娩出后，子宫继续收缩以从母体中排除胎盘，历时 5～10 分钟。

婴儿的出生以及随后的发展可能会受到围产期环境的影响。围产期环境是指婴儿出生时所处的环境，包括分娩时母亲所用药物、分娩过程中的操作以及新生儿的社会环境等因素。婴儿的健康和他将来的发展可能会受到围产期环境的影响。如果在分娩过程中，用于缓解母亲疼痛的药物剂量过大，可能会造成婴儿出生后慵懒、不爱笑、难以喂养和安抚以及注意力不集中，这种情况会进一步影响亲子关系的发展。有时，医生助产时需要用到助产钳或真空抽取器，这些器具的使用在个别情况下会导致婴儿头颅出血和大脑损伤。此外，父母对婴儿出生的体验也会影响到亲子关系的建立。

（二）出生并发症

有三种出生并发症可能对婴儿的发展产生不良影响，分别是缺氧症、早产和低体重。

经历过轻微缺氧症的婴儿在出生后常常会变现出烦躁不安，并且动作和智力发展稍有落后，但是他们与正常孩子的差距会随着年龄的增长而缩小，到7岁左右基本上就看不出差距了。而较长时间的缺氧会导致婴儿的大脑损伤和永久性残疾。

凡是出生时体重低于2 500克的婴儿称为低体重儿，有两类低体重儿，一种是足月不足重的低体重儿，另一种是早于预产期3周出生的早产儿。研究发现，与出生时体重正常的婴儿相比，早产儿与足月低体重儿在童年期智力发展可能会落后，并更多地表现出学习困难和情绪障碍。这两类婴儿中，足月不足重的婴儿通常问题更严重一些，他们多病、体形瘦小，到了学龄期常出现学习困难和注意力不集中、多动、运动不协调等行为问题。但是，早产儿和足月低体重儿的问题并非是不可逆的。只要出生时的损伤程度没有达到非常严重的程度，支持性的养育环境常常能弥补早产和低体重对婴儿发展所造成的负面影响。如果父母能够读懂并用一定的技巧和策略来正确应对早产儿或足月低体重儿的非典型性行为，给孩子提供敏感的照料并与孩子建立积极的互动以及亲密的情感联系，就可以使这些婴儿健康地发育成长。

三、新生儿

从出生到1个月的个体称作新生儿。新生儿并非完全是脆弱、无助的小生物，他们已经为未来的生活做好了准备。新生儿的感知觉已经处于一个良好的工作状态，使他们足以觉察周围发生的事情，并对感觉信息做出适应性反应。新生儿还具有一些先天反射和可预期的日常活动模式，表明他是一个高度组织的有机体，能够很好地适应环境。

（一）新生儿的反射

新生儿具有一套有用的先天反射系统，反射是指对刺激的一种自发、自动的反应。这些先天反射可以分为两类，一类是生存反射，另一类是原始反射。生存反射具有明显的生存适应价值，包括呼吸反射、眨眼反射、吮吸反射、吞咽反射和觅食反射。生存反射能保护婴儿免受有害刺激的伤害，帮助婴儿满足生存的基本需要，并有利于婴儿获得照料者的积极反应，促使照料者注意婴儿的需求。

原始反射包括巴宾斯基反射、手掌抓握反射、摩罗反射、游泳反射和行走反射等，它们被看作人类进化的遗迹，其最初的功能已经丧失。在正常情况下，随着大脑的成熟，相应地，婴儿对行为的自主控制能力逐渐增强，绝大部分原始反射会在半岁前消失。虽然原始反射似乎对婴儿没什么价值，但对医生和发展学家诊断婴儿的神经系统病变具有重要价值。当新生儿不表现出这些反射，或者这些反射持续的时间过长，就有理由怀疑婴儿的神经系统发育不正常。

（二）新生儿的状态

新生儿表现出一种有规律的日常行为模式，这种模式有利于他们的健康发展。一天之内，一个新生儿会在六种不同觉醒水平的状态间转换。这六种觉醒状态分别是有规律的睡眠、不规律的睡眠、瞌睡、警觉性安静、警觉性活跃和啼哭。新生儿有规律的状态转换模式说明他们的内部调节机制有一定的组织性。

在六种状态中，睡眠和啼哭可以提供婴儿发育和发展的重要信息。睡眠主要由两种状态组成，快速眼动睡眠和非快速眼动睡眠。快速眼动睡眠是一种活跃睡眠状态，其特征是紧闭的眼皮下面有快速眼动现象。在快速眼动睡眠中，大脑电波类似于清醒时的状态，心率、血压和呼吸并不平稳，并有轻微的身体活动。新生儿的快速眼动睡眠至少占据其睡眠的一半时间，随后，快速眼动睡眠稳步减少，到 6 个月时，它只占总睡眠时间的 25%～30%。为什么新生儿的快速眼动睡眠时间这么长呢？一个广为接受的解释是，快速眼动睡眠可以给新生儿提供足够的内部刺激来发展和完善其神经系统。有研究发现，当婴儿在觉醒状态被给予许多视觉刺激，其快速眼动睡眠少于那些没有给予这些视觉刺激的控制组婴儿①。

啼哭是婴儿进行交流的第一种方式。大部分婴儿通过啼哭来表达自己的生理不适和心理需要，如饥饿、疼痛、尿布湿了、害怕巨大的声响或光线的忽然变化、想要被搂抱等。有研究者认为，敏感的、高反应性的教养方式可以防止婴儿焦虑。

第三节　身体发展

一、身体发展概述

儿童的身体发展主要表现在身高和体重的变化、身体比例的变化、骨骼发展和肌肉发展等方面。

第一个方面是身高和体重的变化。不同生长阶段儿童身高和体重增加的速率是不同的。其中，0～2 岁期间，婴儿身高和体重的变化非常迅速。以城区男婴为例，根据我国对九个城市的有关调查研究报告，其出生时的平均身高和体重分别是 50.4 厘米和 3.30 千克，到 6 个月时，平均身高已达 69.2 厘米，比出生时增长近 20 厘米，平均体重达到 8.62 千克，是出生时的 2.6 倍。到 1 岁时，身高达 77.3 厘米，体重达 10.16 千克，分别是出生时的 1.5 倍和 3.1 倍。1～2 岁期间，生长的速度逐渐变缓，2 岁时的身高达 89.1 厘米，体重为 12.57 千克，分别是出生时的 1.8 倍和 3.8 倍②。

第二个方面是身体比例的变化。在成长的过程中，儿童的身体外形和身体比例也会发生急剧的变化。儿童的发展遵循头尾发展原则。新生儿的头看起来特别大，占整个身长的 1/4。躯干在 1 岁以内生长最为迅速，到 1 岁时儿童的头长仅占整个身长的 1/5。从 1 岁到青春期，腿的生长最为迅速。到青春期，躯干再次成为发展最快的身体部位。儿童在向上生长的同时，也按照近远发展原则（从中心到四周）向外生长。例如，在胎儿期，胸腔和内部器官最先发育，然后是胳膊和腿，最后是手和脚的发育。在整个婴儿期和儿童期，胳膊和腿的生长继续快于手和脚的生长速度。接近青春期时，从中心到四周的生长模式发生

① 戴维·R. 谢弗. 发展心理学——儿童与青少年. 北京：中国轻工业出版社，2005：143.

② 方富熹，方格. 儿童发展心理学. 北京：人民教育出版社，2005：177.

了逆转，手和脚开始快速生长，然后是胳膊和腿，最后才是躯干。

第三个方面是骨骼的发展。出生时婴儿的大多数骨骼都是柔软而有韧性的，不易发生骨折。新生儿的头骨中有几块是可以弯曲的软骨，它们被六个囟门分开，出生后囟门将逐渐被一些矿物质填充，到 2 岁时形成一整块头盖骨，同时，在头盖骨连接处留有一些柔韧的接缝。这些接缝使头盖骨能随着大脑的生长而不断扩展。儿童身体的其他部位，如脚踝、脚、手腕和手，会随着儿童的成长而发育成更多的骨骼。可以用骨龄测量技术来了解儿童骨骼发展的水平。研究显示，女孩比男孩成熟得更快。出生的时候，女孩的骨骼成熟水平仅比男孩早 4～6 周。但是到 12 岁时，女孩的骨骼成熟水平比男孩早了两年。另外，身体各部位的骨骼生长和硬化的速度不一样。其中，头盖骨和手部的骨骼先成熟，而腿骨的生长会一直持续到十五六岁。通常，在 18 岁时，个体的骨骼发育就基本结束了①。

第四个方面是肌肉的发展。在整个婴幼儿期和童年期，肌肉的发展非常慢。到了青春期，肌肉增长很快。相对而言，男孩的肌肉比女孩增长得多些，而且他们的骨骼肌要大些。肌肉的发展也遵循头尾原则和近远原则，头部和颈部肌肉的成熟先于躯干和四肢的肌肉。

二、青春期的身体变化

青春期是儿童在身体和智力方面又一个快速发展的时期。在这一时期，儿童会表现出一系列的生理变化，原来不成熟的生殖器官具备了生殖能力。身体几乎所有的器官和系统都会受到这一变化的影响。由于体形和比例上的变化以及第一性征和第二性征的出现，使得青春前期和青春后期的青少年在外貌上有很大的差异。在青春发育快速期，青少年身体长得更高，体重也增加，他们的外形越来越像成年人。

每个儿童在青春期的发展顺序是相同的，但是这些发展变化出现的时间以及发展速度存在较大的性别差异和个体差异。一般而言，女孩青春期发育的时间比男孩要早 1～2 年。即使是同一性别的儿童，青春期发育的起始年龄也有可能相差 6 年。在发展的速度方面，有的儿童只用 18～24 个月就完成了青春期的变化，具备了成熟的生殖能力，而有的儿童则需要 6 年的时间来完成这个过程。这种差异意味着某些儿童已经完全成熟了，但与他同龄的其他儿童可能才刚刚开始青春期的发育。男孩最大的身体变化出现在 13 岁时，女孩则出现在 11 岁时②。

第四节　脑发育

在生命的头两年中，婴儿的脑发育速度特别快。婴儿出生时的脑重是成人脑重的 25%，到 2 岁时，其脑重已达到成人脑重的 75%。下面将从两个水平描述婴儿的脑发育进程，一个是作为神经系统基本单位的神经元水平，另一个是作为脑的最高级部位的大脑皮

---

① 戴维·R. 谢弗. 发展心理学——儿童与青少年. 北京：中国轻工业出版社，2005：152-153.
② 罗伯特·斯莱文. 教育心理学. 北京：人民邮电出版社，2004：65.

当单一的受精卵分开成两个独立发展的细胞时，就产生了同卵双生子。当两个不同的卵子分别被不同精子受孕就产生了异卵双生子。正常的人类卵子包含了一个非配对的X染色体，假如使卵子受孕的精子带来一条Y染色体，这个孩子就会是男孩；假如这个精子带来的是一条X染色体，这个孩子就会是女孩。

三、受精卵的生长和体细胞的产生

在受精卵穿过输卵管行进到子宫的过程中，它开始通过有丝分裂过程进行自我复制。在每次分裂前，这个细胞复制它的46条染色体，这些复制的染色体向细胞两极移动，然后开始细胞的分裂，产生两个“子”细胞，每一个都含有23对染色体以及与初级母细胞相同的遗传密码。到胎儿出生时，他由上亿个细胞组成，都是通过有丝分裂产生的，它们组成了肌肉、骨骼、器官和其他的身体结构。有丝分裂一生都在持续，产生新的细胞使人能够成长并替换损坏的老细胞。每一次分裂，遗传的蓝图都会被复制，从而使每个新细胞都含有我们在受孕时遗传而来的46条染色体的精确副本。

四、基因对发展的作用和基因遗传的方式

基因怎样控制和促进发展呢？在最基本的生化层面上，基因控制着氨基酸合成，以形成酶和其他蛋白质，蛋白质对于新细胞的形成和发挥功能是必不可少的。基因还控制着细胞的分化，确保有些细胞变成大脑和中枢神经，有些变成外围神经，有些变成骨骼，有些变成皮肤等。一些基因负责调节发展的步调和时间。

了解基因如何影响发展，还需要考虑基因遗传的主要方式以及个体的基因型如何影响表现型。基因的表达有四种方式：简单显性/隐性遗传、共显性、性连锁性遗传和多基因遗传。

人类的有些特征是由单一的一对等位基因（一个来自母亲一个来自父亲）决定的。在简单显性/隐性遗传里，个体展示出显性等位基因的表现型。在共显性遗传里，个体展现的表现型是这两个基因折中的结果，例如，决定人类A血型和B血型的等位基因就是同等表现力的，每个都不支配另一个。性连锁性特征是由X染色体上的隐性等位基因引起的，它们在男性中更普遍，男性只有一个X染色体因而只需要遗传一个等位基因就能表现这些特征。有些特征的产生是因为遗传印记作用，即特定的基因对被打上了生化标记，使得只有父母中特定一方的等位基因（或者是父亲的，或者是母亲的）被表达，而不管它的组成如何。只有很少的等位基因服从遗传印记，并且它不会发生在所有人身上。

以上主要考虑了受单对等位基因影响的特征。然而，多数重要的人类特征是受多对等位基因影响的，称为多基因特征，如身高、体重、智力、气质、癌症易感性等。多基因遗传非常复杂，它的许多情况至今仍未研究清楚。

在基因所携带的遗传信息被表现的过程中，环境因素会起到影响作用。因此，基因和环境影响的交互作用使人类属性表现出大范围的个体差异。

五、染色体和基因异常

除了遗传有害的隐性等位基因之外，染色体变异也是导致发育不正常的一个主要原

层水平。

一、神经元的发育

出生时人脑中已有 1 000 亿到 2 000 亿个神经元，它们的功能是储存和传输信息。但是这些神经元必须组织成系统，才能获取信息，进行思考、交谈和记忆。婴儿出生的最初两年是大脑皮层进行这种结构调整的重要阶段。

每个神经元细胞由细胞体、树突和轴突三部分组成。树突是从细胞体周围发出的分支，多而短，形状如树的分支，负责接受刺激，将神经冲动传向细胞体。轴突是从细胞体发出的一根较长的分支，它的作用是将神经冲动从细胞体发送出去，到达与它联系的各种细胞。从细胞体发出的这两种分支，称为神经纤维。

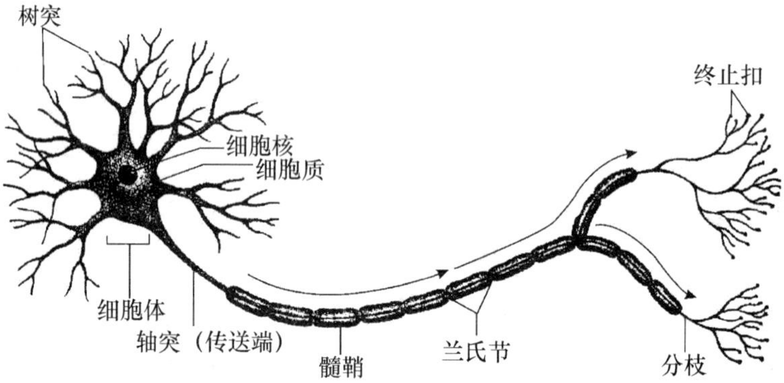

图 2－1 神经元的结构

资料来源：彭聃龄．普通心理学．北京：北京师范大学出版社，2001：45.

神经元之间并不是紧紧联系在一起的，而是存在一些小的间隙，称为突触。神经元通过突触来释放化学物质，从而将信息传送至另一个神经元。一个神经元可以同上千个突触发生联系，这样，神经元与神经元之间通过突触联结形成了有效的信息传递系统，这就是神经回路。神经回路是脑内信息处理的基本单位。可以说，神经元发育的主要任务之一就是突触联结的形成、树突与轴突的生长，进而形成错综复杂的神经网络。

神经元发育的另一个重要任务是轴突髓鞘化。所谓轴突髓鞘化是指通过神经胶质细胞的生长在神经元的轴突周围形成髓鞘的过程。髓鞘是由髓磷脂构成的，像是一层绝缘外壳，从而保证信息的传递更加准确和快速。出生后神经元的数量不会增加了，但是婴儿的脑重和头围却在增加，这是什么原因呢？除了神经纤维的生长会使脑重有一定增长以外，神经胶质细胞的生长以及轴突髓鞘化是一个更主要的原因。

在神经元发育过程中还有两个重要的现象：神经元死亡和突触削减。由于发育中的神经元需要为突触联系的大量形成提供空间，所以当突触形成时，其周围的许多神经元就程序性死亡了①。当然，由于胚胎期神经管产生的神经元数量大大超过了脑所需要的数量，所以我们不必为此现象而担心。

① 雷切尔·凯茨，伊丽莎白·埃思茨．大脑学习的高速公路——儿童早期的大脑开发．北京：中国少年儿童出版社，1999：43.

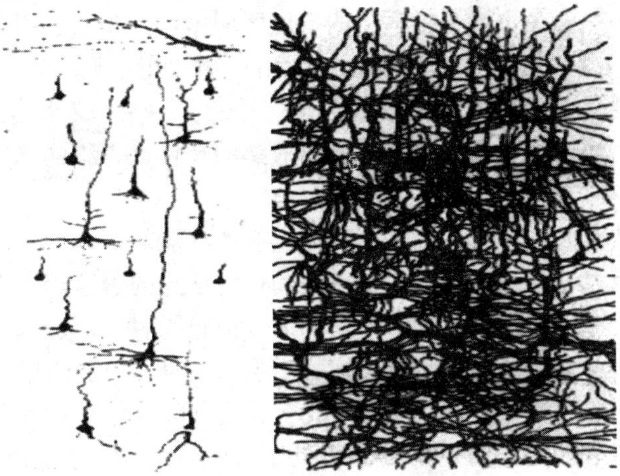

图 2-2　0～2 岁的神经元联系的变化

注：左图为新生儿的大脑神经元联系，右图为 2 岁时大脑的神经元联系。
资料来源：劳拉·E. 贝克. 儿童发展. 南京：江苏教育出版社，2002：257.

神经元联系的形成受到周围环境刺激丰富与否的影响。一些较少受到刺激的神经元很快会失去它们的联结性纤维，这个过程就是“突触削减”。这表明，在生命早期大脑的发展并不单纯是成熟程序的自然展开，而是生物因素和早期经验两者结合的产物。即使基因可能提供了大脑如何发展的粗略信息，早期经验在很大程度上决定着大脑的具体结构①。

二、大脑的发育

人脑的各个部位并不是以相同的速度生长。婴儿出生时，脑的低级结构已发展得相对成熟，这些结构控制着睡眠和觉醒、新生儿反射以及其他维持生命所必需的功能。而作为最高级的脑中枢，大脑的发育在出生后很长一段时间都在持续进行。

人的大脑分为左、右两个半球，两个半球通过胼胝体联结在一起。大脑半球的表面覆盖着大量神经细胞和无髓鞘神经纤维，呈灰色，叫灰质，也就是大脑皮层，其作用是控制感觉、动作过程、知觉和思维。在大脑内部，皮层下部大部分是由有髓鞘的轴突组成，并呈白色，叫白质，其作用是负责大脑内部以及皮层与皮层下组织的联系。人类所有复杂的心理活动都产生在大脑皮层。

每个半球大脑皮层的结构可分为四叶：额叶、顶叶、枕叶和颞叶。大脑皮层的不同区域具有特定的功能，因此而划分为运动区、躯体感觉区、视觉区、听觉区和联合区。大脑皮层各分区的生长发育与其功能在婴儿期和儿童期出现的顺序是相称的。例如，在 3～4 个月左右时，婴儿的听觉和视觉皮层区中的突触和髓鞘会发展起来，并持续到 1 岁左右，因此，我们会观察到在这段时间内婴儿的听觉和视觉都有长足的发展。大脑皮层的发育主要表现为神经元联系的建立和轴突髓鞘化。髓鞘化遵循一定的时间顺序，出生时或出生后不久，感觉器官与大脑之间的神经通路已经髓鞘化，因此，我们看到新生儿的感觉系统表

① 戴维·R. 谢弗. 发展心理学——儿童与青少年. 北京：中国轻工业出版社，2005：156.

现出良好的工作状态。而在负责身体运动的皮层区域中，控制头、手臂和胸的神经元比控制躯干和腿的神经元髓鞘化得早，由此而表现出遵循头尾原则、近远原则的动作发展模式。虽然髓鞘化在婴儿 1 岁以内进展迅速，但是大脑的一些区域的发育可能会持续很长时间，直至青春期末，甚至更晚。大脑最后发育成熟的是负责思维的前额叶，其发育过程可能要持续到二三十岁时。

大脑的左右半球表面上没有什么差别，但它们的功能却不同。大脑左半球控制着身体的右侧，负责言语能力、数学运算、逻辑思维和积极情感的表达等。大脑右半球控制身体的左侧，负责空间能力、非言语声音、触觉和消极情感的表达等。大脑左右半球功能分化的现象叫大脑偏侧化。手偏利是大脑偏侧优势增强的一个标志。大脑偏侧化进程始于产前期。但是出生时婴儿的大脑两半球功能并未完全分化。随着年龄的增长，个体表现出越来越依靠某一个大脑半球去完成特定的功能，到了 8～10 岁时，大脑的偏侧优势基本形成了。这里需要提示的是，虽然大脑皮层在婴儿出生时就已经开始出现偏侧优势，但它在偏侧优势还不稳定的生命早期保留着相当的可塑性。大脑功能为什么会出现偏侧化？神经科学家普遍认为，人脑先天预置了某些功能，比如口语语言，这种功能的预置是定位的。另一个原因可能是由于左右半球的生理结构不同。大脑左半球有更多的灰质，而右半球有更多的白质。左半球的神经元密集排列能更好地进行细节加工，右半球的神经元有很长的轴突，有助于连接到很远的皮层组织，从而使右半球能更好地加工广泛而含糊的概念①。

大脑皮层的发育存在一定的敏感期。瑞典的一项研究以对大脑的 EEG（脑电波）能量测量为依据，EEG 能量达到峰值表示这个阶段是大脑快速生长期。结果表明，大脑皮层所有脑叶的快速发展出现在 1.5～2 岁、7.5～9 岁、12 岁、15 岁和 18～20 岁。快速生长期是与儿童智力测验的最好表现和认知能力的重大变化同时发生的。具体来说，第一次 EEG 的能量增长快速期是 1.5～2 岁，这时表象和语言处于发展高峰期。在 7.5～9 岁、12 岁以及 15 岁也出现 EEG 快速增长，分别表明抽象思维的出现和进一步的增强与发展。大约在 18～20 岁，也会出现 EEG 快速增长期，可能表明思考能力的成熟②。

思考题

1. 影响个体的产前期发展的因素有哪些？你能试着给孕妇及其家属提供一些建议吗？
2. 婴幼儿的脑发育有什么特点？这对于早期智力开发有何启示？

---

① D. A. 苏泽. 脑与学习. 北京：中国轻工业出版社，2005：133.

② 劳拉·E. 贝克. 儿童发展. 南京：江苏教育出版社，2002：263-264.

第三章 认知的发展

知识结构图

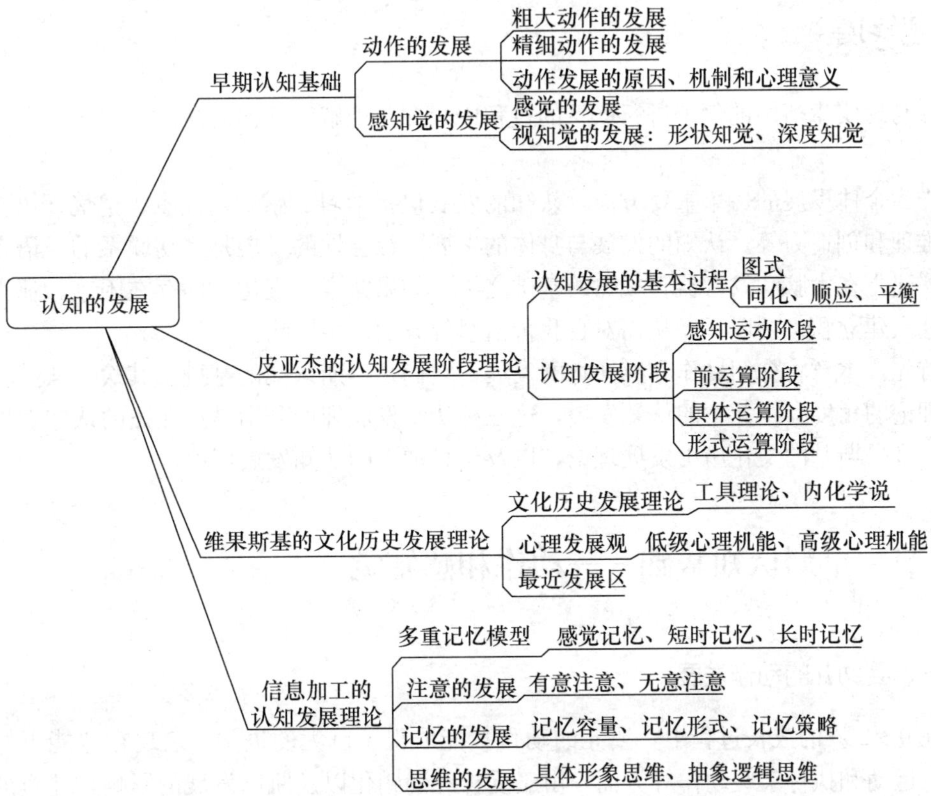

学习目标

1. 掌握儿童早期认知发展的特点。

2. 理解皮亚杰的认知发展阶段理论、维果斯基的文化历史发展理论和信息加工的三种认知发展理论。

学习重点

1. 同化、顺应、图式、工具、内化等抽象概念的掌握。

2. 在掌握基本概念的基础上，理解三种认知发展理论的核心思想。

学习难点

1. 理解三种认知发展理论之间的区别与联系。

2. 能够运用三种认知发展理论描述和解释生活中的现象。

学习建议

在与现实生活中的例子进行联系的过程中，深化理解和掌握概念。

作为个体发展的一个重要方面，认知的发展包括学习、感知、注意、记忆、语言、思维、推理和创造力等。认知的发展与身体的发展、社会性的发展是密切联系的。语言表达的发展建立在大脑和发音器官成熟的基础之上。如果儿童在表达方面存在困难，那么就无法与他人建立积极的联系，从而对自我价值感等方面产生影响。

首先，本章将介绍动作和感知觉的发展，它们是早期认知的基础。其次，从三种认知发展理论的角度介绍儿童的认知发展，这三种认知发展理论分别是皮亚杰的认知发展阶段理论、维果斯基的文化历史发展理论，以及信息加工的认知发展理论。

第一节　早期认知基础——动作和感知觉

一、婴幼儿的动作发展

在 0～2 岁的成长过程中，婴儿的动作技能取得了巨大的进步，表现在他能更好地控制自身运动和执行某些动作等方面。由于受神经髓鞘化以及肌肉发展的影响，儿童的动作发展遵循两条原则：头尾原则和近远原则。头尾原则是指对头、颈、躯干上部的控制先于对腿和躯干下部的控制。近远原则是指对躯干和手臂的控制先于对手和手指间协调的控制。动作发展包含了有关全身大肌肉活动的粗大动作和涉及手部小肌肉活动的精细动作的发展，下面做一概要介绍①。

(一) 粗大动作的发展

粗大动作的发展过程呈现这样的顺序，婴儿首先具备头颈部和躯干部位的自主控制能力，这是更复杂动作的基础，然后发展爬行和行走等自主位移动作，最后发展跑、跳等技巧性粗大动作。

1. 头颈部和躯干控制的发展

刚出生时，婴儿的头颈部只存在一些先天反射性动作。出生 1 个月时，随着神经系统和肌肉系统的发育，自主控制的头颈部动作开始出现。2～3 个月时，婴儿能在俯卧时自主地左右转头。3 个月时，婴儿通常能在坐或站立的情况下将头竖直。到 5 个月时，婴儿能在俯卧状态下自主把头抬起。头颈部动作的发展有助于婴儿扩大视线范围和拓展对环境的探索范围。

躯干部的动作发展主要涉及翻身、坐和站立的发展。在翻身动作方面，婴儿 2 个月开始能在手臂帮助下俯卧抬胸，大约 3 个月时，婴儿开始能翻身，最初只是仰卧翻身，约 8 个月时，婴儿既能仰卧翻身，也能俯卧翻身。在坐的动作方面，3 个月大的婴儿在外力帮助下能扶坐，5 个月时坐立还需用手扶住外物以维持坐姿的平衡，七八个月时，婴儿能不需要任何帮助独立坐直。在站立方面，约 9 个月时，婴儿开始经常表现出想扶着其他物体站起来，约 1 岁时，婴儿通常能独立站直。

2. 爬行动作的发展

爬行动作可分为腹地爬和手膝爬两种姿势。通常，婴儿刚开始爬行时为腹地爬，即胸腹着地，用手臂弯曲的力量拖动身体前进，腿几乎不起作用。到 7～9 个月时，由于腿部弯曲力量的有效使用和手部力量的增强，婴儿逐渐能够手膝爬，即腹部离开地面、腿部力量参与爬行。

3. 行走动作的发展

一般而言，婴儿在 1 岁左右就能独立行走。刚开始走路时，婴儿身体僵硬，行进时身体不平稳，有明显的摇晃的动作。两三岁之后，幼儿的行走动作越来越成熟。

(二) 精细动作的发展

精细动作是儿童运用手以及手指等部位的小肌肉或小肌肉群的动作。抓握动作是儿童最初的也是最基本的精细动作，在此基础上，儿童逐渐发展写字、绘画和生活自理等动作技能。

1. 抓握动作的发展

儿童的抓握动作发展经历了从不成熟的抓握到成熟的“对指抓握”的过程。大约 3 个月大时，婴儿开始出现自主够物动作；4～5 个月大时，婴儿开始用双手抓握感兴趣的物体；半岁以后，婴儿表现出初步的拇指与其余四指对立的抓握动作（对指），抓握动作过程中眼手协调增强；大约 1 岁时，婴儿开始用拇指和食指捏物体和把玩物体，此时尺骨抓握（一种不成熟的笨拙的爪状抓握）被成熟的钳形抓握动作取代。

---

① 董奇，陶沙. 动作与心理发展. 北京：北京师范大学出版社，2002：48-67.

2. 绘画和写字动作的发展

1～2 岁时，婴儿的双手变得更加灵巧了。一些研究发现，儿童的绘画发展一般经历四个阶段，涂鸦阶段，一般而言，15～20 个月时儿童开始出现无规则、无目的的涂鸦；组合阶段，这个阶段的主要特点是图形的出现和混合，大约 2 岁的儿童能画一些螺旋和圆圈，而且逐渐能临摹正方形、长方形和三角形等，之后，出现简单的组合图形；集合阶段，表现为若干个图形、图像的组合；图画阶段，儿童在绘画中混合的图形数量增多，图画的内容更加复杂。

绘画技能的发展是书写技能发展的前奏。一些研究表明，儿童的绘画技能需完成九种图形，才真正具备了书写技能的发展基础。这九种作为基本技能的图形是：水平线、垂直线、圆圈、正十字、右角平分线、正方形、左角平分线、交叉线和三角形。儿童在 4 岁 11 个月时就能完成以上九种图形。需要注意的是，董奇等指出，此类研究针对的是基于拼音文字的书写动作，推论到书写汉字的儿童身上应谨慎①。儿童在四五岁时开始能书写字母或数字，但很不规则，笔画歪斜，而且字形偏大。六七岁时，儿童逐渐表现出较高的书写水平。此外，书写能力不仅依赖手部精细动作的发展，还与视觉能力有关系，因此，一定水平的视动统合能力是儿童完成书写任务的保证。

3. 自理动作的发展

儿童的自理动作包括穿衣、洗漱、吃饭等基本技能。各种生活自理动作的发展时间如表 3-1 所示。

表 3-1　　生活自理动作发展时间表

动作技能名称	获得时间（月）
稳稳地拿住茶杯	21
穿上衣和外套	24
拿稳勺子不打翻	24
在帮助下穿衣服	22
穿鞋	36
解开纽扣	36
扣上纽扣	36
独立进餐，几乎不洒食物	36
从水罐中倒水	36
洗手、洗脸并擦干	42
独立穿衣服	48
系鞋带	48
刷牙	48

资料来源：董奇，陶沙．动作与心理发展．北京：北京师范大学出版社，2002：66.

需要注意的是，婴儿在动作技能发展方面可能存在较大的个体差异，较快掌握某些动作技能的婴儿并不一定比动作技能发展一般或较慢的婴儿更聪明。

---

① 董奇，陶沙．动作与心理发展．北京：北京师范大学出版社，2002：64.

（三）对动作发展原因与机制的解释

对婴儿的动作发展影响因素的讨论主要有三种观点：成熟论、经验（练习）论和动力系统论。成熟论认为婴儿的动作发展是先天程序逐渐展开的过程。经验论者不否认成熟对动作发展的重要作用，但同时认为动作技能的练习经验也很重要。也就是说，成熟是动作发展的必要条件，但不是充分条件，生理上已具备坐、爬和走的能力的婴儿还需要有机会练习这些技能才能达到熟练程度。

动力系统理论的支持者并不否认成熟和经验在动作发展过程中的作用，但他们认为动作技能的发展并不是在成熟和练习经验的支配下先天程序反应的逐步展开过程，而是一种建构的过程，通过在适应新目标的过程中对早期技能主动加以校正、协调和整合而实现，其目的是为了发展更有效地探索环境、完成任务或满足某些其他需要的手段。概括而言，动力系统理论认为动作技能是一个动力性的、目标定向的系统，它是儿童的生理能力、目标和个体经验之间复杂的相互作用的产物。婴儿在获得动作技能方面具有主动性，动作技能的发展是在婴儿自己解决任务的过程中发生的。在特定目标的吸引下，好奇而积极活跃的婴儿在一些原有动作能力的基础上通过主动、复杂的建构，将原来尝试性的、低效能的和不协调的动作结构发展成精确、协调、流畅的动作①。

（四）动作发展的心理意义

动作发展的价值常常被人们忽视。事实上，动作发展既是个体发展的重要内容，是心理发展的组织者；同时，它又与儿童的情感、自我概念和社会性等有着重要的内在联系；此外，动作还是观察、诊断和监测儿童身心发展的重要指标。

特别是近30年来，随着建构主义理论的兴起，研究者们越来越重视从主客体相互作用的角度重新认识动作发展的价值。皮亚杰认为，动作图式是个体认知结构的基石；个体的心理发生和发展既不是起源于主体，也不是起源于客体，而是起源于主客体之间的相互作用；动作是连接主体与客体的桥梁，主体为认识客体就必须对客体施加动作，主体通过动作对客体的适应，是心理发展的真正原因。因此，我们可以认为动作对心理发展具有建构的功能。这种建构功能在儿童发展的不同阶段具有不同表现。按照皮亚杰的观点，在0～2岁间，动作是主客体相互作用的主要手段，经历了六个亚阶段：出生到1个月，个体与环境的平衡以先天条件反射为中介，这是认知发展的开始；1～4个月，动作习惯和知觉的形成阶段，由于经典条件反射和操作条件反射的形成而出现新的动作方式，但这些动作缺乏目的性；4～8个月，婴儿对于动作及其结果之间的因果联系有了最初的了解，行为的手段和目的开始分化，但此时的行为还不完全是目的性的，有时行为产生的结果是偶然的；8～12个月，婴儿为了达到目的，能够协调两种或两种以上的动作，这是完全的目的指向行为和真正的问题解决；12～18个月，通过尝试错误发现新的动作方式阶段；18～24个月，婴儿能将自己的动作图式内化成心理符号或表象，能进行心理操作，对问题解决表现出一定的洞察力。随着年龄的增长，儿童的认知结构发生变化，他们不再完全依赖外显和直接的动作来获得经验，但早期的动作图式是儿童后期认知结构发展的基础。从这个意义上说，动作对心理发展具有长久的影响，它是个体心理的丰富来源和必备

---

① 戴维·R. 谢弗. 发展心理学——儿童与青少年. 北京：中国轻工业出版社，2005：159-161.

工具。

吉布森也论述了动作在知觉和知识形成过程中具有的重要作用。他认为，个体知觉什么和能知觉到什么取决于知觉行为的可行程度，而这种可行程度又受到个体探索环境能力的限制。因此，在知觉发展过程中，往往是出现一项新的动作，继而出现一个新的知觉，由此带来新的知觉经验。另外，一些研究发现，动作不仅在知觉水平上参与心理活动，而且在复杂的空间问题解决过程中也发挥重要作用①。

二、婴儿的感知觉发展

婴儿的感知觉发展对其他方面的发展具有基础性作用。第一，婴儿的感知觉与动作行为之间有紧密的联系。婴儿要想精确地完成一些动作，就必须不断地将自己的行为与感知信息相协调，因此，婴儿日益提高的感知觉能力会促进运动和动作能力的发展。而且，感知觉与运动信息间的联合对我们的神经系统具有基础性作用。第二，通过视觉、听觉和触觉等，我们可以和他人进行交互影响；同时我们对世界的认识首先也是通过各种感觉而获得的。因此，婴儿的感知觉是情感发展、社会性发展和认知发展的基础。

（一）婴儿的感觉

人类的各种重要感觉在出生时就已经发挥作用了，也就是说，婴儿能够比较好地感觉周围的环境。

从视觉的发展来看，新生儿能够感觉到光线，也能够察觉到视野内物体的运动，当物体移动速度慢时，他们喜欢用眼睛追随该物体。比起其他刺激物，新生儿更喜欢人的面孔或类似面孔的东西，这种对面孔的视觉偏爱会在出生后1～2个月内消失。新生儿看到的世界是彩色的，但是他们区分蓝色、绿色、黄色以及白色存在困难，随着视觉神经中枢和感觉通道的快速发展，出生后2～3个月，他们就能够分辨所有的颜色了。尽管婴儿具备了较高的视觉能力，但他们还不能很好地处理细节差异。成人很远距离就能看见的物体，新生儿要距离很近才能看见，他们的视敏度还有待发展，大概到1岁时，他们的视力才能与成人一样。此外，对于非常小的婴儿，任何距离的事物看起来都会非常模糊，因为他们的聚焦能力还比较弱。与成人相比，他们只能察觉到强烈的视觉对比。总之，虽然新生儿的视觉已经能发挥作用，他们能察觉到物体的运动、颜色、亮度的变化以及很多具有足够明暗对比的视觉图案，但比起其他感觉能力，新生儿的视觉能力是最不成熟的。出生后，新生儿眼睛和脑中的视觉结构仍在继续发育发展。随着眼睛和视觉中枢的成熟，他们的聚焦能力、视敏度、扫视能力、追视能力和色彩知觉将会很快得到提高。

从听觉来看，新生儿的听觉发展水平高于视觉。婴儿很早就对声音表现出了明显的兴趣，尤其是音调较高的女性的声音，而且他们能够辨认出自己的抚养者的声音。除了对声音表现出兴趣外，婴儿已经能够分辨基本的语音单位——音素。

出生时婴儿的触觉敏感性已经发展得比较好，他们会在自己的手掌、脚底，特别是嘴

① 董奇，陶沙．动作与心理发展．北京：北京师范大学出版社，2002：179-181.

周围被触摸时做出反应。婴儿对温度变化、疼痛也能做出反应。触觉是婴儿探索世界的一种主要方式。最初，婴儿是用嘴唇和舌头来了解物体，随后，当婴儿学会抓握物体时，他们开始用手对物体进行细致的触摸，这对于婴儿早期的认知发展有着关键作用。触觉也是父母和婴儿之间互动的一个基本途径，它对情感发展很重要。此外，对于早产儿的按摩会促进其生长发育。

婴儿能对甜、酸、苦等基本味道加以区分。婴儿出生时对咸味或者漠不关心，或者是加以拒绝。到了 4 个月大时，婴儿开始偏爱咸味，这一变化为他们接受固体食物做好了准备。

新生儿能够察觉各种气味，对于不喜欢的气味，他们会做出扭头并表示厌恶的表情等反应。母乳喂养的婴儿在 1～2 周大时能辨认自己母亲的气味。

（二）婴儿的视知觉

1. 形状知觉

新生儿喜欢人的面孔，这是否意味着他能明白面孔的意义呢？范兹的研究表明，新生儿不大可能将人的面孔视为有意义轮廓，因为婴儿对似面部刺激图案和正常人面孔一样感兴趣。随后，班克斯在自己的研究中总结了新生儿的视觉偏爱特点：新生儿喜欢看他们能看清楚的东西，即高对比且明暗部分有明显的分界线，以及有弧线的中等复杂图案，尤其是那些能吸引他们注意力的运动着的图案。

婴儿的视觉系统在 2 个月～1 岁迅速成熟。在生命的头几周，婴儿能对图案中的独立部分进行反应。到了约 2 个月大时，婴儿的扫视能力和视力有了进步和提高，他们能扫视图形的整个边缘，并且对图形的内部特征进行探求，看清更多细节。两三个月大的婴儿能将所看到的图案的组成部分进行整合以知觉到完整的视觉形状。六七个月大的婴儿已能感知到现实中并不存在的主观轮廓。对婴儿出生第一年后期的形状知觉的研究发现，婴儿能够根据有限的线索觉察到越来越多的结构性图形。如 12 个月大的孩子通过残缺的图形——即使只看到物体的小部分轮廓——就能识别出物体。

2. 深度知觉

深度知觉是判断物体与物体之间以及物体与我们之间距离的一种能力。它对我们理解环境的布局和运动很重要。

婴儿在不同年龄段会对不同的空间线索表现出敏感性。新生儿只表现出有限的大小恒常性知觉能力，1～3 个月时能从运动深度线索（视野中靠近眼睛的物体比远处的物体移动得快）中提取空间信息，3～5 个月时婴儿能够用双眼深度线索（我们的眼睛是分开的，每只眼睛看到的视野中的图像稍有不同，大脑将两种图像混合，又保留它们的不同之处，于是有了双眼深度线索）来完成够物动作，到了 6～7 个月时有了单眼线索，即图示深度线索（画家在三维绘画中所用的深度线索模式）。

早期的深度知觉研究中曾使用过一种非常精巧的设备——视觉悬崖，这是一个被活动板分割成两半的玻璃平台。在浅的这边，一个棋盘图案的活动板被直接放在玻璃下面，而在深的那边，带有棋盘图案的活动板放在玻璃下面与玻璃相距几英寸的地方，这样就会产生陡峭悬崖的错觉，称为“视觉悬崖”。研究者将婴儿放在平台上，让妈妈想办法哄婴儿爬过视觉悬崖的深浅两个部分。结果，90%的 6 个月大及更大的婴儿只爬过浅的部分，只有不到10%的婴儿会爬过深的部分。这表明绝大多数处于爬行阶段的婴儿能知觉到深度并对悬崖表现出害怕。出现这种现象可能是由于这个年龄段的婴儿对运动线索、双眼线索和单眼线索比小婴儿更敏感，还可能与婴儿的爬行有关，是运动发展提供的经验增强了婴儿对深度的理解。

研究表明，婴儿独立行动的能力在深度知觉的精细化发展方面起着重要作用。会自主爬行的婴儿发现视觉环境会随着自己的运动而发生变化，因此，他们更会利用空间标志来确定自己与外界的关系，进行自我定位。正因如此，爬行的婴儿比那些与他们同龄但仍不会爬行的婴儿更容易记住物体的方位，更容易找到隐藏的物体。心理学家称，爬行在婴儿建构对世界的经验方面非常重要，它可以加强脑皮层上的某些神经联系，如视力、运动计划及空间理解等方面，从而将大脑的组织水平推向更高。

第二节 皮亚杰的认知发展阶段理论

皮亚杰是著名的瑞士心理学家，发生认识论的创始人，对认知的发生发展过程、认知的结构及其心理起源等问题提出了独到的认知解释。皮亚杰的理论对发展心理学中儿童认知的发展和解释起着巨大的推动作用。许多儿童教育工作者根据皮亚杰的理论，推衍出一些教育教学原则，拟订教育方案，将之应用于婴儿教养、学前教育和中小学教育中。

一、认知发展的基本过程

皮亚杰认为，心理既不是起源于先天的成熟，也不是起源于后天的经验，而是起源于个体的动作。个体通过动作对环境的适应，是心理发展的真正原因。在通过动作进行适应的过程中，个体与环境不断进行相互作用，内部的心理结构由此发生变化。个体适应环境的动作既包括指向于外部的动作，也包括内化的思维动作。

适应是通过两种形式实现的：同化与顺应。个体就是通过同化和顺应这两种形式来达到机体与环境的平衡。适应本质上是个体与环境取得平衡的过程。在适应过程中，皮亚杰引入了一个概念，即图式。图式是指动作的结构或组织。个体最初的图式是由遗传获得的，如婴儿一些先天反射动作组成的本能图式（抓握反射、游泳反射等）。在这个基础上，儿童不断与客观外界发生相互作用，在适应的过程中，图式逐渐从低级阶段向高级阶段发展，形成不断发展着的认知结构。因此，我们可以把图式看作心理活动的框架或组织结构。图式是认知结构的起点和核心，因此图式的形式和变化是认知发展的实质。

（一）同化

同化是指个体将外界因素纳入到头脑中原有的图式之内，使其成为自身的一部分。同化与消化系统吸收营养物相似。也就是说，同化是个体以其既有的图式或认知结构为基础去吸收新经验的过程，因此同化也是对已有认知图式的丰富。例如，幼儿学会拿着一个玩具锤子锤东西，如果给他一个真正的小锤子，也会做出锤的动作，这就是同化。

（二）顺应

个体改变现有的图式，以适应环境的过程就是顺应。如果原有的图式不能适应现有的环境，个体就会尝试发展新的结构。如幼儿会叫“爸爸”了，在路上遇到年轻的叔叔也叫“爸爸”，这是同化。这时，父母会对幼儿的行为做出纠正，幼儿以后学会了喊“叔叔”，这就是顺应。当原有的图式不能同化新的刺激时，就需要对原有的图式进行修改或重建，以适应环境。

（三）平衡

当个体遇到新的刺激时，总是试图用原有图式去同化。如果同化成功，就获得暂时的平衡。如果原有的图式无法同化新的刺激，个体就会对自身的图式进行调整或建立新的图式，即顺应，从而达到认知的新的平衡。同化和顺应每获得一次平衡，个体的认识图式就随之更新一次。随着同化和顺应之间平衡—打破平衡—再平衡……的发展，认识图式也不断地由低级向高级发展。因此，皮亚杰认为，智慧行为是依赖于同化与顺应这两种机能从最初不稳定的平衡过渡到逐渐稳定的平衡。

平衡状态不是一种绝对静止的、较低水平的状态，通过个体与环境相互作用，这种状态就会过渡到较高的水平。平衡的这种连续不断的发展，即适应的过程，也就是整个认知发展的过程。因此认知的平衡是一种动态的平衡，无论在任何水平下都是相对的、暂时的、不稳固的，但持久的不平衡表明个体的认知状态会存在某些缺陷。

二、认知发展阶段理论

图式通过同化、顺应、平衡的过程，形成了本质不同的认知结构，也就形成了认知发展的不同阶段。通过长期的细致观察和实验研究，皮亚杰把儿童心理的认知发展分为四个阶段，即感知运动阶段、前运算阶段、具体运算阶段和形式运算阶段。

（一）感知运动阶段（0～2岁）

这一阶段的认知活动，主要是通过探索感知觉与运动之间的关系来获得动作经验。在这些活动中个体形成了一些低级的行为图式，以此来适应外部环境和进一步探索外界环境。其中个体探索外部世界最主要的手段是用手抓取物体和用嘴吸吮。

在感知运动阶段，儿童认知发展的突出特点是客体永久性和因果联系的形成。客体永久性是指儿童理解了物体可以独立于他们的行为和知觉而存在或运动。客体永久性的形成大约在9～12个月。在此之前，如果把物体从儿童的视野中取走，儿童会认为物体不存在了，不会去寻找，就好像物体从他们的心灵中消失了一样。

儿童最初的动作是无目的的。在与环境的相互作用中，逐渐产生了动作与由动作所产生的环境结果的分化，以后又扩展到动作与环境间关系的认识，如儿童从只是抓住成人放在手上的物体到开始自己伸手去拿物体。儿童动作的目的性越来越明确，对因果关系的认识开始产生。

（二）前运算阶段（2～7岁）

运算是指内部化的思维或操作。在前运算阶段，儿童不再依赖实际动作进行思维，而是在头脑中建立了物体的具体形象，即心理表象。儿童开始能够运用心理表象进行思维。这个阶段儿童认知的基本特点是具体形象性、不可逆性、自我中心性和刻板性。

在前运算阶段，皮亚杰分别进行了“三山实验”和守恒实验，对儿童的认知特点进行了研究。所谓“三山实验”，是让儿童观看三座山的模型（见图 3－1）。三座山分别以不同的颜色来区别，第一座山上有间房屋，第二座山山顶上有一个红的十字架，第三座山上覆盖着白雪。让儿童站在桌子的一边，桌上放着山的模型，在桌子的另一边放一个玩具娃娃。然后问儿童，娃娃看到的三座山是什么样子的。这时儿童很难做出回答，即使做出了回答，往往也是他们自己所看到的。由此，皮亚杰判断在该认知阶段，儿童的认知特征是自我中心的，不能从别人的角度来思考。

图 3－1　三山实验

资料来源：罗伯特·西格勒等. 儿童思维发展. 北京：世界图书出版公司，2006：45.

在守恒实验中，皮亚杰向儿童呈现两只相同的玻璃杯，里面有等量的液体。在儿童确知两只杯子里的液体等量后，把其中一只杯子里的水倒入另一个较高、较细的杯子里，液面会自然升高。此时，问儿童哪个杯子里的液体会更多些。未形成守恒认知的儿童往往无法做出正确的回答。在数量守恒、重量守恒等实验中得到了相同的结果（见图 3－2）。由此，皮亚杰认为在前运算阶段，儿童的认知还处于现象阶段，具有很强的具体形象性和刻板性，认知是不可逆的，因此，在思维过程中无法保证整体的守恒。

（三）具体运算阶段（7～11 岁）

这一阶段儿童的认知结构有了显著的变化，思维摆脱了自我中心性，具有一定的可逆性，获得了长度、体积、重量等的守恒认知，掌握了群集概念。群集概念，即一类物体与其子类的关系，这是一种整体思考的能力。如给学前儿童呈现一束由 4 朵红花和 2 朵白花扎成的花束，问儿童红花多还是白花多，儿童一般都能正确回答红花多。但是当问红花多

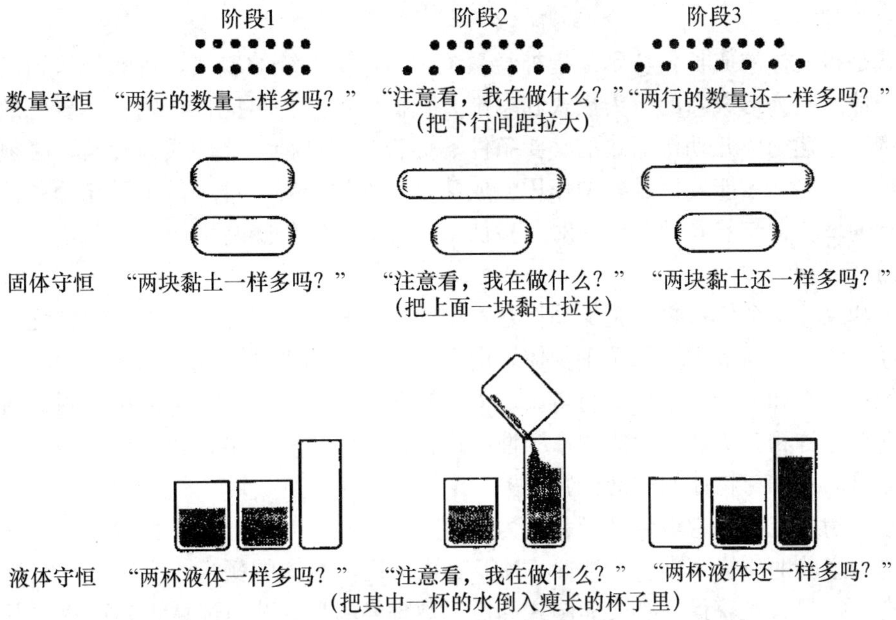

图 3-2　检验儿童对数量、固体、液体守恒概念理解的典型程序

资料来源：罗伯特·西格勒等. 儿童思维发展. 北京. 世界图书出版公司，2006：47.

还是花多时，学前儿童就不能正确回答，而小学儿童由于具备了类包含的能力，对此类问题大多能正确回答①。

在具体运算阶段，儿童可以用心理活动来代替物理活动，开始能够进行逻辑思维。例如，如果儿童看到团团比囡囡高，又看到囡囡比牛牛高，那就会推理说团团是三个中最高的，而不需要三个人实际站到一起比较。但在这个阶段的逻辑思维还需要依赖于具体事物或对具体事物形成的表象。

（四）形式运算阶段（11 岁以后）

皮亚杰认为从十一二岁开始，包括整个少年期，甚至成人期在内，都属于形式运算阶段。所谓形式运算，就是可以在头脑中将形式和内容分开，离开具体事物，根据假设来进行逻辑推理。在形式运算阶段，思维形式从具体内容中解放出来了，儿童可以运用符号系统去处理各种抽象的事物和关系，从而使认识活动达到无限可能的范围。处于形式运算阶段的儿童，可以根据假设和条件进行复杂而完整的推理活动，能够根据逻辑推理、归纳或演绎的方式来解决问题，此时已经达到了逻辑思维的高级阶段，即成人的逻辑思维水平。

三、儿童心理发展的因素

皮亚杰指出，心理发展的基本因素有成熟、练习和经验、社会性经验、具有自我调节作用的平衡过程四种②。

---

① 林崇德. 发展心理学. 北京：人民教育出版社，1995：226-230.

② 陈琦，刘儒德. 教育心理学. 北京：高等教育出版社，2006：40.

（一）成熟

成熟是指机体的成长，特别是指神经系统和内分泌系统的成熟。成熟是认知发展的一个重要条件，它为形成新的行为模式和思维方式提供了一种可能性。例如，婴儿期出现的手眼协调，是建构婴儿动作图式的必要条件。但若要使这种可能性成为现实，必须通过练习和习得的经验，才能发挥成熟的作用。成熟是发展的必要条件，但不是充分条件，随着儿童年龄的增长，自然及社会环境对儿童认知发展的影响将随之增加。

（二）练习和经验

练习和经验指个体对物体施加动作过程中的练习和经验。经验可以分为物理经验和逻辑数理经验两种，前者主要作用于物体，由个体对物体的个别动作（如摸、触、推等）获得物体的特性（如体积大小、重量等）。后者指理解动作与动作之间相互协调的结果。所谓运算就是这种相互协调后形成的系统性动作，由此形成的就是逻辑数理经验。如儿童发现物体数目的总和与物体的空间位置无关。

相较于物理经验，逻辑数理经验更为重要。因为在认知发展的任何阶段，逻辑数理经验都是物理经验的前提条件。（例如，对于婴儿来说，客体的颜色、大小、形状等信息没有任何意义，只有在获得了必要的图式和逻辑数理经验后，才可能认识到这些物理知识。）

（三）社会性经验

社会性经验指人与人之间的相互作用和社会文化的传递，包括社会生活、文化教育、语言等。这些因素都影响着儿童发展的速度和过程，但这种影响同物理经验一样，必须建立在能够被个体同化的基础上，否则起不到任何作用。

皮亚杰认为环境和教育对儿童的心理发展具有重要作用，但如果教育不符合儿童已有认知结构的发展水平，就无法使儿童主动地同化，教育的效果也无法实现。环境和教育只能促进或延缓儿童心理的发展，但并不能够决定儿童心理的发展。

（四）具有自我调节作用的平衡过程

几乎所有的发展理论都会强调成熟和经验的作用，皮亚杰的独到之处是提出了第四个因素，即具有自我调节作用的平衡过程。皮亚杰认为平衡过程是心理发展的最重要的起决定作用的因素。具有自我调节作用的平衡过程调节着心理发展的上述三种基本因素，使个体朝某一方向发展。正是由于平衡过程，个体才有可能对所接收到的各种信息建立统一联系，从而使认知得到发展。儿童认知结构的不断发展就是通过平衡的自我调节作用来实现的。

四、认知发展阶段论对儿童教育的意义

皮亚杰在儿童认知发展领域所做出的贡献是巨大的，他首先揭示了儿童认知发展具有阶段性，并对阶段性的发展做出了比较准确的描述。儿童的认知能力从发生到成熟，要经历由较低一级水平向较高一级水平的若干个过渡阶段，这种发展顺序是不可改变、不可超越的。认识并掌握这一规律，对于基础教育的改革和教育质量的提高有直接的指导意义。处于不同认知发展阶段的儿童认识和解释事物的方式是有别于成人的，因此要根据儿童的认知方式设计教学。如果忽视儿童的成长状态，只会给儿童带来压力和挫折，扼杀儿童学习的欲望。

知识的获得是儿童主动探索的结果，学习是儿童进行发现的过程。教育的真正目的并非增加儿童的知识，而是设置充满智慧刺激的环境，让儿童自行探索，主动学到知识。

认知发展阶段的划分是以个体认知方式而非年龄为标准的，个体认知发展的速率是不同的，有快有慢，同样年龄儿童的认知水平并不一定是相同的。因此在教学中要注意个别差异，做到因材施教。

社会交往对儿童的认知发展同样具有重要作用。与同伴一起学习，相互讨论，可以使儿童有机会了解别人的想法，这对儿童的去自我中心性的发展具有重要意义。如果教师一味地给予，儿童会养成被动接受的习惯，丧失自主探索的机会。

自 20 世纪 70 年代初开始，从皮亚杰理论演绎而来的学前教育方案不断涌现。在婴儿教育方面，根据皮亚杰的感知运动智力理论，指导婴儿摆弄物体，操作智力玩具等，帮助孩子形成对物体特性的认识；在幼儿教育方面，设计了各种智力玩具和教具，促使儿童能早日形成数概念、空间概念及时间概念等；也有人研究了如何运用皮亚杰理论，培养小学儿童的思维能力；甚至有人研究了青春期形式运算思维形成的一些具体过程，并将其与教育工作联系起来。

然而像任何其他理论一样，皮亚杰的认知发展阶段理论也存在一些不足之处。首先，皮亚杰的认知发展阶段理论在某些方面低估了儿童的能力。如有些 2～7 岁的儿童已经形成了比较好的守恒概念。虽然儿童认知发展的几个阶段的顺序不会改变，但在社会快速发展的今天，上述各个发展阶段并不是一成不变的，有可能大大压缩后提前。

其次，皮亚杰过分强调认知发展阶段的生物性，认为儿童心理的发展是受内在逻辑支配的过程，忽视了学习和教育的作用。皮亚杰认为当教孩子某种东西的时候，实际上妨碍了他自己去发现它。皮亚杰对待教学的这种观点，使教学过分依赖于儿童的发展。在教育实践中，教学固然应该在一定程度上依赖于儿童心理某些已经形成的发展程序，但作为一种有目的、有计划的活动，教学应能主动地去激发和促进儿童发展和形成尚未存在的心理机能。

第三节　维果斯基的文化历史发展理论

维果斯基是苏联著名的教育家和心理学家，社会文化历史学派的创始人，虽英年早逝，但他的思想却越来越受到心理学界的重视。维果斯基提出，儿童的认知发展既不是其内在成熟的结果，也不完全决定于儿童的自主探索，要发展心智，儿童必须掌握社会文化提供给他们的智力工具——语言、文字、数学符号及科学概念等。

一、文化历史发展理论

维果斯基在 20 世纪 30 年代提出了“文化历史发展理论”。他主张人的高级心理机能是社会历史的产物，受社会规律的制约，十分强调人类社会文化以及社会交互作用对人的心理发展的重要作用①。

---

① 陈琦，刘儒德. 教育心理学. 北京：高等教育出版社，2006：43-45.

在文化历史发展理论中，维果斯基区分了两种心理技能：一种是受个体的生物成熟所制约的低级心理机能，这种技能受生物进化规律的制约，特别是受神经系统发展的制约；另一种是受社会文化历史制约的高级心理机能，正是由于高级心理机能的存在使人类心理在本质上区别于动物。在个体心理发展的过程中，两种技能是融合在一起的。这两种心理机能的发展实质上是和人类在活动中工具的使用结合在一起的。

（一）工具理论

工具是人类适应社会的方式，在人的工具生产中形成了人类的间接经验，即社会文化知识经验。这就使人类的心理发展规律不再受生物进化规律的制约，而是受社会发展规律的制约。维果斯基把工具分为两个层次：物质生产的工具和精神生产的工具（人类特有的语言和符号）。物质生产的工具指向外部，它引起客体的变化。精神生产的工具（语言和符号）指向内部，影响着人的心理结构和行为。

在精神生产的工具中，最重要的无疑是语言。当人类运用符号时，不只是对环境刺激进行反应，而且自身的行为也要受到符号的影响或者以符号作为“中介”。社会的进步促进了语言的发展，而语言和符号最终使思维成为可能。维果斯基认为，语言在人的发展中的重要中介作用有以下几点：

语言是思考和认知的工具。语言的获得是个体发展的一个极其重要的社会源泉，学习语言的同时，也学习了与之相连的思想。语言作为中介物，帮助儿童建构自己有关世界的知识，随后又对这一知识进行检验、反思。

语言可用于进行社会性的互动和活动，是文化共享与传递的主要途径。对成长中的儿童来说，获得语言是非常重要的，它使儿童能够参与到所属群体的社会生活中。

语言是自我调节和反思的工具。维果斯基认为儿童的自言自语并不是不成熟的表现，也不是一种自我中心的言语。这与皮亚杰的观点不同，皮亚杰认为自我言语是幼儿在思考时的一种缺陷，表明他们还不能根据听众来调节自己的语言。到了具体运算阶段，自我言语就会自动消失。

维果斯基比较强调自我言语的积极作用，认为它是语言发展从外部向内部转化的过渡阶段。虽然自我言语不同于社会语言，不负担与他人交际的任务，但自我言语也是智力定向的，是为认识、理解和思维的目的服务的，有助于克服认知过程中的困难与障碍。维果斯基观察到儿童在遇到困难任务时，自我言语会成倍增加，说明儿童在运用自我言语帮助其思维，自我言语具有促进儿童心理发展的功能。另外，自我言语最终也不会消失，而是内化成内部语言。维果斯基在文化历史理论中突出强调了语言与认知发展的关系，认为语言具有调节思维与行动的功能。

（二）内化学说

在文化历史发展理论的观点中，人的高级心理机能是各种活动和交往形式不断内化的结果。人的心理结构最初是在人的外部活动中形成，然后才转移到内部，成为人的内部心理过程的结构。维果斯基认为，在儿童的发展过程中，所有的高级心理机能都两次登台，第一次是作为集体活动、社会活动；第二次是作为个体活动、儿童的内部方式，即内部心理机能。社会的、集体的活动向个体的、独立的活动形式的转换，从外部的活动形式向内部的心理过程的转化，其实质就是人的心理发展的一般机制——内化机制。

在内化的过程中，人与人之间的社会活动是心理机制从外部向内部转化的必要途径。维果斯基在强调个体活动是人的心理与意识发展的重要基础的同时，明确指出，儿童与同伴、儿童与成人之间的共同活动不仅仅是儿童心理发展的重要因素，事实上这种社会性的活动也是儿童发展极其重要的源泉，儿童高级心理机能的形成正是这一活动的结果。

以儿童有意注意的心理发展为例。儿童最初没有有意注意，只有无意注意。当需要儿童进行有意注意时，成人会用言语或活动把儿童的注意力集中到需要注意的事物上，并通过一定手段让儿童的注意力保持在该事物上。儿童慢慢把这些语言、动作内化，自己借助这些语言或动作将注意力集中，并保持到其他需要注意的事物上。最后，不再需要言语和动作的指导就可以进行有意注意。这就是有意注意形成的过程，也是内化的过程。

二、心理发展观

维果斯基的心理发展观，是与他的文化历史发展观密切联系在一起的。他强调，心理发展的高级机能是人类物质生产过程中发生的人与人之间的关系和社会文化历史发展的产物；强调心理发展过程是一个质变的过程，并为这个变化过程确定了一系列的指标。

维果斯基认为发展是指心理的发展。所谓心理的发展是指，一个人的心理（从出生到成年）受到环境与教育的影响，在低级的心理机能的基础上，逐渐向高级的心理机能转化的过程。

心理机能从低级向高级发展的原因有三点：一是起源于社会文化历史的发展，要受到社会规律的制约；二是从个体发展来看，儿童在与成人交往过程中通过掌握高级的心理机能的工具——语言、符号这一中介环节，使其在低级的心理机能的基础上形成了各种新的心理机能；三是高级的心理机能是在活动中不断内化的结果。

心理机能由低级向高级发展的标志首先是心理活动的有意性增强。心理机能的有意性是主体按照预定目的而产生的。儿童心理活动的有意性越强，心理水平也就越高。其次是心理活动的抽象概括机能，也就是说各种机能由于思维（主要是指抽象逻辑思维）的参与而高级化。随着语言的发展、知识经验的增长，儿童的各种心理机能的概括性和间接性得到发展，直至形成了最高级的意识系统。再次是各种心理机能之间的关系不断地变化、组合，形成间接的以符号或词为中介的心理结构。最后是心理活动的个性化。儿童意识的发展不仅是个别技能由某一个年龄阶段向另一个年龄阶段过渡时的增长和提高，更主要的是个性的发展，整体意识的增长与发展。个性的形成是高级心理机能发展的重要标志。

三、最近发展区

基于文化历史发展学说，维果斯基提出了最近发展区的观点。他认为在确定儿童的发展水平并进行教学的过程中，应该至少确定两种发展的水平：一种是儿童现有的发展水平，即由一定的已经完成的发展系统所形成的心理机能的发展水平，如儿童已经理解掌握了某些概念和规则。另一种是在有指导的情况下借别人的帮助所达到的解决问题的水平。这两种水平之间的差异，就是最近发展区。也就是说，最近发展区就是儿童在有指导的情况下，经他人帮助所能够达到的水平与儿童独立解决问题能够达到的水平之间的差距。

维果斯基认为：教育学不应以儿童发展的昨天，而应以儿童发展的明天为方向。只有这样，教育才能在教学过程中激起那些目前尚处于最近发展区内的发展过程。教学可以创造最近发展区，促使学生从第一个发展水平不断向第二个发展水平进步，教学可以带动发展。也就是教学激起与推动学生一系列内部发展的过程，从而使学生通过教学将人类的经验内化为儿童自身的内部财富。

在维果斯基之前，关于教学与儿童发展的观点主要有三种。第一种是教学、发展无关论。认为教学不参与儿童发展的过程，发展纯粹是一种外部过程。第二种是教学、发展同一论。认为任何教学皆有发展性，对二者不加区分，把发展归结为各种习惯的积累。第三种是折中论，认为教学、发展既相互独立，又相互联系，即教学能够帮助儿童形成新的行为方式，从而推动发展，而发展使一定形式的教学成为可能。

维果斯基首先批判了前两种观点，前者否定教学对发展的影响，从而否定了教学的存在；后者赋予任何教学发展功能，抹杀了发展的特殊性。对于第三种观点，维果斯基指出，折中论假定儿童在掌握某种操作时，也掌握了应用范围大得多的普遍结构原则，这一假设有其合理性，但这种观点忽视了人的社会性，而完全将儿童的智力发展归于儿童内在的自然成长。由此可以看出在教学与发展的相互关系中，维果斯基非常重视交互作用、社会性活动对儿童发展的影响。

要发挥教学的最大作用，还必须把握儿童学习的最佳期限。儿童对于某种技能的掌握都有一个最佳的期限，如果脱离了学习某一技能的最佳年龄，从发展的观点看来都是不利的。教学应该以成熟与发育为前提，但更重要的是教学必须首先建立在正在开始形成的心理机能的基础上，走在心理机能形成的前面。

教学的最佳期与最近发展区本质上是一致的，教学的最佳期是由最近发展区决定的，而最近发展区一直处于不断的动态发展中，随着某一阶段教学过程的结束，最近发展区转化为现有的发展水平，在此基础上，形成了一个高于原来最近发展区的新的最近发展区，发展的过程总是伴随着建立最近发展区的教学。最佳期的教学之所以能对发展施加决定性的影响，就是因为最近发展区的心理机能正处于成熟过程而又尚未成熟，教学在不断地创造着最近发展区，通过一定的形式组织这些机能的进一步发展，并决定今后的发展情况。

维果斯基最近发展区的概念说明了儿童发展的可能性。教育者不应只看到儿童已经达到的水平，更应该看到仍处于形成的状态和正在发展的过程。维果斯基认为可以将教学定义为人为的发展。教学不应该只是适应儿童发展的现有水平，而应该适应最近发展区，也就是说，教学应该建立在儿童现有心理机能的基础上，同时又应走在发展的前面，积极开发儿童的智力潜能。

四、教育意义

维果斯基的文化历史理论为儿童认知的发展提供了一个新的视角，他的认知发展观强调了社会文化的重要性。当社会言语转变为自我言语，然后转变为内部言语之后，生活中所使用的思维方式和问题解决方式，就逐渐从由成人进行言语指导过渡到儿童自己进行思维了。维果斯基的理论后来引起了西方发展学家的极大关注，得到了很多研究者的认同。虽然他的理论也受到了一些挑战，但不管怎样，维果斯基都使我们认识到，与其他方面的发展一样，认知的发展只有放在个体发展的文化和社会背景中时，才能够得到更好的理解。

维果斯基的理论对儿童的教育具有重要意义。同皮亚杰一样，维果斯基强调儿童的主动参与，但他更关注儿童已经掌握了什么，从而判断他能学习什么。另外，维果斯基更为强调指导者的作用。对于皮亚杰来说，指导者应将更多的注意力放在让儿童从事发现式的活动上，而对于维果斯基来说，指导者应该负责设计更多的活动，给予儿童适当的帮助和指导，在活动过程中，逐渐将更多的心理活动转交给学生。与皮亚杰主张的教学服从于发展规律、教学的作用是为形成主体动作图式创设必需的情境、教学效果取决于外部条件与发展水平相一致的程度等观点不同，维果斯基认为，教学过程有其自身的结构、顺序和发展逻辑，发展过程并不总是符合教学过程的，发展过程跟随着建立最近发展区的教学。

目前最近发展区及有关理论已被世界越来越多的人接受和利用，并日益产生巨大的指导作用。根据维果斯基的最近发展区理论，教学与发展是一种社会合作活动，儿童把由成人或高水平的同伴对自己的指导经过内化在自己头脑中构筑自己的理解。在这一过程中，教师扮演着促进者和帮助者的角色，指导、激励、帮助学生全面发展。维果斯基的理论对今天的建构主义理论产生了直接的影响，支架式教学、合作学习、情境学习等实际上都可以从维果斯基的文化历史发展理论中找到根据。

第四节　信息加工的认知发展理论

1967 年，美国心理学家奈塞尔的《认知心理学》一书的出版，标志着信息加工认知心理学的正式建立。信息加工认知心理学是将计算机的运算过程和人类的思维进行比较，探讨人类心理活动的规律。计算机的信息加工系统具有输入、输出、存储、复制等特征。信息加工认知心理学主要是探讨在个体的认知过程中，信息是如何被感知以及如何被理解、储存、提取和分析的。从 20 世纪 70 年代开始，信息加工理论开始渗透到儿童心理学的研究中，使儿童心理学的研究出现了突破性的进展。

一、信息加工的基本理论

最初的信息加工模式是建立在多重记忆模型的基础上的。个体在对外界信息进行加工时要经过编码、存储和提取的过程，以此在头脑中累积、保存和提取个体的经验。外界信息最初进入人脑的时候，要经过编码的过程。编码是记忆的第一个基本过程，把来自感官的信息变成记忆系统能够接收和使用的形式，即信息的获取。存储是指编码后的信息在头脑中的保存。提取是在记忆中查找有关信息的过程。保存在记忆中的信息，只有提取出来加以应用，才是有意义的。

在多重记忆模型中，记忆分为三种：感觉记忆、短时记忆、长时记忆。感觉记忆是在信息输入的阶段，将原始信息作为一种图像或声音等暂时存储起来，每一种感觉都有特定的感觉登记器。如听觉感觉记忆、视觉感觉记忆等。感觉记忆信息保存的时间通常在 1 秒以内。如果感觉记忆的信息没有被加以注意，就会遗忘，反之则进入短时记忆。短时记忆储存信息的容量为 7±2 个组块，信息的保存时间是在 1 分钟以内。如果短时记忆存储的信息没有被马上编码或复述，就会被遗忘，反之则进入长时记忆。长时记忆的信息能够保存较长时间，从1分钟以上到多年，甚至终身不忘。

信息经过感觉记忆、短时记忆、长时记忆进行输入、存储、编码、提取的过程，可以用图3－3表示。

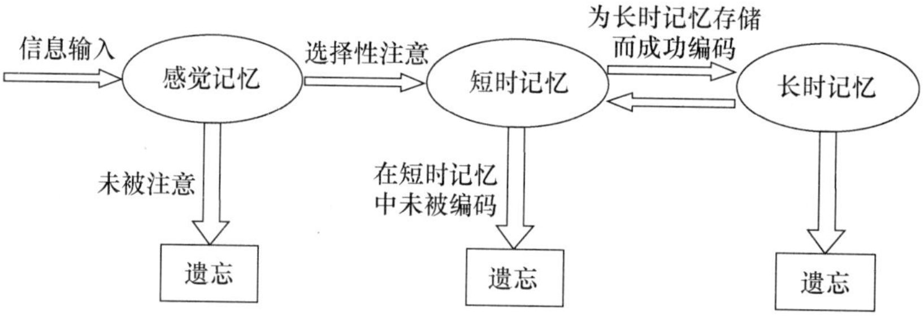

图3－3 记忆的信息加工模型

资料来源：丹尼斯·库恩等. 心理学导论——思想与行为的认识之路. 北京：中国轻工业出版社，2004.

在记忆的信息加工模型中，认知的发展是按照信息加工的流程中来进行理解和解释的。信息加工模型在20世纪60年代提出后，在70年代开始成为西方心理学的一个主要研究方向。在这个信息加工流程中包含多种认知过程，如注意、记忆、思维等。下面将对这些过程中儿童的认知发展分别进行介绍。

二、注意的发展

注意是指心理活动对一定对象的指向与集中。注意包括有意注意和无意注意。有意注意指有预定目的，注意的保持需要付出一定努力。而无意注意是指无预定目的、无须付出努力的注意。注意是产生各种心理过程时必不可少的认知属性。没有对事物的注意，就不可能有对事物的认识。

（一）婴儿期注意的发展

婴儿一出生就有注意，这种注意实质上就是先天的定向反射，是无意注意的最初形态。婴儿期注意的发展主要表现为注意选择性的发展。1～3个月的婴儿已经能够偏向注意曲线、不规则图形，对称以及轮廓密度大的图形。当发亮或色彩鲜艳的物体出现在视野内时会睁眼注视，并发出喜悦的声音。3～6个月的婴儿平均注意时间缩短，开始偏爱更加复杂的、有意义的视觉对象。6个月以后婴儿的注意不再像以前那样表现在视觉方面，还表现在吸吮、抓握等活动中。这时注意的选择性越来越受知识和经验的影响。1岁以后，婴儿的注意发展进入了更高的层次，因为婴儿开始使用语言。语言的出现对婴儿注意的发展具有重要作用。在语言的指导、监控下，婴儿的注意具有更强的指向性，维持时间增长。

（二）幼儿期注意的发展

与3岁前的儿童相比，幼儿的无意注意又有了较大发展。与幼儿的兴趣和需要有密切关系的刺激物，逐渐成为引起无意注意的原因。幼儿的生活经验比以前丰富了，对于一些事物有了自己的兴趣和爱好，符合幼儿兴趣的事物，更容易引起幼儿的无意注意，但在整个幼儿期，对象的新颖性仍是引起注意的重要因素。刺激物的物理特性，如强烈的声音、鲜明的颜色、生动的形象、突然出现的刺激物或发生显著变化的事物，都容易引起幼儿的无意注意。

有意注意主要是由额叶控制的。额叶的控制使个体能够把注意指向必要的刺激物，主动寻找所需信息，抑制对不必要刺激的反应，即抑制分心，而额叶在大约 7 岁时才能够达到成熟水平，因此幼儿期的注意主要是以具体形象性和无意性为主。有意注意开始发展，但还远不能达到充分发展。

因此，对于幼儿期的儿童来说，教育的任务是积极引导幼儿的注意从无意注意向有意注意转变。成人可以用语言帮助组织幼儿的有意注意，如通过提问题的方式，引导幼儿有意注意的方向。另外，可以通过让幼儿参与活动，在活动中逐步培养幼儿的有意注意。如将认知活动与实际操作结合起来，让幼儿完成一些既具体又明确的活动任务，有利于有意注意的形成和发展。

幼儿期有意注意的发展总体上来说尚处于初级阶段，注意的稳定性较差，有意注意还需要成人的引导与组织。

（三）儿童期注意的发展

在小学儿童的注意发展中，有意注意有了较大发展，但无意注意仍具有一定的作用。初入学的儿童，注意力很容易分散。对于低年级儿童来说，如果对学习内容没有兴趣，而教师又不能运用引起孩子兴趣的教学方法，那么注意力的保持就很困难。

在注意的内容方面，学龄儿童对抽象材料的注意开始有所发展，但具体、直观的内容，在儿童的注意上仍有重要作用。在注意的外在表现方面，学龄儿童注意力的外部表现往往比较明显，成人可以比较容易地分辨出儿童是否对学习内容保持着注意。在注意的维持时间上，学龄儿童注意的保持比幼儿期有了进一步的发展。

三、记忆的发展

（一）婴儿期记忆的发展

一直以来，人们认为记忆的发生应该在新生儿期，但近年来一些研究者发现，人类在胎儿末期（妊娠 8 个月左右）就已经有了听觉记忆。3 个月大的婴儿对某些刺激的记忆能够保持 4 周之久。1 岁以后，婴儿语言的发生和发展使他们的记忆有了进一步的变化。如运用语言进行符号表征能力的发展，使他们的模仿能力迅速发展，延迟模仿能力产生。而模仿能力的发展，是以婴儿的记忆为基础的，只有在头脑中形成了某个动作形象的表征，才能进行模仿。

（二）幼儿期记忆的发展

幼儿期是记忆迅速发展的时期，记忆容量、记忆形式、记忆策略等都有了进一步发展。

1. 记忆容量的发展

由于短时记忆在记忆理论和生活实践中所处的特殊地位，关于记忆容量发展的研究主要集中在短时记忆容量的发展上。对于成人来说，短时记忆的容量在 7±2 个组块的范围内，7 岁前儿童一般尚未达到这个水平。虽然不同的研究对于幼儿短时记忆容量的研究结果是不一致的，但总体来说，记忆容量随着幼儿年龄的增长呈现逐渐上升的趋势。

2. 记忆形式的发展

在幼儿初期，无意记忆占据着优势，凡是幼儿感兴趣的就容易记住。到了幼儿晚期，有意记忆开始发展。但最初有意记忆都是在外界的要求下进行的，都是被动的。而后幼儿才能够主动确定目标，进行记忆。一般来说，3 岁的幼儿不能真正接受记忆任务，基本上都属于无意识记。幼儿中期和幼儿晚期，无意记忆的效果一般也要好于有意记忆的效果。

在幼儿初期，幼儿的记忆带有很大的直观形象性，形象记忆占主要位置。随着语言的发展，幼儿的语词记忆有了一定的发展。但在整个幼儿期，形象记忆的效果要好于语词记忆的效果。

3. 记忆策略的发展

记忆策略是个体在记忆过程中采取的方法或手段。个体的记忆要经过没有策略，经他人的引导使用策略，最后能够主动自觉地使用策略的过程。

（1）复述策略。

当个体在保持新信息的时候，一个简单而有效的策略就是复述，即不断重复直到记住。近期的研究表明，幼儿使用复述策略的频率较低，如 3～4 岁儿童中只有 43%能够使用复述策略，在 6～7 岁幼儿中达到 73%①。幼儿不能够有效使用复述的原因在于，进行复述需要付出一定的意志努力，从而占用短时记忆中的资源，而对于年长一点的儿童来说，复述技能达到了自动化，就不需要再占用短时记忆的资源。

（2）组织策略。

虽然复述策略是一种有效的方式，但它也是一种较为刻板的方式。如果按照记忆材料所包含项目意义间的联系来记忆的话，记忆效果就会更好。对于幼儿的组织策略来说，更多的是使用归类策略来帮助记忆，幼儿经常利用声音或情境来记忆，而不是物体的属性。如将兔子和萝卜放在一起记忆，而不是萝卜和白菜。总体来说，幼儿运用组织策略的能力还是较低的。

（三）儿童期记忆的发展

在儿童期，记忆的容量基本达到了成人的水平。有意记忆的效果开始赶上无意记忆，并逐渐超过无意记忆。在记忆策略方面，学龄阶段的儿童已经能够自发地使用复述策略和组织策略。

四、思维的发展

思维是一个复杂的认识过程，包括概念、理解和问题解决等。而概念的形成和理解一般也带有问题解决的性质。因此，对于思维的研究大多集中在问题解决能力的发展上。

（一）婴儿期思维的发展

对于婴儿期思维的发展，目前还存在一些争议。皮亚杰最初认为婴儿在 9 个月前不存在真正的问题解决行为，但后来有研究者发现，在新生儿自发的胳膊运动中有 32%的行为不但具有明确的目的，而且带有问题解决的性质。1 岁后婴儿的问题解决行为已经开始带有一定的计划性。

（二）幼儿期思维的发展

在幼儿的思维发展特点中，具体形象性是其主要特点。所谓具体形象的思维，是指幼

---

① 林崇德. 发展心理学. 北京：人民教育出版社，1995：226-230.

儿的思维主要是凭借事物的具体形象，而不是根据事物的内在本质和关系进行的。幼儿思维的具体形象性还派生出幼儿思维的经验性、表面性、拟人化等特点。

在幼儿期，抽象逻辑思维开始萌芽。在幼儿经验范围内的、熟悉的事物，幼儿已经能够进行简单的逻辑思维，如猜谜语、一些简单的因果关系等。以推理的发展为例，3 岁组幼儿基本上不能进行推理活动，4 岁组幼儿的推理能力开始发展，5 岁组幼儿中大部分（62%以上）可以进行推理活动，六七岁组的幼儿基本上都可以进行推理活动。推理能力随年龄呈逐渐发展的趋势。同时，幼儿开始掌握一些数概念、类别概念和实物概念等。

（三）儿童期思维的发展

从小学阶段，儿童开始接受正规的系统学习。新的学习活动对儿童提出了新的要求，从而促使儿童的思维不断地向前发展。

小学阶段儿童的思维从具体形象思维逐渐过渡到以抽象逻辑思维为主，思维的这种转变是思维过程中的质变。这种变化要经历整个小学阶段，小学儿童的思维还同时具有具体形象和抽象概括的成分。思维的这种转变存在一个关键时期，一般来说在四年级左右。低年级儿童的思维活动在很大程度上还是与具体事物及其生动的形象联系在一起。但在这种以具体形象思维为主的情况下，低年级儿童的思维也带有一定的抽象概括性。到了小学高年级，儿童能够进行抽象的逻辑思维，但仍带有很大成分的具体形象性。

从小学阶段开始，儿童的思维开始具有目的性、抽象性，对思维过程的监控也有了一定的发展。7～8 岁儿童的辩证逻辑思维开始萌芽，10～11 岁儿童已经能够进行初步的辩证思维，小学阶段儿童的思维结构已经初步接近于成人。

思考题

1. 婴幼儿的动作发展主要包括哪些内容？
2. 你认为是否应该重视婴幼儿的动作发展，为什么？可以从哪几个方面创设动作发展的适宜环境？
3. 试分析动作发展的原因和内在机制。
4. 简述皮亚杰的认知发展阶段理论。
5. 什么是最近发展区？最近发展区对于儿童的教育教学有何意义？
6. 如何从信息加工理论的角度看儿童认知发展的基本趋势？
7. 在儿童认知发展的问题上，皮亚杰与维果斯基的认知发展理论有哪些不同之处？
8. 不同的认知发展理论对我们更好地理解与促进儿童的认知发展有何重要作用？

第四章 认知发展的个体差异

知识结构图

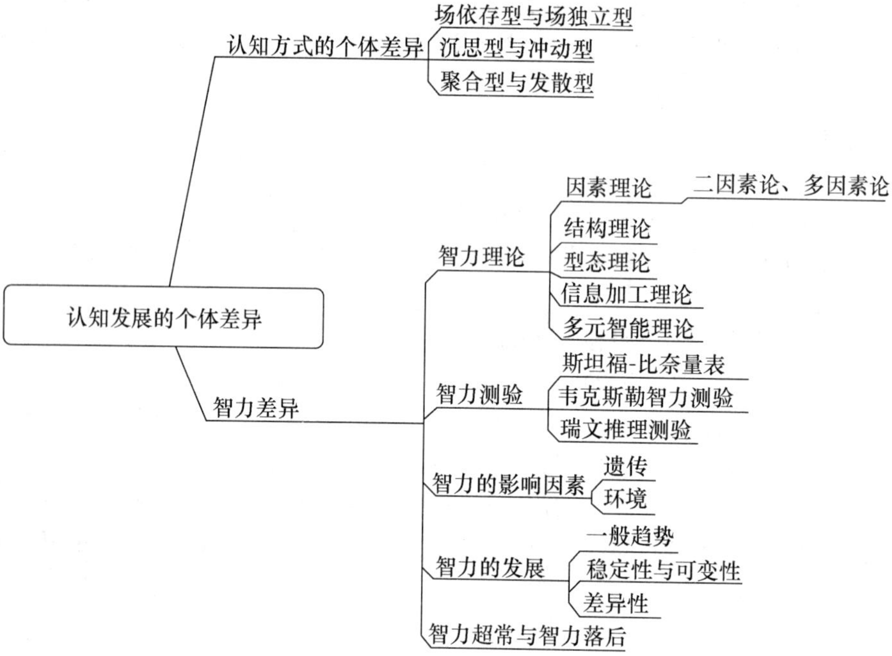

学习目标

理解并掌握个体在认知发展方面存在的认知方式和认识水平上的差异。

学习重点

1. 掌握场依存、场独立、晶体智力、流体智力等概念。
2. 理解对个体认知发展产生影响的各种因素。

学习难点

能够正确看待个体的认知差异。

学习建议

在学习过程中，不断联系自身情况和经验来理解认知发展的个体差异及其影响因素。

在个体的认知发展过程中存在着很大的差异性。对于认知发展的个体差异，本章主要是从认知方式的差异和认知能力的差异两个方面进行介绍。认知方式又称认知风格，是个体所偏爱的加工方式，也就是个体在注意、记忆、思维等认知活动中加工和组织信息的稳定的风格。对于认知能力的差异主要从智力测量的角度来介绍。

第一节 认知方式的个体差异

认知方式的个体差异主要有场依存型与场独立型、沉思型与冲动型、聚合型与发散型几个方面，下面分别进行介绍。

一、场依存型与场独立型

场依存型与场独立型是美国心理学家威特金（H. A. Witkin，1916—1979）提出的两个概念[①]。场是指问题的空间。场依存型的人在解决问题时，较多地依赖于外在参照或线索。在知觉个别信息的时候易受整体知觉背景的影响。而场独立型的人在解决问题时，较多地依赖于自身内部的参照或线索。在知觉部分信息时，较少受整体知觉背景的影响。

场依存型与场独立型的划分有助于解释为什么有些人在判断一件事情的时候，总是愿意听别人的意见，在别人都表示认同的情况下才会去做；而有的人在做事情的时候，则完全按照自己的想法和判断。

一般来说，场依存型的人对社会科学和人文科学更感兴趣，而场独立型的人在自然科学和数学等方面往往成绩较好。另外，场依存型和场独立型的认知风格会影响到儿童的学习风格。对于场依存型的儿童来说，如果教学内容可以有更多的互动，他们的成绩会更

① 郑雪. 人格心理学. 广州：暨南大学出版社，2007：280.

好；而对于场独立型的儿童来说，教学内容的组织结构严谨、逻辑清楚，会更有利于他们的学习。在这里需要注意的是，场依存型与场独立型只是一种认知风格的差异，在儿童自身的学习能力上并不存在显著差异。

二、沉思型与冲动型

沉思型与冲动型的认知风格是心理学家卡根提出的。沉思型与冲动型反映了个体在信息加工、形成假设和解决问题过程中的速度与准确性的差异。沉思型是指个体在回答问题前，会充分考虑各种可能性，权衡各种方式，最终给出较有把握的答案。沉思型的个体在回答问题时，反应速度会相对较慢。而冲动型是指个体倾向于用自己想到的第一个答案来解决问题，在回答问题时能够快速做出反应。

对于多数儿童来说，他们的认知方式都是冲动型的。随着年龄的增长，沉思型的儿童人数逐渐增多。对于沉思型与冲动型哪种认知方式更好，研究者们现在还没有给出统一的结论。一般的理解是冲动型的儿童在完成学业任务时，会出现更多的错误。但也有研究发现，9 岁组的沉思型与冲动型儿童的作业成绩实际上并没有什么差别。沉思型的儿童在完成需要对细节进行分析的任务时，成绩会较好；而冲动型的儿童在完成需要整体理解的学习任务时，成绩会较好。冲动型儿童的学习成绩较差，可能是由于学校的测验往往注重对细节的分析，而他们擅长的是整体思维。

三、聚合型与发散型

聚合型的认知方式是指个体在解决问题的时候常表现出集合思维的特征。经常会只注意问题的某一个方面，然后逐渐缩小解答范围，局限在特定领域内直到找到答案。发散型的认知方式是指个体在问题解决过程中会表现出发散的特征。发散型思维表现为个体的思维沿着不同的方向扩展，不只局限于某一个方面，这种发散可以是广泛的、松散的，最终产生解决问题的答案。

第二节　智力差异

目前对于智力还没有一个统一的定义，下面将介绍一些有影响力的智力理论与智力测验，从中可以看到不同的智力测验对智力能力的观点。随后介绍儿童在智力能力上存在差异的不同方面。

一、智力理论

（一）智力的因素理论

最早的智力理论观点都是从因素角度划分的。不同的心理学家在对待智力因素的问题上，根据自己不同的理论观点，划分的维度也是不同的①。

① 张春兴. 现代心理学——现代人研究自身问题的科学. 上海：上海人民出版社，2005：309-311.

1. 智力的二因素论

智力的二因素论是由英国心理学家斯皮尔曼（C. Spearman，1863—1945）于1904年提出的。智力可以分为两部分，普通因素（G因素）和特殊因素（S因素）。人的普通能力是先天遗传的，主要表现在一般性的活动上，能够显示个体能力的高低。而特殊因素只与少数活动有关，是个体在某些方面不同于他人的能力。一般智力测验所测量的都是普通能力。

2. 智力的多因素论

智力的多因素论是美国心理学家瑟斯顿（L. Thurstone，1887—1955）于1938年提出的。智力由7种基本能力组成：语句流畅性、语词理解、空间关系、知觉速度、记忆、数字运算、归纳推理。瑟斯顿认为这7种能力之间是相互独立的，斯皮尔曼的一般能力是由这7种能力组成的。

（二）智力的结构理论

智力的结构理论与智力的因素理论不同，智力的因素理论假定智力是由几个基本能力（因素）组成的，而吉尔福特（J. P. Guilford，1897—1987）于1959年提出，智力的组成实际上是由一个立体结构构成的。这个立体结构分为三个维度：内容（个体所思考的问题），操作（个体在解决问题之前的思维过程），结果（思考给出的答案或产品）。吉尔福特认为有5类内容、5种心理操作、6种产品。智力三个维度之间的相互关系有5×5×6种，由此可以得知，智力的结构模型实际上是由150种心理能力组成的。

（三）智力的型态理论

智力的型态理论是由美国心理学家卡特尔（J. M. Cettell，1860—1944）提出的。卡特尔根据智力功能上的差异，将智力分为流体智力和晶体智力两种。流体智力是一种以生理为基础的认知能力，包括感知速度、记忆、理解能力等。流体智力与年龄有密切的联系，流体智力一般在个体20岁左右达到顶峰，在30岁左右随着年龄的增长开始下降。而晶体智力是以学得的经验为基础的认知能力，包括词汇知识、社会推理、问题解决等。晶体智力不会随着年龄的增长而下降，随着知识经验的积累，个体的晶体智力会呈现随年龄增长而上升的趋势。因此，对于总体智力水平来说，并不能简单地说智力随着年龄的增长是上升的还是下降的，晶体智力和流体智力存在着不同的发展曲线。晶体智力和流体智力的划分改变了人们过去认为智力水平在成年之后不再继续增长或开始下降的观点，使人们对智力的发展过程开始做重新的考虑。

（四）智力的信息加工理论

美国心理学家斯腾伯格（R. J. Sternberg，1949—　）认为以往的智力理论都过于关注因素的分析，而忽视了知识获得和运用的过程，由此斯腾伯格提出智力行为是由三种成分组成的，分别是情境成分、经验成分和信息加工成分。情境成分是指在对智力水平进行评价的过程中，在很大程度上应该依赖于行为发生的情境。智力在不同的文化背景、不同的时间、个体不同的年龄阶段是不同的。因此，对智力的理解需要从个体在现实生活的情境出发。

经验成分是指生活经验会影响到个体的智力表现。当个体在处理非常熟悉的问题时，解决速度就会较快。随着熟悉程度以及熟练程度的提高，个体能够准确高效地解决问题，这是智力水平的一种表现。信息加工成分是指在对智力进行评价时，要分析个体对问题进行分析操作，对信息编码储存，选择相应策略，对自己的认知活动进行监控，选择解决方法，直到得出答案的过程。斯腾伯格认为，在对个体的智力能力进行评价的时候，要充分考虑情境成分、经验成分和信息加工成分的共同影响，才能够对智力水平做出真实客观的评价。虽然斯腾伯格的理论有其独到之处，也被很多研究者所认同，但目前使用的智力测验还是大多以以往的智力理论为基础，没有很好地将智力的信息加工理论与智力测验结合起来。

（五）多元智能理论

加德纳（H. Gardner，1943—　）于1983年在《智力的结构》一书中提出了多元智能理论。加德纳将多元智能定义为解决问题的能力或是在各种文化背景中创作该文化所重视的作品的能力。在1999年出版的《重构多元智能》中，加德纳将多元智能的定义修订为一种处理信息的生理心理潜能，在某种文化环境之下，会被引发去解决问题或是创作该文化所重视的作品。最初加德纳在多元智能理论中，将多元智能分为7种，后来又补充为8种，这8种智能分别是：语言智能、数理逻辑智能、视觉空间智能、音乐智能、身体运动智能、人际交往智能、自知智能、自然观察智能[①]。在加德纳近期的著作中，加德纳又将多元智能扩展为9种。不管智能的分类有几种，都可以从中看出加德纳在对个体智力的考虑上所具有的开创性视角。

语言智能是有效运用口头语言和书面语言的能力，即听、说、读、写的能力。这种智能涉及所有形式的语言，包括阅读报纸、看小说、与朋友交谈、写文章、报告、书信、听演讲等各种形式。语言智能在记者、演说家、编辑、作家等人身上有比较突出的表现。

数理逻辑智能是指有效运用数字和推理的能力。数理逻辑智能表现为善于通过数理推理和逻辑推理进行各种思维活动，以及对事物间的各种关系（如类比、对比、因果和逻辑关系）非常敏感。数理逻辑智能强的儿童在学校中会特别喜欢数学或科学类的课程，常常自己提出问题，并主动寻求问题的答案。这种智力在侦探、科学家、数学家、法官等人身上有比较突出的表现。

视觉空间智能是指能够准确地感觉视觉空间，在头脑中形成一个外部空间世界的模式，并能够运用这个模式的能力。视觉空间智能表现为对线条、形状、结构、色彩以及空间关系很敏感，可以通过平面图形或立体造型将它们表现出来。视觉空间智能大致可分为三大类。第一类是传统智力测验所测的二维与三维空间的转换，以建筑师、雕刻家为代表。第二类是指方向感，对空间方向的定位，如飞行员、航海家等。第三类指的是对构成一件艺术作品的要素，包括线条、形状、体积、空间、阴暗等方面的感受力。第三类视觉空间智能水平较高的个体感受特别敏锐，想象力通常也很丰富，如从事艺术创作的人员。

音乐智能是指察觉、辨别、改变和表达音乐的能力，表现在个体对节奏、音调、旋律或音色的敏感性以及通过作曲、演奏、乐器等表达音乐的能力。这种智能在作曲家、指挥家、歌唱家、乐器演奏家等人身上表现突出。

---

① 戴维·拉齐尔. 智慧的课程——利用多元智能发掘学生的全部潜能. 北京：教育科学出版社，2003：19-31.

身体运动智能指运用四肢和躯干的能力，表现为能够较好地控制自己的身体，能够对外界做出恰当的身体反应，以及善于利用身体语言来表达自己的思想和情感。身体运动智能水平较高的个体很难长时间坐着不动，喜欢动手建造东西，喜欢户外活动，与人谈话时常常具有丰富的手势或其他肢体语言。这种智能在舞蹈家、运动员、演员、外科医生等人身上有比较突出的表现。

人际交往智能是指察觉并区分他人的情绪、动机等，对面部表情、声音和动作、暗示的敏感性，以及处理自己与他人关系的能力。人际交往智能主要表现在与他人相处和交往的能力上。这种智能在推销员、政治家、教师、社会工作者等人身上表现突出。

自知智能指个体对自己的认识、体验和调节控制能力。自知智能主要表现为能够深入自己的内心世界；有很强的自我意识和自我了解；能够意识到自己的内在情绪、意向、动机、脾气、欲求；很清楚（或者会投入很多时间去探索、了解）自己的优点、缺点、喜好与风格；能够自尊自律；对自己的生活很有规划；喜欢独立工作。这种智能在哲学家身上有突出的表现。

自然观察智能指对环境（包括自然环境和人造环境，如植物、动物、矿物、天文等）有强烈的兴趣、敏锐的观察与辨认能力。自然观察智能表现为对周围环境有很强的观察力和感受力，如对自然风景的喜爱、对自然景物敏锐的注意力等。自然观察智能强的人在生活中的观察力和好奇心都特别强。这种智能较高的代表是生物学家、地质学家、天文学家等。

加德纳认为每个人实际上都具有这 8 种智能，只不过是表现程度不同而已。在对人的智力能力进行评价的时候，需要同时考虑这 8 种智能。这 8 种智能在个体身上是相对独立的，如有一位盲人成年后只会说非常简单的日常用语，但他如果听到一首歌曲，只听一遍，就能够完美地在钢琴上演奏出来。因此一种智能水平的高低不能代表一个人其他智能水平的高低。

另外，加德纳认为这 8 种智能在每个人身上的发展水平是不一致的，即存在着发展的差异性，由此每个人都具有各自独特的智能组合。另外，智能的成分及其组成是动态的，可以通过教育发生改变。加德纳提出的多元智能理论在智力的评价领域产生了重大的影响，使人们开始重新思考在儿童教育过程中的智能观和教育观，也促使一批研究者和教育者开始尝试将多元智能理论运用在儿童（尤其是学前儿童）的教育过程中。

二、智力测验

（一）智力测验的产生

第一个智力测验的设计者和使用者是法国的比奈和西蒙。比奈和西蒙最初使用智力测验的目的是把有学习困难的学生与正常学生加以区分，为政府的决策提供依据，以实施更有效、更具有针对性的教育，由此也开创了现代智力测验的先河。在该智力测验中，比奈和西蒙首次提出了心理年龄的概念。他们将题目的难度按照年龄进行了分组。3 岁儿童平均能通过的题目归在一起，4 岁儿童平均能通过的题目归在一起，以此类推，直到 13 岁。在每个年龄组的题目中，通过一道题目，代表着 2 个月的心理年龄。这样，如果一个儿童能够通过某一个年龄段的题目，那么他就达到了那个年龄段的智力水平，即心理年龄。

如一个 5 岁儿童通过了 5 岁组的全部题目，那么其基本心理年龄为 5 岁，然后又通过了 6 岁组的四个题目，那么心理年龄再加上 8 个月。接着他又通过了 7 岁组的两个题目，那么再加上 4 个月。8 岁组的题目全部没有通过，就不再做累加。由此可以推断该 5 岁儿童的心理年龄是 6 岁。心理年龄的提出在智力评价史上是具有开创性的，使人们开始使用一个量化的指标对个体智力进行评价。

（二）斯坦福-比奈量表

比奈量表问世后，被迅速地传往世界各地。很多研究者在使用比奈量表的过程中，也对量表进行了一些修订。比较著名的是美国斯坦福大学心理学者推孟（L. M. Terman，1877—1956）根据比奈量表修订编制的斯坦福—比奈量表。该量表对心理年龄加以调整，提出了智力商数的概念，也就是智商（IQ）。智力商数是指个体的心理年龄（MA）与实际年龄（CA）的比率。

$$\text{智商(IQ)}=\frac{\text{心理年龄(MA)}}{\text{实际年龄(CA)}}\times 100$$

斯坦福—比奈量表中比率智商的提出，使得人们可以对不同生理年龄儿童的智力水平进行比较。但该智商分数不适于 20 岁以上的成人，因为从 20 岁左右开始，个体的心理年龄不会发生巨大的变化，但实际年龄在不断增长，会出现随着年龄的增长，个体的智商水平越来越低的趋势。

（三）韦克斯勒智力测验

韦克斯勒（D. Wechsler，1896—1981）智力测验是目前使用最广泛、影响最大的智力测验之一。韦克斯勒智力测验分为成人版和儿童版。儿童版又分为两种，一种适合于 6～16 岁的儿童，一种适合于 3～8 岁的儿童。韦克斯勒编制量表的一个原因是他认为斯坦福-比奈量表大多是一些语言描述的题目，因此个体的智力水平就要受到自身语言能力的影响，不能客观地表现个体的智力水平。由此，韦克斯勒将自己的量表分为言语测验和操作测验两种。言语测验包括词汇、常识、理解、回忆、发现相似性、数学推理。操作测验包括完成图片、排列图片、事物组合、拼图、译码。在个体完成所有的测验后，可以将所有测验的分数相加，得到一个智力总分，也可以分别计算每一测验的分数，作为该测验的智力分数。

在该量表中，韦克斯勒提出离差智商的概念，可以用来推断出个体的智商在某个群体中处于什么相对位置。虽然现在智力测验的结果仍然用智商（IQ）表示，但其实际上指的是离差智商所代表的概念①。

（四）瑞文推理测验

瑞文推理测验由英国心理学家瑞文 1938 年编制，在世界各国沿用至今。瑞文推理测验具有一个显著的特点，即它是一种非文字的智力测验，可以用以避免文化背景因素对智力测验的影响。瑞文推理测验主要是用来测验个体的观察力及思维推理能力。

目前瑞文推理测验有三种版本，一种是瑞文标准推理测验，一种是为幼儿或低智商的个体设计的瑞文彩色推理测验，还有一种是适于智力超常者的瑞文高级推理测验。瑞文推

---

① 张春兴．现代心理学——现代人研究自身问题的科学．上海：上海人民出版社，2005：301-303.

理测验具有一般文字智力测验所没有的特殊功能，可以在非言语交流的情况下使用，也可以跨文化使用。另外，与其他测验需要个别测试不同，瑞文推理测验可以进行团体施测，使用较为方便。

三、智力的影响因素

（一）遗传因素

针对遗传因素对智力的影响，很多研究者都进行了双生子研究，用以提供了一定的证据支持。研究发现，遗传基因完全相同的同卵双生子的智商，比只有一半相同遗传基因的异卵双生子或普通兄弟姐妹的智商水平的相关要高很多。另外，被领养的儿童的智商与亲生父母的智商之间的相关也要高于领养儿童与养父母之间智商的相关，因为被领养的儿童与亲生父母之间具有相同的遗传基因。

（二）环境因素

虽然遗传因素对人的智力发展有非常重要的作用，但也不能认为基因是影响智能发展唯一重要的因素。环境因素对智力水平的发展具有很大影响力，环境包括父母的教育态度和教育方式、家庭的社会经济地位、个体所接受的教育以及所处的社会文化群体等。如果一个喜欢挑战的儿童，在一个单调、刺激贫乏的环境中长大，那么他的智力也不会有快速的发展。而如果一个没有这方面倾向的儿童生长在一个刺激丰富的环境中，不断地接受挑战性任务，那么他的智力也许会得到较快的发展。

像在前面提到的双生子研究中，如果双生子是在不同家庭里被抚养长大，那么他们的智商之间的相关要小于在同一个家庭中被抚养长大的双生子智商之间的相关。也就是说，环境因素在个体遗传素质的基础上，也会对个体智力水平的高低产生一定的影响。有研究者认为，近几十年来人类的智商呈现快速增长的趋势，而智商出现这样大的增长不太可能是进化的结果，主要是教育因素起了重要作用。教育因素、环境信息的丰富都利于个体智商水平的提高。另外，营养和健康水平的提高也对大脑和神经系统的发育也起到了积极的作用。

四、智力的发展

（一）智力发展的一般趋势

智力的总体发展趋势是随着年龄的增长而逐渐提高。个体从出生到15岁左右，智力的发展几乎呈直线增长，智力的发展与年龄的增长近乎等速。其中童年期和少年期是智力发展最重要的时期，从成年期开始智力的发展速度逐渐稳定。但对于智力的发展曲线，也有人提出这种智力发展随年龄增长的曲线不能很好地揭示智力发展的规律，如晶体智力从个体出生一直到老年期，会呈现出不断发展的趋势，并不存在成年期之后的稳定期。而流体智力从个体成年期开始反而呈现逐渐下降的趋势。因此对智力的发展曲线进行分析时，需要对智力的不同成分进行具体分析，它们的发展轨迹、速度和水平可能是不同的。

（二）智力发展的稳定性与可变性

一般来说，对于个体的发展而言，智力在从出生直到成年，水平是相对稳定的，如有研究者对儿童在13岁和在18岁的智力进行测验，发现两者之间的相关达到0.78。虽然从总体上看，智力的发展是相对稳定的，但智力在个体一生的发展中也会发生相对的变化。因此智力与生活环境、家庭气氛都有重要关系，随着外界环境的影响（如个体所接受的教育等）也可能发生改变。

（三）智力发展的差异性

1. 发展水平的差异

对于人类群体来说，智力的水平是呈现正态分布的。智商分数中等（90～109）的人数最多，占50%左右，智商水平中等偏上（110～119）和中等偏下（80～89）者所占的比例是相同的，各占16.1%左右，智商较高（120～129）和位于智商临界水平（70～79）者的比例相同，各占6.7%左右，智力超常（130以上）和智力落后（低于70）者各占2.2%左右。即中等水平的人数最多，位于两端的人数逐渐减少。每个个体的智力发展水平均处于智力水平正态分布的某一点，由此存在着一定的个体差异。

2. 智力发展过程的差异

个体的智力发展有三种基本形态，即一直呈现稳定发展的状态；发展速度先快后慢；发展速度先慢后快。发展速度先快后慢的表现之一是早慧，个体在儿童期就表现出相当高的智商水平。如战国时期的少年甘罗，从小聪明过人，能言善辩。甘罗12岁的时候就成功地出使赵国，不费一兵一卒为秦国得到了河间之地。回国后，甘罗被秦王封为上卿。由于当时丞相和上卿的官阶差不多，所以民间也演绎出甘罗12岁为丞相的说法。

早慧是智力优异的标志之一，但这并不意味着最终智力的智力水平就高。如王安石作品中的《伤仲永》，虽然仲永几岁时就可以写出文采、内涵皆佳的诗文，但由于没有接受很好的后天教育，在成年之后，已经完成变成了一个普通人。因此，虽然先天的遗传因素很重要，但并不能最终决定一个人智力水平的高低，后天环境也具有非常重要的作用。

发展速度先慢后快的表现之一是大器晚成。如东汉名将马援，12岁就失去了父母，靠他哥哥抚养长大。马援少年有志，可天性并不聪明。马援将自己与同村的人一起比较，感觉自愧不如，于是就向哥哥提出要去边疆放牧。哥哥安慰弟弟说：你只要奋发努力，时间久了，定成大器。马援听后，发奋学习，坚持不懈，终于在55岁时被封为将军。

总之，个体的智力发展会呈现出不同的发展趋势，这里需要注意的是智力表现的早晚并不意味着智力水平的高低，只是发展起始时间的差异，另外智力水平的高低还要受到多种因素的影响。

3. 智力结构的差异

智力发展的个体差异还表现在不同个体的智力结构不同。按照加德纳的多元智能理论，每个人的智力都由八种智能组成。每种智能在个体之间都存在一定的差异，由此组成的智能组合，即智力结构也存在着差异。如有的个体的语言智能表现比较突出，而有的个体在身体运动智能上具有较高的水平。某一方面能力水平的高低并不代表个体在智力结构的其他方面水平的高低。

五、智力超常与智力落后

一般来说智商分数在130分以上称为智力超常，而智商分数低于70分称为智力落后。在对儿童的教育日益重视的今天，如何正确看待智商分数就显得尤为重要。

(一) 智力超常

心理学家推孟对 1 500 名智商分数在 140 分以上的超常儿童进行了追踪研究，由此得到的一些结论纠正了对人们对超常儿童发展的传统观念。在对儿童的教育过程中，人们往往会存在一些误解，如超常儿童往往是在某些方面比较奇怪的人，社会交往能力往往不行；如果儿童智力发展较早的话，随着年龄的增长，智力也会较快地衰落；智力超常的人通常体质比较差，身体素质不好；越聪明的人越容易得精神病，天才也就是几近疯狂；成功与智力是没有关系的，在实际工作中高成就往往不需要太高的智商。

推孟的研究结果恰恰与上述观念相反。推孟发现智力超常的人通常能较好地适应社会，而且具有中等水平以上的领导才能；超常儿童的智商在成年期后仍然在较高的水平；超常儿童的身高、体质等均在中等水平以上；心理健康状况要好于平均水平，具有较强的抵抗心理疾病的能力，不过一些智商分数超过 180 分的儿童确实可能在社会行为适应上有一些问题；很多超常儿童修完学业后，在工作中获得了高职位，著书立说等，取得了较高的成就。

虽然推孟的研究揭示了高智商与个体取得的成就确实存在一定的相关，但高智商并不是获得成功的保证，它只是揭示了发展的潜能。个体的品质，是否有努力进取的动力，是个体能否获得成功的关键因素。

这里需要注意的是具有天赋的儿童与智力超常儿童是不同的。天赋儿童的早期表现并不是单纯“脑力”方面的才能，即天赋并不等同于高智商。天赋既可能是脑力方面的，也可能是艺术、技术、音乐、运动或其他方面的。不能将超常仅仅定义为高智商，这样会忽略了那些具有特殊才能的儿童的潜能开发。下面是一些判断儿童是否具有某种天赋或能力的特征描述①：

具有寻求大孩子或成人认同的倾向；有快速获取信息的能力；早期表现出对解释和问题解决的强烈爱好；早在 2～3 岁时就能用完整的句子说话；具有高超的记忆力；在艺术、音乐或数字方面有早慧天赋；通常在 3 岁前就对书籍有极大兴趣并能阅读；表现出对他人的善意、谅解与合作。

(二) 智力落后

一般来说智商分数在 70 分以下称为智力落后。我国对智力落后的定义是：个体的智力明显低于一般人水平，并且显示出适应行为的障碍。包括在智力发育期间由于各种有害因素导致精神发育不全或智力迟缓；智力发育成熟以后，由于各种有害因素导致的智力损害或老年期的智力明显衰退。1992 年美国智能障碍协会对智力障碍的定义为：智力水平显著低于平均智力发展水平，同时具有下列各项适应技能领域两种或两种以上的限制：沟通、自我照顾、居家生活、社交技能、使用社区、自我引导、健康与安全、功能性学科能力、休闲娱乐和工作，其患病是在发育期间（18 周岁以前）。

一般认为智力落后大约 50%是由于生理原因造成的，大致可分为遗传因素，胎儿期、分娩期以及后天的影响等几种因素。如父母的基因缺陷、染色体异常（唐氏综合征）、遗传性酶代谢障碍、近亲结婚等；在怀孕期间母亲服用了一些药物、病毒干扰、母亲情绪压

---

① 丹尼斯·库恩等. 心理学导论——思想与行为的认识之路. 北京：中国轻工业出版社，2004：434.

抑、有不良的生活习惯等；孩子在分娩过程中缺氧造成了产伤、早产（免疫系统不成熟导致患病，诱发大脑发育不良）；出生后的新生儿融血症、脑外伤、中毒、严重营养不良等都会影响到儿童智力的发育。

为了避免儿童的智力落后，从儿童的生命早期就需要做好预防措施。同时需要注意，对于智力落后的儿童来说，他们的情感是正常的，要对他们给予同样的关爱，不能冷淡歧视，也不能过分怜惜他们。对于智力落后儿童，应该给予他们适当的训练，使他们能够适应环境、逐步学会自理，增加他们成为适应良好的社会成员的机会。

智力落后不是全面的缺陷，在智力落后的儿童身上也许会有其他方面的优势和潜能。对于智力落后儿童的教育应该是找到儿童的优势加以培养，而不应该只看到儿童的智力落后，完全放弃教育和培养的努力。

思考题

1. 场依存型与场独立型认知方式各自的优缺点是什么？
2. 简述什么是多元智能理论。
3. 智力的影响因素有哪些？
4. 个体的智力差异有哪些方面的表现？
5. 如何正确看待智力差异的个体差异？

第五章 语言和沟通技能的发展

知识结构图

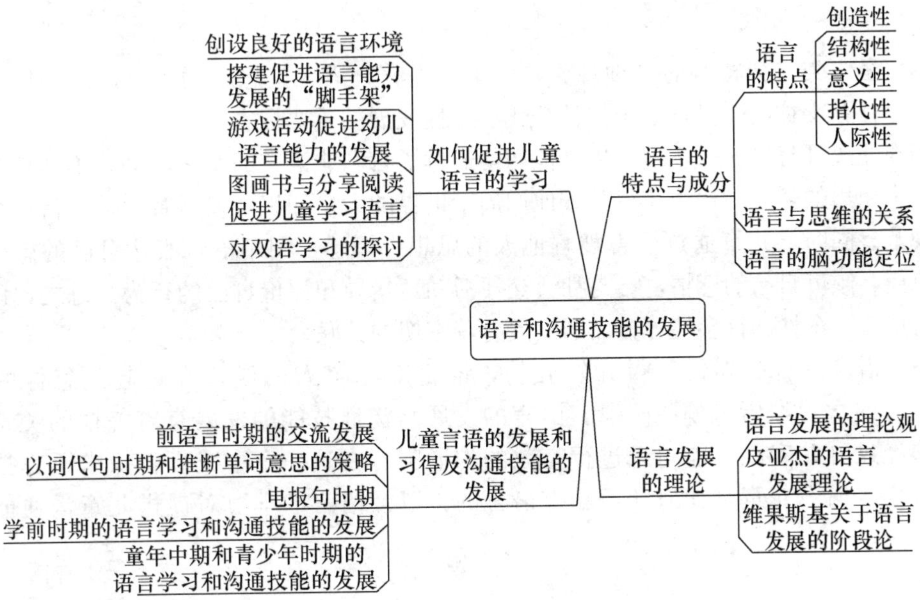

学习目标

1. 了解语言的特点、语言和思维的关系。

2. 理解语言发展的理论。

3. 掌握儿童语言发展阶段的特点和沟通技能发展的特点。

4. 学会根据儿童语言发展的规律，为儿童语言的发展创设良好的条件，促进儿童语言的发展。

学习难点

理解皮亚杰和维果斯基语言发展的理论观点，掌握儿童语言发展阶段的特点和规律。

学习重点

掌握儿童语言发展的规律。

学习建议

1. 可以分组学习儿童语言发展的不同观点，然后各组之间展开辩论，辨析不同观点之间的异同。

2. 结合当前幼儿教育的实际，讨论游戏、分享阅读、双语教学对幼儿语言发展的影响。

语言是人类社会特有的一种现象，就个体而言，语言是思维的工具，是一种认知能力，也是社会交往的工具，是个体社会化、个性发展的重要标志。

当婴儿离开母体呱呱坠地之后，他们便通过语言和非语言的交际活动，不断接受人类千百年来积累的经验，逐渐获得关于他们周围世界的大量知识，发展智力，习得社会道德行为规范。同时，儿童通过语言理解他人的思想、情感，利用语言表达自己的感受、见解、愿望，倾诉自己的感情，参与社会交往活动，指导和评价自己的行为。总之，语言的发展与认知、个性和社会性等方面的发展有着密切的关联。

那么语言究竟是如何获得并发展的，语言对一个人的成长究竟起到怎样的作用呢？语言的学习经历了哪些阶段？语言的发展与沟通技能的发展有着怎样的关系？儿童必须经过哪些实践才能与人进行有效的沟通呢？在这一章中我们将探求语言技能的发展过程，揭示儿童是如何学习获得语言的，以及语言的学习对促进儿童沟通能力的影响。

第一节　语言的特点与成分

一、语言的特点

语言是人类的一种交流系统。语言的主要功能是与他人共享各种各样的信息，谈话交流是一种互相交流各自心理活动状态的必要手段，通过谈话可以传递诸如个体的意愿、信仰、害怕、希望、快乐等信息。在灵长类动物中，只有人类发展了“以己之心，推人之腹”的能力，并由此来解释和预测他人的行为，同时理解我们自己的行为。这种能力使得我们能够控制所在社会的状态，并且做出相应的行为①。

在与外界的交往中，所有生物都有自己的语言系统来帮助其应付遇到的问题，这些系统大多与心智和认知有关联②。但是人类语言的物种属性是独特的。其典型方面在于人类的这种内化的语言是一个抽象而无穷的系统，是一个创造无限词汇的生成过程，其声音具体且意义确切。这种语言系统在整个生物界是少见的③。

语言是交流各自心理活动的一种十分奇妙的手段。谈话的能力使任何信息的交换都成为可能，我们利用语言传递人类文化，交换生活的经验，传递社会道德和行为规范，教孩子生活的技能，计划多人参加的活动，等等。

语言具有五大特点：(1) 创造性（新颖性）；(2) 完好的结构；(3) 意义性；(4) 指代性；(5) 人际性，语言是人与人之间交流思想的工具④。

(一) 语言具有创造性

早期的联想主义心理学家认为，语言是以联想为基础的。一些人强调声音与心理表象之间的联系（例如，听到“狗”这个词时，在听者的头脑中就会出现一条狗的心理画面），另一些人则强调特定的刺激与反应之间的联结（例如，在听到“谢谢”时，听者会说声“不客气”）。他们的看法虽然在一些细节上有所不同，但却都认为，语言只是一种复杂的习惯，是通过练习而获得的一套动作系统。

与联想主义的观点相反，现代语言学认为，语言是创造的。我们在具体交际情境中常常创造和解释新的句子。

(二) 语言具有结构性

人在构造句子时遵循着一定的规则，人们的语言活动不是随意的。人们说“那是一只兔子”，而不说“兔子那一只是”。因为前者合乎规则，而后者不合规则。人们根据语法的规则能够创造出以前没用过的句子，也能根据语法规则理解过去没有见过的句子。

1964 年，米勒（G. A. Miller，1920— ）等在一个实验中发现，人们在理解和回忆语言时存在着“完好结构”的效应。实验中他们在噪声背景下给被试呈现一些句子，要求被试识别。句子的类型如下：

(1) 长毛野猫进行了激烈的战斗。(合乎语法且有意义)

(2) 长毛的进行了激烈的野猫战斗。(有意义但不合乎语法)

(3) 长毛珠宝商创造了痛苦的斑点。(无意义但合乎语法)

(4) 长毛创造了痛苦的珠宝商斑点。(无意义且不合乎语法)

实验结果表明，被试对合乎语法且有意义的句子（如第一句）识别最容易；对不合语法且无意的句子（如第 4 句）识别最难，对那些合乎语法但没有意义的句子（如第 3 句）比对那些不合语法且无意义的句子（如第 4 句）识别效果显著好一些。说明语法在语言的

---

① 库尔特·鲍利克等. 国际心理学手册. 上海：华东师范大学出版社，2002：204.

② 曹志希，何玲梅. 语言与交际的关系. 解放军外国语学院学报，1997 (6).

③ 曹志希. 从乔姆斯基看语言研究趋势. 宁夏大学学报（人文社会科学版），2005 (2).

④ 彭聃龄. 认知心理学. 哈尔滨：黑龙江教育出版社，1990：315-316.

识别中具有一定的功能①。

（三）语言具有意义性

语言具有“意义性”。这是语言的核心特征。语言可以用来表述人、物、心理状态，甚至是抽象的事件状态。如“我”指说话者本人，“苹果”指一种水果。“痛苦”表明一种心理状态。“思维”指抽象的心理活动。每一个构成语言的单词都有一定的含义，它代表了一种东西（苹果或电脑），一个动作（跳或跑），一个抽象的概念（正义或兴趣），一种关系（类似或等于），或一种性质（红或雄伟）等。词的意义是约定俗成的，语言的作用就在于表达这些含义，借助这些具有不同意义的单词，我们才能表达和理解思想与感情。

（四）语言具有指代性

把具有完好结构和特定意义的语言运用到适宜的场合中去就叫语言的指代性。如“这条狗”通常指特定的某一条狗，而“有一条狗”指在谈话中还没有被提起过的一条狗；“昨天”意味着今天以前的一天。人类对语言的运用形成了一定的规则，通过指代性，我们可以简化语言交流中烦琐的中间环节，简洁、准确地传递和理解交流的信息。

（五）语言具有人际性

语言是人与人之间交流思想和感情的工具。为了达到交流思想的目的，语言的使用者必须了解怎样在特定的对话情境中使用语言的规则。在进行语言交流时，说话的人必须正确地估计听话者的心理状态、能力、动机以及听话者与自己的关系，以便说出恰如其分的话语。

莎茨（Shatz）和格尔曼（Gelman）在一项实验中要求 4 岁儿童分别教成人和 2 岁儿童玩一种玩具，结果发现，他们教成人时使用一种比较复杂的语言，而教 2 岁儿童时，使用了婴儿式的语言。可见人在说话时头脑中具有听话者的一幅心理图画，他们总是根据自己对听话者的了解来调整自己的语言风格②。

语言具有多种功能，这大部分要归因于语言的产生性。我们能够说出任何我们想说的事情，我们还能说出一些新颖的话语。所有语言都是一种产生式系统，人们可以将某些成分组合或重新组合产生全新的话语表达。

二、语言与思维的关系

儿童语言发展和思维发展之间究竟是什么关系？是语言决定思维，还是思维决定语言？各派心理学家对这个重要问题做了大量的观察、分析研究和阐述。对此存在不同的看法。从儿童思维发展的阶段和词、语言在思维各阶段中的作用（见表 5-1）中可以看到：并不是所有的思维都与语言相联系。儿童从出生到 1 岁是前语言的具体思维阶段，这期间儿童有简单的具体思维，但确实还没有语言。

---

① 彭聃龄等．认知心理学．哈尔滨：黑龙江教育出版社，1990：317.

② 同①315-349.

表 5-1 儿童思维发展的阶段及起作用的因素

年龄	1 岁前	1～3 岁	3～六七岁	六七～十一二岁	十一二～十四五岁	十四五～18 岁
思维阶段	具体思维前言语	直觉行动思维	具体形象思维	抽象思维	形式逻辑经验型	辩证思维理论型
起作用的因素	具体刺激动作	直接刺激、动作为主 词开始参与	表象为主 动作活动为辅	词为主 表象起支柱作用	词、形式符号为主 经验起重要作用	纯形式理论推理发展 开始有辩证性

资料来源：许政援．三岁前儿童语言发展的研究和有关的理论问题．心理发展与教育，1996（3）．

这时，儿童各种类型的发音都不是概括的，还不是真正的人类特有的语言，只是可能发展成为词的萌芽。因此，不能认为语言先于认知（思维），也不能说所有的思维都与语言有联系。

从表 5-1 中可以看出，儿童发展到 1～3 岁的直觉行动思维阶段，起主导作用的是直接刺激和动作，词开始参与；到 3～六七岁的具体形象思维阶段，表象起主要作用，活动和词的作用在逐渐增长；发展到六七～18 岁的抽象逻辑思维阶段，词就起主要的作用。表象开始还较多地起支柱作用，而后其作用越来越小，最后主要是词和纯形式的东西在起作用。由此可见，语言在思维各阶段的作用是从无到有，从不起重要作用到起主要作用。这表明：语言发展与人类特有的抽象思维的发展有着密不可分的联系。这是因为人类有了高度概括的语言，以这一工具来反映客观世界，才可能有高度抽象概括的思维。在认知（思维）与语言发展的关系上，认知（思维）是语言发展的基础。在下节的阐述中，我们可以看到，儿童对各种词类的掌握都是从具体到抽象一步一步地发展的。

由此可见，不能简单地将语言和思维的关系说成是思维决定语言，或是语言决定思维。思维发展和语言发展的关系是双向的、辩证的，具有复杂的交互作用。一方面，抽象思维是通过高度抽象的语言这一工具来进行的，可以说，没有高度概括的语言，人类就不可能有高度概括的思维；另一方面，思维的发展又是语言发展的基础，语言的发展依赖于思维的发展①。

对思维与语言两者的关系，皮亚杰和维果斯基有着不同的观点，我们将在下一节中进行阐述。

三、语言的脑功能定位

脑是怎样实现和完成语言功能的？大脑是最高级的脑中枢，它由两半球组成，两半球通过一束被称为胼胝体的纤维联结在一起。每一半球都覆盖着大脑皮层，其作用是控制感觉、动作过程、知觉和智力。虽然表面上没有什么差别，但左半球和右半球的功能却不同，分别控制着身体的不同区域。大脑左半球控制着身体的右侧，它包括言语中枢、听觉中枢、动作记忆中枢、决策中枢、言语加工中枢和积极情感表达中枢。主要的语言中心在

① 许政援．三岁前儿童语言发展的研究和有关的理论问题．心理发展与教育，1996（3）．

大脑左半球。如果一个语言区域受到损害，就会导致失语症，失去一个或多个语言功能。大脑左半球额叶附近的布洛卡区（或称言语运动区）受到损伤，会影响到言语产生，而不会影响言语理解。相反，左半球颞叶上的威尔尼克区受到损伤的病人，可能讲话会很流利，但很难理解语言意义。

从婴儿一出生，大脑左半球就对语言的一些方面很敏感。在生命的第一天，言语的声音已经能引发婴儿大脑左半球较多的电活动。在生命的最初几周，婴儿非常擅长辨别重要的语音差异。这些发现表明，新生儿天生就有言语知觉，已经准备好要分析像言语这样的声音。从出生到青春期之间，语言最容易获得，在这段时期，偏侧化的人类大脑对于语言功能变得越来越专门化。当代脑成像技术的发展，例如脑的事件相关电位（ERP）和功能磁共振成像（fMRI），表明句法和语义操作虽然在句子中有很大的交互作用，但是它们的操作是通过脑的不同的、特定的部位完成的。左半球前额叶下部的布洛卡区以及附近区域对口语的产生有独特的作用。而且，这一区域也在很大程度中参与了口语的理解，尤其是快速的音位和句法加工活动①。

第二节　语言发展的理论

一、语言发展的理论观

婴儿从出生起就具备了学习语言的认知和感觉能力。他们喜欢人类的语言而不喜欢其他声音，并且能将言语输入解释成有意义的语言单位（音素）。他们被诱导发出声音，到九个月大以后开始出现有文化意味的“方言”。语言的学习主要是嵌入到同主要照料者的早期社会交流中。尽管与婴儿的谈话都具有共同的全球特征：高频率、高音调、明显的轮廓、简单的结构以及多次重复等，但早期的语言习得还是遵循着明显的文化特点，会与照料者表述的文化准则和价值观交织在一起。

当心理语言学家开始描绘语言发展过程的时候，他们惊讶地发现，儿童竟然能以惊人的速度学会如此复杂的符号系统。一些婴儿在学会走路之前，就能使用随意的抽象符号指代物体和活动了。虽然语言发展在婴儿出生时就开始了，但是婴儿在10～14个月左右，发出的第一个（原始的）字词，主要是“妈妈”或“爸爸”，这是发展的一个里程碑。然后语言发展作为一个连续过程，其中有三种不同的知识系统交互作用着：（1）韵律能力，它是对有节律的语言单元的再认和产出；（2）语言能力，它使字词和短语的意义得以发展；（3）语用能力，它在种种不同的情境中，知道如何恰当地使用短语来交往。在5岁之前，儿童没有上过一节正式的语法课，但是，他们似乎已经知道并能够使用语言结构，而且这些语言结构大多数是合乎母语语法的。儿童是怎样做到这些的呢②？

在这个问题上，研究者们执有不同的观点。学习理论家的观点认为，语言显然是通过学习获得的，如果父母言语能力正常，儿童就能从父母那里学习母语。而父母耳聋的

---

① 戴维·R. 谢弗. 发展心理学——儿童与青少年. 北京：中国轻工业出版社，2005：360.

② 库尔特·鲍利克等. 国际心理学手册. 上海：华东师范大学出版社，2002：247.

儿童只能获得很少的正式交流技能。然而，其他理论学家指出，全世界儿童在大致相同的年龄，会表现出相似的语言能力：他们都在4～6个月的时候牙牙学语，在12～13个月的时候说出第一个有意义的单词，在2岁的时候开始组合单词，在四五岁的时候知道几千个单词的意义，并构造出一系列令人惊奇的合乎语法的句子。对先天论者来说，这种语言普遍性表明，语言获得是一种生理上的预设的活动。交互作用的观点认为，语言获得反映了儿童生理倾向、认知发展和独一无二的语言环境特点之间复杂的相互影响。

（一）学习论的观点

行为主义的学习论者认为，儿童是通过模仿和强化学习语言的。当他们使用正确语法的时候会被强化，当他们说错的时候就会被纠正，由此渐渐地学会了正确地运用语言。

斯金纳在《言语行为》一书中提出，儿童合乎语法的言语得到强化，所以他们学会了正确讲话。成人最初是通过选择性地强化婴儿咿呀声中最类似单词的那些语音，来塑造儿童的言语，因此增加了这些语音重复的可能性。一旦他们将语音塑造成单词就会停止进一步强化，直到儿童开始组合单词，第一次将单词组合成简单的句子，再组合成较长的合乎语法的话语①。根据行为主义的学习理论观点，养育者是通过示范和强化合乎语法的言语去教会孩子语言的。

然而，行为主义的学习观点受到了人们的质疑，因为父母对孩子语言的强化大多是针对儿童所讲的话的真实性，而不是语法的正确性。在英语中没有量词的差异，如果孩子指着一只“猫”说：“这是一只猫。”母亲也许会立刻夸奖孩子说：“真聪明!”如果孩子把“一只猫”说成是“一只狗”，母亲会说“错了，那是一只猫。”孩子的这句话虽然语法正确，但内容并不真实。在汉语中，表示名词的数量，有量词的差异。如果孩子把“一只猫”说成是“一条猫”，母亲会纠正说：“‘猫’用‘只’表示数量，而不是用‘条’.”虽然语法正确，但不合乎习惯。另外儿童也不全部是通过模仿成人言语而获得语法规则的。儿童最早说出的许多句子都具有很大的创造性，在成人的言语中不会出现，所以不可能通过成人的言语模仿学习。

那么儿童又是怎样获得语法知识的呢？先天论的观点试图用语言发展的生物学理论解释这一问题。

（二）先天论的观点

先天论的观点认为，人类习得语言是生理上预先设定好的。语言学家乔姆斯基认为，人类是配备有语言获得装置的，它是一个与生俱来的语言处理器，由言语输入激活。根据乔姆斯基的观点，这个语言获得装置包含一个普遍语法，或者说是对所有语言通用的规则知识。所以，不管儿童一直在倾听的是哪一种语言，只要他已经获得足够的词汇，就可以通过语言获得装置，将单词组合成新的、受规则限制的言语，并理解他所听到的许多内容。斯洛宾认为儿童没有任何先天的语言知识，但是他们具有先天的语言制造能力，这些天生的机制使儿童有能力处理语言输入，并推断音素规律、语义关系和句法规

---

① 戴维·R. 谢弗. 发展心理学——儿童与青少年. 北京：中国轻工业出版社，2005：357.

则等语言知识。儿童用自己建构的理论指导自己，尝试与人交流。因为儿童的单词库非常有限，他们可能会做出一些错误的推断，但是在继续处理越来越多的语言输入的过程中，他们的基础语言理论将变得越来越复杂，直到最终接近成人的水平。根据先天论的观点，只要儿童有语言数据可以处理，那么语言获得就是非常自然的，几乎是自动化的。

（三）交互作用论的观点

交互作用论的观点认为，学习理论和先天论者从某种程度上说都是正确的，语言发展源于生理成熟、认知发展和不断变化的语言环境之间复杂的相互作用，其中语言环境受到儿童与同伴之间复杂的相互作用的影响。

儿童对语言的学习，是在大脑成熟的基础上，然而，这并不意味着生理成熟和认知发展可以完全解释语言的发展。合乎语法的言语产生于社交需要，当儿童的词汇量达到100～200个单词时，他们必须想办法将这些语言知识组织起来，生成他人可以理解的言语，而在此过程中，语言环境起着重要的作用。语言是在社交互动的背景下发展起来的。比如，儿童及其同伴在互动过程中，会用各种方式努力让对方明白自己的想法，由此促进语言的发生和发展。心理语言学家发现，父母和年龄较大的儿童会用一种独特的方式同婴幼儿讲话，这种交流策略似乎促进了语言学习（见图5-2）①。

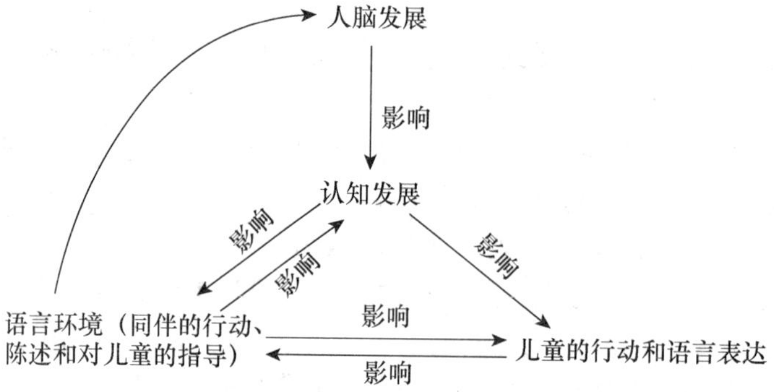

图5-2　语言发展交互作用观点概观

二、皮亚杰的语言发展理论

皮亚杰认为儿童最早的思维是前言语形式的，并且早期语言反映的是儿童已经知道的东西，儿童语言的发展受思维发展影响。语言是最明显的使用符号的做法。他将2～7岁这一年龄段称为前运算思维阶段。该阶段是婴儿图式逐渐内化的过渡阶段，他们开始使用大量的心理符号（词汇和表象）来表征他所遇到的事物和事件。在这一新的发展阶段，幼儿的认知发展所取得的最显著成就，就是他们有了符号思维的能力或表征思维的能力，即幼儿开始明白一个事物可以代替另一个事物。符号思维使幼儿学会辨认和使用符号和信号。符号就是用一个事物代表另外一个事物，如“五环”代表“奥运会”。信号则代表更为抽象和模糊的东西。词就是一种符号，如“狗”这个词与“狗”这个具体动物之间没有

---

① 戴维·R. 谢弗. 发展心理学——儿童与青少年. 北京：中国轻工业出版社，2005：358-365.

直接联系，但是可以用“狗”这个词代表具体的动物。对于幼儿来说，在前运算阶段，一根木棍可能代表一辆汽车或一只小狗。所以，幼儿在该阶段的思维出现了巨大的变化。

符号化使人类的思维具有更大的灵活性，符号使个体的观念与事物本身分开。随着对各种类型符号的认识的精细化，幼儿能做到脱离特定的场景来描述事件，并且他们还发明了一些不存在的词。

2～3 岁的儿童能够使用词汇和表象表征经验，所以他们能够重建过去的经验，并对不在眼前的事物进行思考或比较。幼儿已经能够获得在头脑中操作物体而不用实际行为来操作物体的五种表征技能。这五种技能分别是模仿、心理表象、符号化图画、符号游戏和语言。表征技能可以让幼儿与其他人分享自己的经验，同时还能产生想象的经验。这些技能使幼儿不再仅仅依靠身体姿势与他人交流，而可以采用更自由的方式与别人谈论过去、现在或将来。幼儿通过模仿、画画、交谈或幻想的方式来再现他们所认识的关系。他们也可以描绘自己希望发生或改变的事件与关系①。

在这一阶段，另一个重要特征是象征性游戏的大量涌现。婴幼儿经常假扮成另外的人物（如妈妈、医生），在扮演的同时，还配有玩具娃娃和小木棍之类的道具，他们把道具都想象成与角色有关的物体。把玩具娃娃当作孩子，自己当作妈妈，小木棍当成针。皮亚杰认为这些活动是健康的，会以一种积极的方式促进儿童的社会性、情绪和智力的发展。

语言的运用是否能促进认知的发展？皮亚杰的回答是否定的。他认为，语言反映的仅仅是儿童已经知道的东西，对儿童新知识的获得作用甚微。他认为认知发展会促进语言发展，而没有反向的作用。在这一点上，维果斯基与皮亚杰存在很大分歧。

对皮亚杰的理论，一些心理学家提出了质疑。如皮亚杰认为，在前运算阶段儿童的最大缺陷是自我中心。也就是说，他们只能从自己的角度看问题，而意识不到他人的观点，这种缺陷会导致智力其他方面的不足。许多研究表明，皮亚杰低估了学前儿童认识和理解他人观点的能力。一些研究表明，前运算阶段的儿童一点也不像皮亚杰认为的那样具有很强的自我中心，3 岁儿童能够采纳对方的观点，他们能够正确推断他人的想法和感受。但皮亚杰认为，年幼儿童常常过于依赖自己的观点，因而不能对他人的动机、愿望和意图做出正确的判断，而且他们也经常认为自己知道的事情别人也必然会知道。这些观点是正确的。随着儿童了解的东西越来越多，他们逐渐会减少自我中心，并且能够更好地理解他人的观点。

皮亚杰强调认知发展具有自我指向的特征，儿童好像是一个独立的科学家，主要靠自己来探索世界，获得关键性的发现。他虽然承认文化因素可能影响认知发展的速度，但忽视了儿童在与更有能力的他人进行交往时心理得到发展这一途径。实际上，社会交往对认知发展起着重要的促进作用，这是由皮亚杰的同代人维果斯基提出的认知发展的社会文化观点的基础。

三、维果斯基关于语言发展的阶段论

维果斯基提出，任何心智功能（如思维或语言）在发展过程中都会出现两次。一种心

① 纽曼等．发展心理学．西安：陕西师范大学出版社，2005：197-198.

智功能首先出现在儿童的外界，即人们把言语、解决问题的方法等文化工具呈现在孩子们面前的时候。他们刚开始使用一种功能时，这种功能还不是他们的，而是“借用的”。但是过了一段时间后，他们会反复使用这种工具。通过程序化的练习，他们逐渐内化了这些工具，使之成为自己的东西。

维果斯基认为语言经过了四个发展阶段。第一个阶段是语言原始阶段，从出生到2岁。原始语言阶段的基本特征是没有智力活动（即不动脑子）。语言开始于情感的释放，例如哭喊或发出咕咕的叫声。接下来发生的是能产生社会反应的声音，如笑声。原始阶段最早出现的词汇是对某些物体或需求的替代品。如当儿童看到他的爸爸时会说“爸爸”，看到牛奶时会说“奶奶”。这些词仅仅是条件反射。因为儿童只是将他喝的白色液体与“牛奶”这个声音联系在一起。

语言发展的第二个阶段大约开始于2岁，叫作朴素心理学阶段。这一时期儿童的词汇量增长很快，这主要是因为儿童主动要求大人告诉他们事物的名称。词汇不再是条件反射的产物，儿童开始理解言语的象征含义以及这些言语所代表的事物。这一阶段之所以被称为朴素阶段，是因为儿童虽然会造语法正确的句子，但他们还不理解语言的深层结构。

语言发展的第三个阶段叫作自我中心语言阶段，出现于4岁左右。人们之所以称其为自我中心阶段，是因为这个阶段的儿童大都不是在跟别人说话。相反，他们是在自言自语，尤其是在游戏中。游戏中的孩子在“表演”不同的想法时，常常会使用不同的语气。对维果斯基而言，这种说话的形式标志着一种新的重要心智工具出现了。语言影响儿童的思维，思维又反过来影响儿童的语言。语言和思维之间的互动，标志着语言思维的出现。语言思维的优势在于，它能使儿童在解决问题的过程中设计出解决这一问题的方案。儿童在做一些需要技巧的事情时，会自言自语，譬如在玩游戏时，你会听到他们使用语言思维，分配游戏角色，协商游戏规则，这种思维方式叫出声思维。

第四个阶段叫作内部成长阶段，在这个阶段，儿童逐渐形成了自我中心语言的内化形式。脑中的符号代替了说话的声音，这些符号在语言思维和问题解决上发挥着类似的作用。与此同时，语言和思维功能变得不分彼此了。思维变成内部的语言，同时内部的语言也成为一种思维形式。

维果斯基的社会文化理论为了解儿童语言与认知的发展提供了一个新的视角。他认为儿童心理发展通过两种途径实现：（1）在完成最近发展区内的任务时，与有能力的同伴的合作式交谈；（2）把富有经验的训练者（父母或老师）给予的指导纳入自我指导中。当社会言语转变为自我言语，然后转变为内部言语后，生活中所使用的思维方式和问题解决方法，或者说是智力适应工具，就逐渐由成人进行言语指导过渡到儿童自己进行思维了。

四、皮亚杰与维果斯基关于语言在认知发展中的作用比较

皮亚杰认为，认知发展会促进语言发展，而语言发展对认知发展作用甚微。他注意到儿童在日常活动中经常跟自己讲话，几乎像是现场播音员。皮亚杰把这种自我指向的谈话称为自我中心言语，即讲话时不指向任何特定的人，也不会为了使同伴理解，做任何有意

义的调整。这种语言只是反映了儿童正在进行着的心理活动，所以对认知发展作用甚微。然而，他发现，自我中心言语的发展到前运算后期逐渐社会化，自我中心性减少。皮亚杰认为，这是由于儿童考虑他人观点和调整自己语言的能力增强了。因此，这是认知发展促进语言发展的例证。

维果斯基认为语言在认知发展中起着关键作用，因为：（1）语言是成人把有价值的思维方式和问题解决方法传递给儿童的媒介；（2）语言最终会成为有力的智力适应工具。实际上，维果斯基有关语言和思维的观点与皮亚杰的观点是明显对立的。

维果斯基认为，自我言语是非常重要的工具，学前儿童和低年级学生常用它来计划和调节自己的问题解决活动。思维和语言最终会融合到一起。学前儿童在试图解决问题或达到重要目的时更可能自言自语，而且，当儿童解决问题遇到障碍时，他的非社会性言语就飞速增加。非社会性言语不是自我中心的，而是交谈式的，它是一种“自我言语”。它能帮助年龄小的儿童制定策略并调整行为，以便实现他们的目标。所以语言在认知发展中起着关键作用，它使儿童成为更有计划、更为有效的问题解决者。维果斯基还指出，自我言语随着年龄增长逐步简化，从 4 岁时的完整表达到只是一些词语表达，至儿童 7～9 岁时则简化为一些简单的唇部运动了。他认为，自我言语根本没有完全消失，它是一种认知的自我指导系统，只是变得隐蔽起来，变得没有声音或叫作内部言语，一种我们用来组织和调整日常活动的隐蔽的言语思维。

现代的研究更多地支持了维果斯基的观点，而不是皮亚杰的理论。研究发现，更多依赖自我言语的学前儿童更聪明。自我言语最终变为隐蔽的言语形式，从词和短语发展为小声低语，直到成为内部言语，这个内化过程在较聪明的小学生身上出现得更早。因此自我言语的确是非常重要的智力适应工具，儿童在解决问题和有新发现时，借助它来对自己的心理活动进行计划和调整①。

第三节　儿童言语的发展和习得及沟通技能的发展

心理语言学家们总是十分疑惑，儿童竟然可以在生命开始的头几年中就掌握运用语言的复杂技能。在 12～14 个月大时，婴儿就已经掌握了基本的发音操作，而且可以发出母语中最常见的音节。在大多数文化情境中的儿童，显然都经过单一字词的阶段，通常接下来有一个短暂的两字词阶段，到大约 18 个月大时，婴儿的词汇量不超过 50 个单词，然后就出现了所谓的“词汇暴涨”现象：婴儿几乎以每天 8～10 个的速度掌握新的单词，他们以极快的发展速度用这些字词扩大词汇量，到 16 岁时大约可以掌握 6 万个字词。随着词汇量的扩大，儿童开始进行相关的语音对比，并且学习如何将一个新单词运用到一个特定的论点结构中去。在 2 岁之前，语法编码和解码初步开始成型。5 岁的孩子基本语言系统已经建立并且运转。进化使人们能够在生命开始的最初几年中就获得语言沟通能力，人们还不清楚在基因图谱中语言能力的获得是怎样被构筑的，究竟是什么力量促使语言的早期

① 戴维·R. 谢弗. 发展心理学——儿童与青少年. 北京：中国轻工业出版社，2005：269-270.

发展。这一节我们将要了解语言发展经历了哪些阶段，儿童借助语言的发展如何发展沟通技能①。

一、在习得语言之前：前语言时期的交流发展

（一）婴儿期的语言发展

1. 对言语的早期反应

在生命最初的10～13个月，儿童正处于语言发展的前语言阶段。虽然儿童尚未学会说话，但从出生第一天起，他们就已经能对语言迅速做出反应。新生儿可能天生就偏向对人类言语做出反应，当同新生儿讲话时，他经常会睁开眼睛，盯着讲话者，有时甚至会发出声音。出生三天的婴儿已经能辨认出母亲的声音，与陌生女性的声音相比，婴儿更喜欢母亲的声音。婴儿能够把言语和其他声音模式区分开，而且从一开始就特别关注言语。对新生儿来说，在出生后的最初几天，就开始辨认两音节和三音节单词的不同重音模式或节律。1个月的婴儿能够和成人一样辨认辅音，2个月的婴儿甚至可以识别出不同人用不同的音调和强度说出的特定音素。

2. 语调线索的重要性

当成人努力同前言语阶段的婴儿交流不同的信息时，他们会有规律地变换语调。升调用来重新吸引东张西望的婴儿的注意，而降调常用于安慰或唤起忧郁婴儿的积极情绪（如微笑、眼睛发光）。这些语调提示常常能够成功地影响婴儿的心情或行为，2～6个月的婴儿常常会发出与刚刚听到的语调相匹配的声音，以此作为回应。前言语阶段的婴儿不仅可以区分不同的语调模式，而且可以很快识别出某些语调所具有的特定意义。

3. 发音：婴儿前语言期的声音

除了哭声之外的第一个发音"里程碑"出现在婴儿2个月的时候，此时婴儿可以发出类似元音的声音，我们称之为咕咕声。这些"ou"和"ao"可能会在给婴儿喂奶之后听到，这时的婴儿清醒、警觉、口渴，或者心满意足。到4～6个月的时候，婴儿的发音中增加了辅音，我们称之为咿呀声，重复像"mamama"或者"papapa"这样的元音/辅音组合，听起来像单词，但却不传递意义。即使是父母耳聋并用手语交流的耳聋儿童，也会用手"发出"咿呀声，他们尝试用手势，就像听力正常的婴儿尝试用声音一样。在婴儿6个月的时候，全世界儿童（甚至是耳聋儿童）的发声听起来都非常相似。研究发现，早期的咿呀声在很大程度上受到大脑和控制言语清晰度的肌肉成熟的影响。随着咿呀声的进步，10～12个月的婴儿经常会在特定的情境发出特定的声音。例如，婴儿会在有要求的时候使用"mmmmm"的声音，在摆弄东西时发出元音"aaaaaa"。根据弗格森的观点，说出这些无义词的婴儿，已经意识到特定的语音有一致的意义，他们已经准备开始说话了②。

（二）前语言阶段的婴儿对言语的理解和非言语互动

出生后最初的四五个月，婴儿的社会互动通常涉及父母、如何游戏和长时间的相互注视，父母还经常评论婴儿的面部表情或婴儿可能有的感受。这种互动通常打破了成人间的

---

① 库尔特·鲍利克等．国际心理学手册．上海：华东师范大学出版社，2002：219-220.

② 戴维·R．谢弗．发展心理学——儿童与青少年．北京：中国轻工业出版社，2005：366-368.

互动规则，可以是长时间的相互注视、亲密的身体接触、使用夸张的面部表情或者使用某种像唱歌一样的音调。这种特征往往与婴儿的注意偏好相吻合，因此有助于吸引和保持他们的注意。有些研究者将这种互动视为婴儿与成人间的相互适应，成人围绕婴儿的反应调整自己的行为，从而与婴儿形成某种类似于对话的互动形式；而婴儿也从中习得一些重要的交流技能和规则。如轮流发声、目光接触等。这种前言语交流经验可能在儿童掌握语言的句法和语义规则中起到某种重要作用。

大约5～6个月时，婴儿的这种社会互动出现了变化，他们开始关注环境的物理特性，如成人的言语更多提到周边的客体。大约9个月时，这种社会互动的性质有了深刻变化，婴儿开始表现出社会参照行为，他们能清楚地理解许多游戏的交替规则。养育者建立的与婴儿间的互动方式，有助于婴儿认识到，包括说话在内的社会交流是遵循一套明确规则的活动模式①。

到8～10个月的时候，前语言阶段的婴儿开始用手势和其他非言语的反应形式和同伴沟通。普遍使用的前言语手势有两种：陈述性手势，婴儿通过指出或触摸一个物体引起他人对该物体的注意；祈使性手势，婴儿努力说服他人满足自己的要求，通过指向想要的物品或想要被拥抱时拉照顾者的裤腿这样的行为来达到目的。之后，其中一些手势变得非常有代表性，像单词一样发挥作用。例如，1～2岁的儿童可能会举起手臂表示希望他人抱，伸开手臂假装是飞机。一旦儿童开始讲话，他们常常会用手势或语调线索来补充一两个单词的意思，以确保他们的信息能被理解。尽管婴儿还不能理解绝大部分单词的意思，但是到12～13个月时，婴儿开始意识到各个单词确实是有特定意义的。12～17个月的婴儿能够在使用名词和动词之前就理解它们的意思，所以婴儿对于语言的了解似乎比他们能够讲出来的多得多。

二、一次一个单词：以词代句时期和推断单词意思的策略

在有意义言语的第一个阶段，即以词代句的时期，婴儿能说出单个的单词，而这个单词常常代表一个整句的意思。而这些单词往往只能被照顾他的人理解。婴儿的语音发展非常迅速，1岁半婴儿的发音已经受到规则或者策略的引导，使得他们能够制造出比较容易理解的成人单词的简化版②。

（一）扩大词汇量

多数儿童最初的词汇发展进程缓慢，18个月时儿童平均拥有词汇量大约为50个能说的单词和100个能理解的单词。不过在这一点上存在显著的个体差异，一些儿童的词汇量可能已达到几百个，而另一些则可能只有很少的一些单词。大约从18个月起，许多儿童的词汇量表现出骤然增长，即“命名爆炸”，他们开始“命名”所看到的任何事物。这种词汇的爆发，可能与儿童对客体分类能力的出现有关。在后面的几年里，单词学习仍快速进行，到6岁时，儿童的词汇量大约已有10 000个。

在多数儿童的早期词汇中，名词占多数；在整个语言发展的过程中，名词也是比动词

---

① 桑标. 当代儿童发展心理学. 上海：上海教育出版社，2003：176-177.

② 戴维·R. 谢弗. 发展心理学——儿童与青少年. 北京：中国轻工业出版社，2005：368.

常见。儿童总是较早理解名词并常使用名词①。

（二）早期语言中的个体差异和文化变异

纳尔逊对早期儿童的研究显示出在婴儿说出的单词种类上存在的个体差异。大多数婴儿表现出他所命名的指示型风格，这些婴儿的早期词汇主要由指代人或物体的单词组成；少数婴儿呈现出表达型风格，他们的词汇量中包括大量人际、社交单词。对于两组儿童来说，语言发挥着不同的作用。指示型儿童似乎认为单词是用来给物体命名的，而表达型儿童则用单词来唤起对自己和他人的感受的注意，并调节他们的社交互动。

儿童的出生顺序似乎会影响其语言风格。在西方文化中大多数头胎生婴儿属于指示型。与之相比，头胎之后的婴儿听到的许多话都是针对年龄较大的兄姐说的，对他们来说，语言的功能更可能是调节他们的行为，这就促使他们采用表达型的语言风格。

文化也影响语言风格。美国母亲将互动看作教婴儿认识物体的机会，由此促进了指示型风格的形成；而日本、中国和韩国的父母，重视人际和谐，儿童对动词和人际、社交单词的习得要比美国儿童快得多。

（三）赋予单词意义

婴幼儿对单词意义的领会经历了一个快速映射的过程。即在几个场合听到用于指物的某个单词后迅速习得（和保持）这个单词。即使是13～15个月大的儿童也能够通过快速映射得知新单词的意思。对于18～20个月大的儿童来说，只有当他们与讲话者共同关注被命名的物体或活动时，才可能学会新单词的意思。而到24～30个月，儿童则变得比较擅长推断讲话者谈论的对象，他们会迅速映射指代物体的新单词，即使是在他们无意中听到说话者对他人说出这个单词，或有其他物体或事件干扰他的注意力的情况下也是如此。

（四）过渡泛化与扩展不足

尽管婴幼儿具有非凡的快速映射的能力，但他们赋予单词的意思还是常常与成人不同。他们常用一个单词指代种类比较广泛的物体或事件，这种现象叫作过度泛化。例如，用狗指代所有长毛的四条腿动物。过度泛化的反面是扩展不足，是用一般性单词指代较小范围内的物体，例如认为“鸭子”就是特指一只塑料鸭子，而不是指其他的鸭子。儿童在学习单词过程中普遍出现这些错误的原因还不确定。也许儿童初始的概念范畴过于宽泛，他们还没有能力界定概念的核心特征。另一种可能是儿童缺乏相应的词汇。

婴儿的单词句可以传递整个句子的意思，发挥不同的沟通作用。处于语言发展的单词句阶段的婴儿，好像用单词句展示了诸如命名、请求和要求之类的基本语言功能，他们在日后通过制造不同种类的句子实现这些功能，当一个单词的信息含糊不清时，如果他们想要他人理解自己的话，可能会伴有手势或语调暗示。

三、从单词句到简单句：电报句时期

大约18～24个月大的时候，儿童开始将单词组合成简单的句子。如“宝宝要”，“妈妈买”。这些早期的句子被称作电报式言语，因为它们像电报一样，只包含关键信息的单词，如名词、动词和形容词，省去了冠词、介词和助动词之类的修饰词。

---

① 桑标. 当代儿童发展心理学. 上海：上海教育出版社，2003：180.

年幼的儿童为什么在他们最初的句子里强调名词和动词，省略许多其他部分呢？近来的观点认为，说电报式言语的儿童省略一些单词是因为其自身的加工和生成限制。只能说出非常短的言语的儿童，会重要强调那些进行有效沟通所必需的名词和动词，而忽略作用较小的、不太重要的单词。

研究表明，儿童最早的两词句是遵循一些语法规则的。例如，儿童会说“妈妈买”，而不说“买妈妈”。表明他们已经意识到一些词序的规则。但同样的词序会在不同的背景下传递不同的意思，如“妈妈喝”，可能是要妈妈喝，也可能是告诉妈妈，宝宝自己要喝。

儿童早期的句子结构不完整，意思含糊不清，会用手势和语调线索作为单词的补充，以确保他们的信息能够被理解。

婴幼儿对有效沟通的许多社交和情境决定因素越来越敏感。例如，2 岁儿童在谈话的交替规则方面非常熟练，他们知道讲话的时候要抬头看听者，并且使用这种相同的非言语线索表示自己言语的结束。2～2.5 岁的儿童知道，如果要与他人沟通，必须站得离听者近一点，或者提高声音来弥补距离。在选择交谈话题或提出要求时，2～2.5 岁的儿童开始考虑对方知道什么（或不知道什么），他们非常喜欢谈论对方没有与他们共享或者还不知道的事情。儿童甚至能监控他人对自己信息的言语反应，并澄清许多让成人误解的言语。此外，年幼儿童还在学习社会语言规则，例如，当提出要求时要有礼貌，而且，他们逐渐懂得他人言语中什么是有礼貌的、什么是没有礼貌的①。

四、学前时期的语言学习和沟通技能的发展

在 2～2.5 岁这么短的时期内，儿童逐渐说出了复杂的、成人化的句子。是什么使得儿童的语言获得了爆发式发展？他们正在掌握词法和句法，3～3.5 岁的儿童正在将先前省略的冠词、助动词和语法标记插入句子，制造否定命题，偶尔还会提出结构完整的问题。

（一）语法的发展

1．语法词素的发展

语法词素是使我们构造的句子意思更加精确的修饰成分。这些修饰成分通常在儿童 3 岁时出现，这时儿童开始扩展词汇和句子，用介词和时态，注意所有格的关系。儿童一旦习得了一个新语法词素，他们不仅会把这个规则应用到熟悉的背景下，而且会在新的情境中使用。例如在英语中，儿童意识到将名词变为复数的方式是在词尾加上“s”，那么他在以后类似的情境中也会这样运用。这类似于汉语中“我的”“他的”“我们的”等所有格的运用。

2．过度规则化和掌握转换规则

儿童有时候会将新的语法词素过度泛化地应用到成人言语的不规则的词中，这一现象叫作过度规则化。起初儿童能够产生正确的不规则化形式，但当儿童学习一些语法规则后，会将这些规则运用到不规则的语法中。不规则现象的出现，说明儿童不仅仅是在模仿，而且是在形成一个规则系统，他们试图寻找一种规则系统来交流思想。

① 戴维·R. 谢弗. 发展心理学——儿童与青少年. 北京：中国轻工业出版社，2005：377.

儿童早期的句子基于一些意义或语义范畴而组织起来的，而这些范畴反过来又反映了早期儿童已经掌握的认知概念类型。除了语法词素，每种语言还有改变基本的陈述句的规则。儿童逐步习得转换语法规则，大多数儿童开始对陈述句做一些变换（例如，改为把字句、被字句）。

3. 使用疑问句和否定句

2～2.5 岁的儿童喜欢提问题，有两类问题实际上是所有语言共有的。是/否的问题，这是儿童最先掌握的最简单的句式，也就是问特定的陈述句是肯定的还是否定的。如，“这是一只小狗吗?”还有一类是“为什么”的问题，这类问题相对更为复杂。儿童学会了用各种问句的方式像成人一样提出问题。

4. 产生复杂句子

到 3 岁的时候，大多数儿童都开始使用复杂的句子。如用“然后”，“如果……那么……”。在儿童 5～6 岁的时候，他们可以用大多数语法规则，讲话非常像成人，即使他们从没有上过一节正式的语法课。

（二）语义的发展

2～5 岁的儿童开始能理解和表达关系对比了，例如，大/小、高/矮、宽/窄、高/低、里/外、前/后、这里/那里，以及你/我。大和小一般是最先出现的空间形容词，这些词很快就被用于说明各种关系。例如，儿童能用大和小得出适当的常规性结论和知觉推断。到 3 岁的时候，儿童甚至能使用这些词做出恰当的功能性判断。如“我比桌子高了”。

（三）语用学的发展与沟通技能的发展

在学前时期，儿童掌握了许多交谈技能，这有助于他们有效地沟通，并达到自己的目的。例如，3 岁儿童已经开始懂得言语内潜在的意图，即言语真正的潜在意思可能并不总是与讲话者使用的词语的字面意思相对应的。3～5 岁的儿童还知道，如果他们希望沟通有效，那么就必须调整他们的信息以适合听众的需要。4 岁的儿童已经开始将自己的言语调整到适合听者的理解水平。当他们与 2 岁的儿童讲话时，他们会使用短小的句子，并且仔细选择“看着”“注意”这类会吸引并能维持婴幼儿注意的短语；而当他们向成人解释时，会使用复杂的句子，并且一般会比较有礼貌。

一个有效的沟通者不仅能传递清楚的、不含糊的信息，而且能够发现他人言语中不明确的地方，并请求澄清。语言的这一技能被称为参照性沟通技能。

3～5 岁的儿童不是很擅长发现口头信息表面意思的含糊之处，但他们是很好的沟通者，他们经常成功地从言语的背景信息中推断出含糊信息的意思。如当成人要求他去拿冰箱时，他会好奇地问：“什么？去拿冰箱？冰箱这么重，我怎么拿得动?”说明儿童已经能够推断出谈话者话语中的错误或不明确信息①。

五、童年中期和青少年时期的语言学习和沟通技能的发展

许多关于语言能力的重要研究是在 6～14 岁的儿童中进行的，也就是小学和初中儿童。学龄儿童不仅会使用很多单词，说出较长、较复杂的句子，他们还开始运用先前不可

① 戴维·R. 谢弗. 发展心理学——儿童与青少年. 北京：中国轻工业出版社，2005：381-384.

能的方式去思考和操纵语言。

(一) 句法的进一步发展

在童年中期，儿童纠正了许多先前所犯的句法错误，并且开始使用在他们的早期言语中不曾出现的许多复杂的语法形式。例如，5～8 岁的儿童开始消除人称代词使用中的缺陷。到 7～9 岁的时候，儿童容易理解并可能偶尔说出复杂的被动语态句子和条件从句。

因此，童年中期是句法改进的时期：儿童正在学习语法规则的例外情况，并且逐渐掌握母语中比较复杂的句法结构。这个句法改进的过程是循序渐进的，经常要持续到青少年或者成人早期。

(二) 语义学和元语言意识

儿童语义学的知识在整个小学期间继续发展，词汇量的发展特别引人注目。以英语为母语的 6 岁儿童已经能理解大约 10 000 个单词，同时，感受性词汇的数量继续以每天大约 20 个单词的速度扩大，10 岁的儿童已经能理解大约 40 000 个单词。他们所获得的构成单词的词素意思的形态学知识，使得他们能够分析不熟悉的单词结构，并且迅速领会他们的意思。青少年的形式运算推理能力使得他们能进一步扩展自己的词汇量，学会许多抽象的单词。

小学儿童还变得比较精通语义综合，能够做出超越实际语言意义的语义推断。9～11 岁的儿童能比较好地进行语言推理，并且意识到这是推断。一旦儿童开始将不同种类的语言信息综合起来，他们就能发现隐含在句子中的内容，会听出话中隐含的意思。

迅速发展的元语言意识，是思考语言并评论其特性的一种能力，也是学龄儿童能够超越所给信息而做出语言推断的原因。这种反省能力一般出现在 4～5 岁的儿童中，与年龄更小的儿童相比，他们的音素意识和语法意识要强得多。但是，与 9 岁、7 岁甚至 6 岁的儿童相比，5 岁儿童表现出的元语言能力是有限的。

儿童的音素意识和阅读成绩之间有很强的相关。在音素、音节和押韵等技能上得分较高的 4～6 岁儿童，能很快地学会阅读，并且在小学最初几年成为最熟练的阅读者①。

通过给年幼儿童读书，父母促进了儿童词汇量的扩大和字母再认，进而促进了儿童的阅读学习能力的提高。

(三) 阅读和书写能力的发展

进化并不能使我们自发地掌握书面语言，在一种语言文化中，儿童最后需要学习的就是这种语言的书写系统。一般情况下，儿童需要几年的训练时间才能够熟练地阅读和书写。

书面语言的获得基于两个先前的技能：掌握口语与能够再认视觉模式。阅读大部分是语言理解，只不过输入的是视觉刺激而不是听觉刺激。单词再认之后，视觉和听觉的加工大部分是重合的，剩下的区别就是阅读中没有韵律线索来帮助进行文法分析，而且书面语言中可能使用一些很少见的单词和句法结构。还有一个主要的区别是：阅读不是一个互动的过程，在口语交流中，交谈的双方可以协调自己的话语，但是在阅读中读者只能独自捕

---

① 戴维·R. 谢弗. 发展心理学——儿童与青少年. 北京：中国轻工业出版社，2005：384-386.

捉作者的意图①。

（四）沟通技能的进一步发展

在小学早期，儿童的参照性沟通技能得到显著改进，主要是由于儿童认知技能和社会语言理解的发展。6～7岁儿童已经能够从早期的错误传达中，得知产生充足信息的重要性，在这一年龄段，他们的“自我中心”减少，并且掌握了一些角色选择的技能，会根据谈话对象和情境，调整传递信息的方式。6～7岁的儿童可以为不熟悉的听者提供较多的信息，9～10岁的儿童，能够通过为不熟悉的听者提供丰富的可以区分的信息，来调整自己言语的内容，以适合听者的需要。

在学前期和儿童中期，重要的语言功能得到更充分的发展。随着对自己的认识和社会生活环境的扩大，儿童能用语言来计划自己解决问题的策略、指导复杂系列动作中的行为或认识事物之间的关系。随着词汇量的增加，儿童会用成人说话的方式和俚语。会根据在家中和学校里说话对象的不同，说更为复杂的条件从句和定语从句。在儿童入学后，学会对自己语言中的语法结构进行概括化。

除了词汇、语法、阅读和写作的正式要素外，语言也变成了儿童创造性表达的工具。他们写文章、写诗和编故事。开始用讽刺、双关、比喻等修辞手法。特定同伴间有秘密的暗语。儿童编谜语、笑话、演木偶戏、参与校报的编写活动、在朋友们的毕业同学录上写高深莫测的话。

语言对儿童处理随后的心理社会性危机起着关键性的作用，特别是儿童在建立同伴的认同感、亲密感和普通关注等方面。他们主要是通过个人口头言语的公开水平来维持其重要的人际关系。语言还充当解决矛盾、交朋友、增进同伴和家人等团体内成员凝聚力的工具。

第四节　如何促进儿童语言的学习

一、创设良好的语言环境

语言是一种文化工具，也是幼儿社会化和教育的工具，语言还是组成心理社会性环境的一部分。虽然学习语言能力最初是以遗传为基础的，但幼儿交流的特定内容和语调却明显地受语言环境的影响。

（一）家庭教育环境

抚养者通过与儿童相互作用影响儿童认知的发展。成人与“婴儿对话”和大声朗读的对话性语言能刺激婴儿和幼儿的大脑发展。人们的相互作用可以对婴儿的问题做出反应、为婴儿提供信息、以意外的方式做反应来让幼儿感到惊讶、向婴儿解释行为的计划或策略、对婴儿进行表扬或批评。父母采用生动的语言与孩子直接接触对孩子后来的智力发展、语言发展和社会化发展都具有积极的促进作用。亲子间相互作用的频率与幼儿的能力

① 库尔特·鲍利克等. 国际心理学手册. 上海：华东师范大学出版社，2002：223.

之间存在因果关系，对此现象的解释有三种不同的观点。

（1）孩子可能从父母身上遗传了较多的语言素质。这一点可以从父母与孩子之间相互作用的活动和早期言语技能的获得中得到证实。

（2）与孩子经常相互作用的父母给他们提供了丰富的言语刺激，从而促进了幼儿言语理解和表达能力达到较高水平。

（3）语言能力高的孩子会激发照顾者与其进行较多的交互作用，进而建起了一个更加生动和丰富的言语环境。

研究表明，在幼儿学语言初期，父母和孩子说话的质量与孩子的智力发展存在正相关。父母和孩子说话的质量与家庭的社会经济地位之间存在显著的正相关。社会经济条件差的家长不会在孩子身上花很长时间，他们很少与孩子一起活动，就是在一起他们也不愿意与孩子多说话。父母们很少为孩子重复或解释自己的话，也很少问孩子问题，他们更多的行为是禁止孩子说话。从本质上讲，社会经济地位本身不影响儿童语言的发展。在相同的社会经济地位条件下，抚养者在家中与孩子相互作用的刺激和经验反应越多，到 3 岁时，儿童的语言能力发展得越好①。

（二）幼儿园教育环境

第一，幼儿园语言教育的首要任务是帮助幼儿成为积极的语言运用者，在交往中逐渐学习理解和表达不同的意图倾向。教师和其他成人需要特别注意保护幼儿运用语言交往的主动性和积极性。在我们的幼儿园里，常常可以看到这样的现象：当孩子在集体活动中积极举手要求发言的时候，教师有意或者无意地忽视幼儿的说话愿望，久而久之，就使得相当一部分幼儿成了等待教师点名发言的被动的“交往者”。如果教师不在乎孩子发言的内容多么准确，让每个孩子都说一说哪怕是不成熟的想法；或者在很多孩子争着要发言的时候，用分组或者三三两两自由讨论的方式来让每个孩子有发言的机会，让他们交往的愿望得到满足和鼓励，自然也就使孩子们得到了语言运用的机会。同样的问题还出现在孩子说话的过程中，有些教师出于“教育”的目的，打断孩子的话而要求他“说完整”“说对”等，实际结果往往是孩子的交往愿望在这样的“打断”过程中受到了挫伤。因此，我们的教师应当允许孩子暂时说得不对、不完整，要相信孩子会在交往的过程中说得越来越正确，越来越完整。宽松的语言学习环境是愉快的，是积极互动的，也是允许出错的。

第二，如何为幼儿提供真实而丰富的语言运用情境。儿童的语言是在运用的过程中发展起来的，而儿童语言的运用又是在实际的语言交流中实现的。儿童语言发展研究的结果告诉我们，学前儿童语言交流行为的成长，实际上也是一个语言交流行为类型“大软件包”的扩展过程，这一“大软件包”包含大约 20 种交往倾向类型、40 种言语行动类型以及在表达时由交往倾向言语行动构成的近百种语用变通类型。在幼儿园里，教师要给幼儿提供真实而丰富的语用情境，即创设可以帮助他们操作运用多种语言交流行为的交往情境。一方面，在专门的语言教育活动中，要让幼儿学习不同的语用情境里如何运用相应的语言交流方式来与人交往。比如谈话活动中幼儿学习如何倾听他人的语言，并采用合适的内容和语言形式与他人交谈；讲述活动中幼儿学习怎样在集体面前比较清楚地叙述个人的

---

① 纽曼等. 发展心理学. 西安：陕西师范大学出版社，2005：204-206.

看法；文学活动中幼儿侧重理解和使用叙事性的语言表达方式；听说游戏要求幼儿使用敏捷应变的语言；早期阅读活动中给幼儿接触书面语言的机会。另一方面，日常的语言交往是真正真实而丰富的语言教育环境，应让幼儿有更多的机会与各种各样的人交往，操练、扩展自己的语言经验。幼儿园语言教育绝不能忽视这些日常的和渗透的环节。

第三，如何提供有利于幼儿创造性运用语言的环境。最近这些年来，我们的幼儿教育工作者已经充分认识到了培养儿童创造性的重要性。但是落实到幼儿教育实践中，许多人简单地将幼儿创造性的培养寄希望于艺术教育，或者是寄希望于一点贫乏的创造性思维训练材料的使用。我们认为，创造性的培养是贯穿和融合在教育过程的一切活动之中的，语言教育过程当然也不例外。对说汉语的儿童语言运用能力发展的研究显示，我们的孩子提问和质疑类言语行动的不足，有可能对他们的创造性思维和行动造成影响，因为儿童的语言运用能力与他们的认知能力以及社会性能力是整体地发展的。从语言教育的角度来探讨这个问题，有一点特别需要引起教师的注意：怎样增加儿童质疑提问的机会。反思我们的语言教育活动过程，在与幼儿交往的时候由教师发起的提问很多，甚至经常可以看到教师在一次专门的语言教育活动中一问到底的现象。这样的师幼互动交往过程不大可能给幼儿留下提问质疑的空间。此外，幼儿园开展语言教育活动时，往往忽略鼓励幼儿大胆地用语言表达自己的“预期”和“假设”。我们经常会碰到这样的情形，幼儿在大胆地创编故事表达自己的想象时，教师却因为过于注意内容的逻辑性而给予幼儿消极或者否定的反馈，这样做实际上阻碍了幼儿创造性地运用语言。创造性的语言运用环境，应当是幼儿可以随时大胆质疑提问的学习环境，同时也是鼓励幼儿表达对学习内容预期和假设的场合①。

二、搭建促进语言能力发展的“脚手架”

学习语言的过程包括了多种规则模式和向上的“脚手架”。幼儿在尝试发音和用词方面往往与成人所用的言语表情相匹配。有时孩子会因发音不准确而被误解。当孩子说话不清楚时，成人可能会采用几种策略来澄清儿童要表达的意思。其中一种策略是扩展，或将儿童的表达精细化。如孩子说：“狗狗摇。”父母说：“对，小狗在摇尾巴。”

另一种策略是激发，通常采用提问的办法。如孩子说：“多多薯片！”父母说：“你要更多的什么？”

在这两种相互作用的过程中，成人通过扩展或让孩子将自己感兴趣的东西精细化来帮助他们提高交流的效果；通过句子模式的策略，即父母用让孩子明白如何使用更符合语法和对他人而言更有意义的句子。

三、游戏活动促进幼儿语言能力的发展

讲故事、玩单词游戏、讲笑话以及与孩子一起读书等社会性相互作用活动都能促进儿童语言的发展。和父母经常从事一些语言游戏，可扩展他们所使用的词和短语。这些游戏通常是家庭生活的一部分。通过母亲与幼儿的谈话、社会性游戏和游戏的活动质量，可以

① 周兢．重视儿童语言运用能力的发展：汉语儿童语用发展研究给早期教育带来的信息．学前教育研究，2002（3）．

预测 2～3 岁幼儿语言发展所能达到的水平。

游戏活动可以是生活中随时随地进行的活动。这些活动轻松自然，儿童可以从中学习很多生活中的常用词汇，促进儿童词汇的发展，也促进儿童的社会化，从中学习社会规则，满足儿童生理、亲密和友谊的需要，体验生气、悲伤、高兴、骄傲、羞怯等情绪。当幼儿说出自己内心的想法时，父母开始从新的角度认识和了解孩子们的思想和需要。同样，孩子也开始从新的角度理解家长的谈话，特别是家庭谈话中涉及情感与人际关系的内容对孩子表达自己情感和识别他人情感的能力有积极促进作用。在遇到矛盾或困难时与母亲频繁进行交流的幼儿能更有效地理解他人的观点和需要。

幻想游戏可以促进儿童语言能力的发展。幻想游戏和语言有不同形式的表征。在习得语言的过程中，幼儿要学会将自己的思想转化成大家共同分享的信号和规则系统，而幻想却具有完全相反的功能。在幻想中，幼儿所想出的人物和情境完全具有个人意义，没有必要将幻想的东西与他人分享。在许多时候，幼儿可能体验到强烈的情绪需要表达，但自己又找不到合适的词。儿童有无助感或感到不被关注，进而体验到受挫感。他们在想象的世界里能充分表达自己的情感，虽然这种情感有可能永远不会与他人谈起。成人常将虚幻的、诗意的、童话的、传说的世界与个体的童年联系在一起。幻想会提高幼儿扩展符号的能力，幻想游戏以想象能力为基础，使物体和人物被赋予新的身份和具有新的意义。

幼儿假装游戏有助于幼儿探索他们自己或他们的“心理理论”。例如，在扮演医生的游戏中，幼儿认识到有人要扮演“自己有病，肚子疼”的角色，有人要扮演医生，他们知道扮演病人的人并没有真正生病。2 岁的幼儿能理解假装与现实之间的差异，他们能说出有人在假装，并也能跟着进行假装。如他们能够模仿用一只碗假装盛满米饭，然后假装给洋娃娃喂饭。

幼儿能够直接玩反映他们心理表象的游戏。开始时，他们符号化游戏的特点仅是简单重复自己熟悉的活动。他们假装扫地、睡觉、吃饭、打针、吃药，这些是幼儿很早就能玩的游戏，然后幼儿将许多动作组合起来，把复杂游戏的动作序列部分地串联起来。如玩消防游戏时，幼儿要假装消防车、水龙带、梯子、报警、被救的人和消防员。通过这些幻想，情境中的所有因素和物质都在儿童的控制之下。

渐渐地，幼儿的假想游戏从自己单人游戏变为和他人一起游戏。幼儿能进行社会性的游戏，在游戏中与他人一起活动。在社会性假装游戏中，幼儿不得不调整自己的假装。建立一个幻想的结构，扮演角色，假装某个道具的意义，解决假装的问题。2～3 岁的幼儿能明显地参与这类协调性的幻想游戏，特别是他们使用非常有限的语言来建立和维持这种协调性。

随着幼儿在游戏中更灵活地使用替代物，从而使他们的游戏发生了变化。起初幻想游戏只是与幼儿日常生活经验有密切关系的领域。他们使用真的物体或用这些物体作为他们假装游戏的支撑物。例如他们拿着玩具电话假装给妈妈打电话，或用玩具洋娃娃当宝宝。随着他们幻想技能的发展，这些支撑不再是游戏活动所必需的东西了。当要进行游戏而没有物体时，他们能假想一些物体，发明一些物体或赋予一些常见物体新的用途，以此来进行游戏。幼儿的这些发明变得更具有现实性，反映了现代技术发展的本质。

幼儿的游戏内容从每天的日常生活经历转到以故事、电视节目或纯粹想象的人物和情境为内容。幼儿会扮演具有超人力量对比的角色，假装飞翔、变得让人看不见或通过秘密的话或姿势让人自己变形。

幼儿的幻想游戏也变得更有计划性和组织性。幼儿会在游戏中共同商讨一些规则，需要对情境、支撑物、人物和情节有共同的认识。参加游戏的人需要限制自己的行为来遵守假装的潜在规则。如有人当妈妈，那她的行为就应该像妈妈，而不能像孩子。在3～5岁之间，幼儿扮演他人角色的能力或创造一种幻想情境的生动角色游戏的能力稳步提高。然而，到6岁时，在幼儿的游戏中有了更多的规则，他们不再仅仅玩假装游戏，而是利用想象力去创造新的玩法或新规则来进行游戏①。

总之，幼儿可以通过幻想游戏来实现他们对社会和现实环境的理解，并拓展自己的思维，促进语言交流能力的发展。

四、图画书与分享阅读促进儿童学习语言

国内外相关研究表明，图画书阅读的最大价值之一就是促进儿童语言的迅速发展。英国“阅读起跑线”（BookStart）阅读研究中心2005年发布的研究数据表明，1～3岁婴儿的语言习得机会有近50%出现在图画书阅读中。儿童在学习语言的过程中，父母的关爱和温暖会直接影响其语言学习能力的发展。如果在学习的过程中，儿童与父母能够多交流，而且是愉快地交流，那么就会刺激儿童表达和交谈的欲望，丰富和累积其语言经验，最终有助于儿童语言的发展。图画书阅读最重要的方式之一就是亲子共读。在父母温暖的臂弯里，儿童的精神得到最大限度的放松，父母的讲述与体温促成了儿童听和说的绝佳机会，从而有助于他们语言的发展。

研究表明，为儿童睡前朗读，可以增强其记忆，加强其语言学习的能力。图画书是儿童睡前读物的最佳选择，因为其画面生动，色彩鲜明，语言简洁，内容有趣，有助于调动学前儿童的愉悦情绪。在他们无意注意与无意记忆占优势，并更易受环境影响的情况下，愉快的阅读情绪会减少遗忘，增强记忆的牢度，对短时记忆转为长时记忆有着促进作用，从而在发掘儿童记忆潜能的同时有利于语言学习能力的提高。在整个学前阶段，具体形象思维是儿童思维的主要形式，其表征的工具主要是具体的表象。早期阅读是学前儿童语言教育的重要任务之一，培养儿童的阅读兴趣是让儿童进行早期阅读的基础。图画书阅读有助于培养儿童的阅读兴趣。图画书的图画生动形象，色彩鲜艳，造型鲜明，这为以形象思维为主的学前儿童提供了便于理解的基础。同时，图画书中的图具有表意的功能，本身是叙述的媒介，可以表现图画书的内容和主题。学前儿童在一次次有趣的图画书阅读过程中会逐步发现图画书是快乐的体验，从而在浓厚的阅读兴趣中提高自己的阅读能力，为日后的学习奠定良好的基础。图画书阅读是帮助学前儿童喜欢阅读的重要法宝。因此，儿童可以依靠画面所呈现的具体表意形象，联系所听到的图画书中的文字，“把零零碎碎的语言和形象联系起来，（组成）一个整体的奇妙的世界，这种经验、理解力和想象力是幼儿发展语言不可缺少的。在这方面的丰富经验是幼儿日后把自己的经验和印象置换成语言这种客观存在，并运用它形象化地进行表达的基础”②。

---

① 纽曼等. 发展心理学. 西安：陕西师范大学出版社，2005：207-211.

② 王蕾. 图画书与学前儿童语言教育. 学前教育研究，2008（7）.

五、对双语学习的探讨

儿童的大脑具有相当程度的可塑性，这是儿童语言学习敏感期的生理基础。总体而言，语言学习的敏感期为0～5岁。1岁以内的婴儿会辨认口语中的单词和其他较小的语言单位，并对母语的韵律产生敏感；6～9个月的婴儿能对语言输入的特征进行处理；9个月的婴儿能关注音位顺序；12个月左右的婴儿可说出最初的词汇。此后，婴儿的词汇量以平均每月1～3个词的速度缓慢增长；到了2岁左右（尤其在18～24个月）婴儿能理解和表达的词汇量猛增，语言学习迅速而有效。到两岁半时，儿童已会造句，句子中的形容词、名词及名词短语、介词及介词短语等都能以与成人相类似的结构形式出现。

儿童的认知特点决定了他们对任何新经验都具有极度的开放性。他们更愿意接受新游戏的规则，很容易将新的东西变成自己的思想。这种开放性主要来自神经系统的灵活性以及他们思维和行为的灵活性。随着年龄的增长，儿童越来越受到所获得的习惯和先前学习经验的影响，更加依赖于具体的动机和系统化的学习。可见早期儿童是具有更多的学习第二语言的兴趣和可能的。同时自我意识发展的不成熟也使得儿童学习第二语言的心理负担较小，与成人相比，他们不会或较少顾及面子问题。因此，家长和学前教育工作者如能根据儿童语言认知能力的发展进程，适时地给予语音、词汇和语法刺激，可以在此敏感期内帮助儿童形成良好的语言能力。儿童在语言敏感期习得双语的好处是显而易见的。首先，两种语言（如英语、汉语）同时学习可相互促进，因为任何两种语言之间都有很多相似之处。任何语言都涉及语音、词汇、语法这三个语言要素。语音是语言的物质外壳，是语言的外部形式。有了语音，语言才能更好地为人们所感知、更多地发挥交际工具的作用。习得语音是进行言语交际的必要条件。语言的重要功能是传递信息，而词是语言信息的最小单位，是语言的建筑材料。没有词汇，就没有语言。语法是词形变化法则和句法规则的总和。词汇只有通过语法规则组织起来，才能表达思想。双语教育能加强语音、词汇、语法的刺激进而加速激活儿童大脑中的语言习得机制。同时，双语教育能为儿童提供新的语言媒介，扩展儿童的表达手段。习得双语的语用规则和文化，提供了广阔的语言使用空间，保证了语言使用的得体性。

儿童在学习外语方面的优势也是显而易见的。一是模仿能力强，他们能模仿英语的语音，而且能在教师的指导下，说出简单的英语会话；二是听觉敏锐，他们能分辨出语音的区别，这对英语学习很有帮助；三是心理障碍少，极容易吸收和学习英语。这些特点有利于儿童从小就学习外语并掌握准确的发音，有利于他们以后的英语学习。但是，儿童的双语教育客观上也存在一些弊端。一是双语语码转换（code switching）与儿童认知能力存在矛盾。认知能力的发展对外语的学习既有促进作用，也有阻碍作用。一方面，随着认知能力的发展与成熟，学习者可以较快地掌握英语学习的规则和知识；另一方面，学习者的认知对汉语的工具作用的依赖性越来越大，致使在学习英语时语言与思维分离，不利于英语规则和知识的掌握，从而产生语言之间的干扰。二是母语习得与二语习得在习得进程上存在着很大的差异。儿童习得母语时，各种认知能力还处在不成熟阶段，而二语学习一般要求学习者的认知能力已经成熟或基本成熟，因为母语和二语有着本质的差别。三是语言习得的环境氛围不同。母语习得环境丰富，但二语习得中的语言输入量显然会少于母语输入量，而且二者的输入方式也不相同。母语输入的方式基本是口语，而二语习得的输入方式除了口语外，还有书写、符号等形式。四是二者的学习心理机制不同。因为在二语习得之前，学习者就已经习得了母语，母语总是以这样或那样的方式迁移影响二语习得（二语也同样会影响母语）。五是二者的学习动机不同，母语习得是习得者交际或生存的必要，而二语习得往往有学习者的后天要求。

因此，儿童双语教育应遵循儿童成长以及身心发展的特点，以游戏的形式创造一个自由、宽松的语言交往环境，让儿童能够体验语言交流的乐趣。同时，应反对任何形式的急功近利、加重儿童学习负担的做法，反对任何形式的不切实际和赶时髦、跟潮流的态度，要实事求是地在现有的师资力量、语言环境基础上客观、有序、脚踏实地地开展儿童双语教学活动，促进儿童知识、技能、情感和社会性全面发展。同时，认知科学研究发现，语言的语法和词汇学习可能具有不同的敏感期，第二语言的词汇学习基本不受年龄的限制，而语法学习可能随着年龄增加而难度增大。所以，对儿童第二语言学习而言，最紧要的并非词汇记忆，而是语感、语韵和语法的掌握，而这些又更多的是通过置身于该语言环境中习得的。传统的依靠死记硬背的外语教学模式已经造成了中国学生虽然花费大量时间学习外语却不能开口会话的恶果。学前教育工作者有必要反省这种教育模式，在儿童语言发展敏感期内更多地通过听觉刺激，为其创设良好的第二语言环境，以促进儿童第二语言语感的建立和语法的熟悉①。

思考题

1. 请思考“语言”和“思维”有什么关系？在儿童的语言发展中，思维是否与语言同步发展？语言对思维的发展起着什么作用？
2. 儿童语言的发展经历了哪些阶段？每一发展阶段有什么特点？
3. 关于儿童语言发展有哪些不同的理论？这些理论对儿童语言发展的阐述有什么本质的区别？
4. 如何营造促进儿童语言发展的良好环境？影响儿童语言发展的关键因素有哪些？
5. 儿童言语的发展对儿童的沟通能力起着什么作用？
6. 同伴互动游戏和分享阅读对幼儿的语言发展和沟通技能的发展有什么影响？
7. 在儿童语言发展的过程中，哪些因素影响最大，为什么？提出你的观点。
8. 双语教学对儿童语言能力的发展有什么利弊？何时对儿童进行双语教学效果最佳？

① 宋雪松，张忠梅. 儿童语言习得认知观与早期双语教育. 学前教育研究，2008 (1).

第六章 情绪的发展

知识结构图

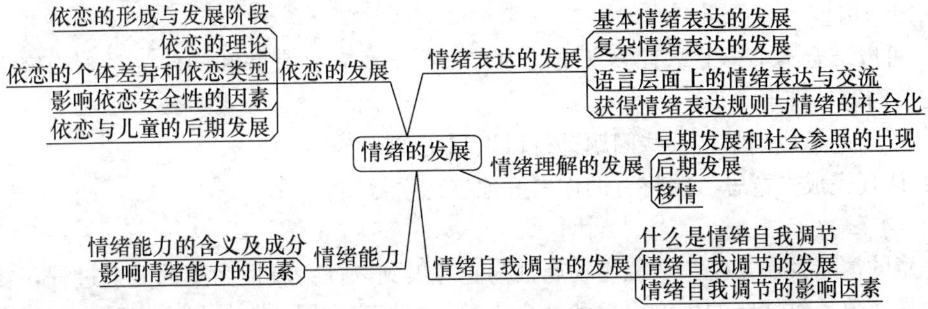

学习目标

1. 了解情绪表达、情绪理解、情绪的自我调节、移情和依恋的发展过程以及依恋理论。

2. 运用四种依恋类型描述和解释生活中的有关现象。

3. 掌握影响儿童的情绪能力（包含情绪社会化、情绪自我调节能力等）和依恋安全性的因素，提出培养儿童情绪能力、建立安全型亲子依恋关系的原则或策略。

4. 掌握依恋对儿童的后期发展的影响，形成重视儿童教养中亲子依恋关系建立的态度。

学习重点

1. 基本情绪的种类、复杂情绪的种类、移情、情绪能力、依恋、安全型依恋、回避型依恋、抗拒型依恋、方向混乱型依恋、内部工作模型等概念的理解。

2. 掌握儿童情绪能力和依恋安全性的影响因素。

3. 掌握依恋对儿童后期发展的影响。

学习难点

1. 举例说明四种依恋类型。

2. 在掌握儿童情绪能力和依恋安全性的影响因素的基础上，提出培养儿童情绪能力、建立安全型亲子依恋关系的原则或策略。

3. 形成重视儿童教养中亲子依恋关系建立的态度。

学习建议

1. 结合自己的生活经验和工作经验理解和掌握有关的概念、主题和理论，寻找它们对你的生活和工作的意义。

2. 参照本章的概念图，懂得知识间的逻辑关系和结构关系，并在自己头脑中建立相应的认知结构。

3. 可以结合本书第七章有关气质的内容、第十章有关家庭和同伴关系等内容来增进本章相关内容的理解。

4. 可与老师或同学就某些问题进行讨论和交流。

5. 认真完成本章思考题将有助你更好地进行学习。

儿童的情绪发展是一个从以生物属性为主发展到以社会属性为主的复杂过程，在这个过程中贯穿着人类情绪的生物属性和社会化过程的相互作用。大量研究表明，情绪在心理发展各方面发挥着重要的作用。作为一种更为原始的心理功能，情绪是个体的人格、认知和社会行为发展的基础。情绪的功能主义理论取向的心理学家甚至将情绪看作人类活动——认知过程、社会行为甚至身体健康的中心动力。

本章将分五节来介绍儿童情绪发展：儿童情绪表达的发展（情绪出现的顺序、情绪的社会化和情绪表达规则的获得），情绪理解的发展，情绪调节的发展，情绪能力的探讨，儿童依恋的发展。关于情绪反应的个体差异，即气质，将在第七章“人格的发展”中介绍，气质也被当代许多发展心理学家看作成年期人格的基石。

第一节　情绪表达的发展

个体的情绪表达包括两个方面：基本情绪的表达和复杂情绪的表达。所谓基本情绪是在婴儿出生时或第一年的早期出现的一些情绪。一些研究者认为它们是由生物因素决定的，对于所有正常的婴儿来说，它们都在大致相同的年龄出现，在不同文化环境中的表现以及人们对它们的理解也大体相同。复杂情绪是儿童 2 岁左右出现的自我意识或自我评价情绪，与儿童的认知发展水平有关。复杂情绪有时也被称为自我意识情绪，因为它们在一定程度上会损害或提升个体对自我的认识。

大部分研究者认为婴儿通过表情表达了丰富的情感，而且随着年龄的增长，每一种表情都更清晰地成为某一种特定情绪的标志。

婴儿的情绪表达可以起到沟通作用，对照料者的行为产生重要影响。例如，悲伤能召唤来照料者的陪伴，微笑传递了孩子想要与照料者建立社会关系的信号，恐惧或伤心的表情意味着不安全感或需要有人关注和抚慰，愤怒则表示婴儿希望停止让自己心烦的事情。情绪促进了社会互动，有助于照料者调节自己的行为以符合婴儿的心理需要。

一、基本情绪和复杂情绪表达的发展

（一）基本情绪表达的发展

被普遍确定的基本情绪是快乐、兴趣、痛苦、愤怒、恐惧和厌恶。

情绪和情绪表达的出现是有顺序的。在生命的头两年中，儿童的各种表情在不同的时间出现。大部分研究者认为，婴儿在出生后的早期已经表现出绝大部分基本情绪。出生时婴儿会表现出好奇、悲伤、厌恶和满足，2～7 个月时出现愤怒、悲伤、快乐、惊讶和恐惧。6 个月左右的时候，婴儿的表情、声音和动作开始变得清晰独立，婴儿能对外界事物做出表意丰富的反应。例如，与母亲交流时婴儿满脸喜悦、发出快乐的声音、喃喃自语。总而言之，婴儿在出生半年后基本情绪的表达就比较完善和独立了，能够准确传达内心世界的大量信息。这些基本情绪具有生物学基础，因为所有婴儿表现出这些情绪的年龄大致相同，并在所有的文化中具有相同表现和解释。

1. 快乐

快乐是最主要的正性情绪。新生儿吃饱了会笑，在深睡眠中会笑，接受温柔的抚摸或听到母亲的声音时也会笑，这些早期的微笑是边缘系统自发产生的。1 个月的婴儿看到有趣的、动态的事物时会笑。6～10 周后，婴儿看到人脸时出现社会性微笑。3 个月时，婴儿与人交流时经常会笑，这是婴儿开始与照料者分享积极情感的标志。3～4 个月时，婴儿会哈哈大笑。最初的大笑是对积极刺激的反应，当婴儿对周围世界更加熟悉时，他们会对那些与平常生活不同的微妙差异大笑，如学鸭子走路。6 个月时，与熟悉的人交流更容易使婴儿绽露微笑或大笑，这种微笑维系和强化了亲子关系。这时的婴儿使用微笑或其他积极情感信号作为社交的手段，与家人分享快乐或试图延续积极的互动。

有必要把愉快和快乐加以区分。愉快是先天生成的、直接由神经和脑的活动引起的正性情绪反应，人们在舒适的条件下、生理需要得到满足时或在娱乐时都会感受到愉快。快乐则包含着鲜明的社会内涵，它经由社会情境关系和人际关系的介入，在个体的感受和体验上附加了更多的内容。通常，快乐在完成建设性的、有意义的活动中产生，它是个体实现价值后的副产品，如完成重要任务、实现自己的愿望或受到他人的肯定。快乐也可在良好的人际关系中产生①。

---

① 孟昭兰. 情绪心理学. 北京：北京大学出版社，2005：148-149.

2. 兴趣

兴趣情绪和脑的唤醒—兴奋状态是构成人类活动的最一般、最普遍存在的动机条件。把兴趣视为一种基本情绪的根据是：第一，兴趣具备情绪所含的基本成分，包括独特的外显表情、内在体验和神经生理学基础；第二，兴趣具有情绪的基本功能，即适应性和动机性。

兴趣驱使儿童把注意力指向所愿意接近的对象并进行钻研和探索，从而有利于儿童的学习和创造性活动。兴趣易于诱导积极情绪状态，而不会导致消极情绪。兴趣一旦发生，会成为进一步唤起认知加工、进行判断和推理、评价、问题解决的动力条件。

兴趣可以来自刺激的新异性和变化，也可来自意识中的预期，即外在事物被注意到并被评价为矛盾、不一致或值得怀疑时会引起兴趣的产生。

3. 痛苦

痛苦是最普遍、最一般的负性情绪。新生儿在饥饿、寒冷、疼痛或疾病中的哭闹反应，被认为是人类最初的痛苦。除了一些物理因素（如刺眼的强光、刺耳的噪声）以外，引起痛苦的主要原因是心理—社会原因。其中，分离、失败或对失败的预期为最常见的原因。

悲伤与痛苦有一定的区别。痛苦是有机体生理不适的原型反应，悲伤是痛苦的发展和延伸。早期婴儿由于生理或身体不适所引起的哭闹，一般称为痛苦，而悲伤代表着与亲人分离、丧失亲人时的情绪状态，是基于心理—社会原因而产生的。如果不能得到照料者的积极回应，婴儿更容易产生悲伤反应。研究表明，由慢性抑郁者养育的 2～3 个月大的婴儿经常出现悲伤情绪，随着时间延续，婴儿变得越来越闷闷不乐，社交反应迟钝①。

如何对待儿童的痛苦呢？无论什么原因使儿童感到痛苦都不应该加以斥责和惩罚，训斥和惩罚只会增加儿童的痛苦，甚至会诱发愤怒或恐惧。尤其对青少年来说，惩罚可能导致倔强、孤僻的性格和行为，而且独自忍受挫折会导致生活态度的消沉和精神疲惫②。

4. 愤怒

对婴儿身体或愿望的限制会激活愤怒情绪。例如在打针、不能掌控玩具时，2 个月大的婴儿有时会出现憋红脸的愤怒，这些愤怒反应在 6 个月时逐渐变得强烈。不良的人际关系也会导致愤怒，例如，受到欺骗、被指责或被强迫去做自己不愿做的事情等都可能诱发愤怒。

5. 恐惧

恐惧情绪是在婴儿半岁左右产生并发展的。恐惧是婴儿认为某人、某物或某种情境对自己有威胁时出现的情绪反应。7～8 个月大的婴儿表现出两种恐惧：一是陌生人焦虑，即对陌生人的警惕反应；二是分离焦虑，即与母亲或其他依恋对象分离时婴儿表现出的不适反应。

6. 厌恶

厌恶情绪最早出现的时间是婴儿出生后 1～2 天，经常出现的时间是出生后 3～7 天。

---

① 戴维·谢弗．社会性与人格发展（第 5 版）．北京：人民邮电出版社，2012：115-116.

② 孟昭兰．情绪心理学．北京：北京大学出版社，2005：156-160.

引起厌恶情绪的诱因通常是不良气味刺激。

1岁之后，婴儿会有多种情绪交织在一起的情绪表达，例如同时出现恐惧和愤怒。另外，不仅是情境本身，情境的符号表征也会引发情绪。例如，即使孩子安全地坐在家里，如果听到或想起一个恐怖故事，他也会感到害怕。

（二）复杂情绪表达的发展

情绪的发展伴随着成熟和社会化的过程。接近2岁时，婴儿开始表现出复杂情绪，包括尴尬、害羞、内疚、嫉妒和骄傲等。这些情绪都关系到对自我意识的伤害或提高，因此有时又将它们统称为自我意识情绪。

迈克尔·刘易斯（Michael Lewis）认为，尴尬这种最简单的自我意识情绪是儿童能在镜子里或照片上认出自己时出现的，而羞愧、内疚、骄傲等这些自我评价性情绪的出现，不仅需要自我认识，还需要儿童能够对评价自己行为的规则和标准有所理解。例如，具有清晰自我意识的儿童往往会因为他人的过度赞扬或被要求在陌生人面前卖弄而尴尬。当3岁左右的儿童能用好或不好评价自己的表现时，他们会在成功完成一项困难任务后表现出骄傲（微笑，喝彩，或者欢呼“我成功了”），而在没能完成一项简单任务时感到羞愧（目光向下看，沮丧，嗫嚅着“我不擅长这个”）。幼儿的任务完成未能达到某一标准时，可能会出现一种评价性尴尬，这种情绪常常以尴尬的笑、揪自己的衣角或盯视讨厌的事物为特征。评价性尴尬源自对个人表现的消极评价，这种尴尬所带来的压力比被他人注意的简单尴尬要大很多①。

内疚是个体因为未能在某个方面对别人尽到义务而产生的内心感受，这种情绪所关注的是自己的错误所造成的人际后果，并尽力接近他人，弥补自己的伤害行为。羞愧是由于违反道德、个人失败或社交失误而消极地关注自己，并退缩、回避他人。

自我意识情绪的发展不仅与自我意识的发展有关，而且与出现这些情绪时成人所给予的指导或反应有关。儿童依赖成人的指导、反馈和榜样来推知何时该感到骄傲、羞愧或害羞。一项研究表明，如果母亲关注儿童的消极表现并在儿童失败时给予严厉指责，那么儿童在失败后通常表现出较高水平的羞愧，却很少在成功后感到骄傲。如果孩子成功时母亲能做出积极反应，那么儿童在成功后会感到更骄傲，在失败时则表现出较少的羞愧感②。此外，父母对孩子违规的反应可能决定了儿童感到内疚还是羞愧。如果父母指责孩子（你怎么这么笨，这么没脑子，这么坏，等等），儿童会感到羞愧；但如果父母批评错误行为并指出原因以及对他人造成的伤害，同时指导孩子做一些力所能及的事情去弥补，儿童则更可能感到内疚而不是羞愧③。可以说，儿童的自我评价性情绪在很大程度上是由于他们对成人评价的预期而产生的。学龄前儿童只有当成人在场观察他们的行为时，才表现出自我评价性情绪。到了学龄期，儿童才可能内化众多的规则和评价标准，从而在没有外部监督的情况下为自己的行为感到骄傲、羞愧或内疚。需要注意的是，成人对孩子自我意识情绪的鼓励和指导因不同文化背景而不同，例如在美国，成人鼓励孩子因自我的成就而骄傲，而在印第安群落祖尼人中，人们则以纯个人成就为耻，以分享和慷慨为荣。

---

① 戴维·谢弗．社会性与人格发展（第5版）．北京：人民邮电出版社，2012：118．

② 戴维·R．谢弗．发展心理学——儿童与青少年．北京：中国轻工业出版社，2005：399．

③ 同①119．

（三）基本情绪和复杂情绪表达的后期发展

如上所述，在生命的前几年，个体的基本情绪和复杂情绪已经出现。儿童期个体的情绪发展主要体现在引发情绪的情境和事件发生了变化。儿童焦虑和恐惧的原因从真实或想象的威胁转变为重要的现实生活事件，如应对学业挑战或渴望与同伴建立良好关系。儿童愤怒或产生攻击行为的情境由于其社会认知能力的变化而变化。随着儿童把越来越多的规则、道德规范和行为标准加以内化，越来越多地将其用于监督和评价自己或别人的行为，他们体验到骄傲、内疚、羞愧等复杂情绪的能力也逐渐增强①。

当个体从儿童期向青少年期转变时，他们会变得喜怒无常，体验到更多的消极情绪而积极情绪变少，这可能是由于性成熟带来的心理和激素变化，此外，青少年与父母和教师之间的日常冲突以及生活中其他压力事件的增加也是重要原因。

二、语言层面上的情绪表达与交流

婴儿的情绪表达主要是通过表情而实现的。获得语言能力之后，儿童的情绪发展将在一个全新的层面上进行。儿童逐渐能够对情绪命名，对情绪进行思考和反思，以这种方式使内心的经验客观化，从而实现对情绪更直接、更自由的表达和理解。儿童在语言层面上的情绪表达主要以情绪概念和情绪语言的形式表现出来，下面作一简要介绍②。

儿童在1岁半时开始使用词语（比如高兴、伤心、愤怒和害怕）来指称自己的内在情绪。他们的谈话中最常见的情绪主题是快乐和疼痛。3岁时，情绪词语使用的数量和范围迅速扩大。6岁时，大多数儿童已经会用词语表达兴奋、愤怒、烦躁、高兴、轻松、失望、着急和不安等情绪。

在情绪语言方面，3岁末时的儿童不只是谈论外在情绪行为（如哭、笑等），他们还能谈论自己的内在心理感受。学龄前阶段，儿童有关情绪的谈话在准确性、清晰性和复杂性上都发展得非常迅速。有能力谈论情绪意味着儿童能够对自己有一个客观的看法。这个能力在整个儿童期不断提高，使儿童可以讨论过去的情绪事件，预测将来的情绪，分析情绪的起因和后果，体会情绪对行为的影响。

三、获得情绪表达规则与情绪的社会化

每个社会都有一系列的情绪表达规则，规定着在各种场合或情境中哪些情绪可以表达而哪些情绪不能表达，如收到礼物时应该表示高兴和感激。表达规则不仅要求儿童抑制实际体验到的不被接受的情绪，还要将其替换成在当下情境中合乎规则的情绪③。获得这些规则是儿童情绪发展的一个重要内容，在此基础上儿童才可能与他人更好地交往和交流。

（一）情绪表达规则的种类

情绪表达规则可以分为四类。第一类是最小化规则，即在某些情境中，与真正的感受

---

① 戴维·谢弗. 社会性与人格发展（第5版）. 北京：人民邮电出版社，2012：119.

② 戴维·R. 谢弗. 发展心理学——儿童与青少年. 北京：中国轻工业出版社，2005：399-400.

③ 同①127.

相比，情绪的表达在强度上减弱；第二类是最大化规则，主要指积极情绪的表达方法；第三类是面具规则，主要指表情中立或面无表情；第四类是替代规则，个体被期望用一种很不同的（通常是相反的）情绪代替另一种情绪。

（二）获得情绪表达规则的过程

学龄前儿童逐渐根据文化的要求学会情绪表达规则。婴儿在刚出生的几个月就开始学习如何控制自己的消极情绪。一些研究者观察到，如果母亲和2～7个月大的孩子玩耍时总是表现得愉快、惊奇和感兴趣，就为婴儿提供了积极情绪表达的榜样。母亲也会对婴儿的情绪做出选择性反应，在头两个月，她们会对婴儿的好奇和惊讶表现出更多关注，而对他们的消极情绪则反应较少。通过这样的学习过程，婴儿会更多地表现积极情绪，较少流露消极情绪。对于稍微大一些的孩子，照料者可以给儿童提供直接的情绪规则指导，例如鼓励孩子出于自卫而发泄愤怒。

通过照料者对儿童情绪行为的塑造，儿童不断修改自己的情绪表达方式。3岁左右的孩子能够做出经过控制的表情，但是这些情绪"面具"仅限于快乐、惊讶等积极情绪的表达。随着年龄增长，幼儿表现与内心感受不同的外在情绪的能力会有所提高。但即便是5岁儿童，他在掩饰其真实情感方面还做不到游刃有余。在整个小学阶段，儿童越来越多地了解到社会认可的情感表达规则，掌握更多有关在各种情景下应当表达哪些情绪的知识。但在各个年龄段（包括成人阶段），儿童掌握有关愤怒、伤心或讨厌等消极情绪的表达规则都比较难。例如，很多7～9岁的儿童在收到一份不喜欢的礼物时，仍然不能很好地掩饰失望。很多12～13岁儿童在被同伴嘲笑时，还不能很好地抑制愤怒情绪①。

（三）影响情绪社会化的因素

1. 父母的影响

儿童最先在家庭中学习情绪表达，父母与儿童交往的方式可以传达这样的信息：怎样表现情绪、适合表达情绪的场合、对引发情绪的环境如何应对等。在亲子互动中强调积极情绪的母亲和忽视消极情绪的母亲，其子女掩饰失望以及其他消极情绪的能力更强。另外，在家中频繁接触消极情绪的儿童，不管消极情绪是否指向自己，他们常常表现出难以自我调节的消极情绪②。儿童与他人关系的类型影响其情绪社会化的方式和程度，有关儿童情绪的社会化与依恋类型的关系研究表明了这一点（详细内容请参见本章第五节"依恋的发展"）。

在不同的依恋模式中，儿童学习到不同的情绪经验，这些经验会进一步推广到其他的人际关系中，成为个体情感模式的一部分。

2. 同伴的影响

同伴群体和家庭一样有情感氛围。从性别角色来讲，人们希望男孩坚强、女孩温柔，这意味着男孩要减少软弱情绪的表达，女孩要减弱外在冲突并且对他人的情绪保持敏感，善于表达自己的情绪等。在同伴群体中，情绪的社会化也是有一定规则的，包括表

---

① 戴维·谢弗. 社会性与人格发展（第5版）. 北京：人民邮电出版社，2012：127-128.
② 同①127.

现出多少情绪，什么情绪可以表达，在什么场合下可以有什么情绪表现，谁对谁可以有情绪表现，等等。

3. 文化的影响

儿童最初遵守情绪表达规则是为了逃避惩罚并得到他人认同，在发展过程中他们逐渐意识到这些规则是特定文化下社会公认的行为标准，于是他们参照他人的情绪表达来调整自己的情绪表达规则，从而较好地实现了情绪的社会化。

第二节　情绪理解的发展

随着儿童的成熟，他们不仅体验和表现出越来越多样化的情绪，而且在识别他人情绪、恰当地解释他人情绪的原因和功能方面有很大进步。获得关于情绪的知识是情绪发展的一个重要标志，这有助于儿童对他人的感受做出判断，调整自己以做出恰当的应对行为，例如对悲伤的同伴表示同情而不是嘲笑。

一、情绪理解的早期发展和社会参照的出现

婴儿情绪的早期发展主要体现在对他人表情的识别和解释以及社会参照能力的出现。

婴儿对他人情绪的识别能力和理解能力在1岁前发展得很迅速。婴儿在刚出生的几个月就能够在与照料者面对面的交流中试图回应照料者的情绪语气。3个月大的婴儿能够对语音传递的信息做出不同的回应。他们不仅能在母亲的面部表情伴随相应语调时分辨出母亲的高兴、悲伤和愤怒情绪，而且能对母亲的快乐表情做出积极回应或因母亲的愤怒或悲伤而情绪低落。

7～10个月时，婴儿识别和理解特定表情的能力已经比较明显。这时，他们开始关注父母对于不确定情境的情绪反应并以此调整自己的行为，这就是社会参照能力的出现。社会参照使儿童超越了仅仅回应他人情绪信息的发展阶段，而是通过社会参照来确定他人的内在精神状态和情绪，并以此决定自己的行为。随着年龄增长，儿童的社会参照行为越来越常见，参照对象也很快从父母扩展到其他人。例如，接近1岁时，如果周围的陌生人微笑，婴儿就会接近并摆弄不熟悉的玩具，如果陌生人表现出令人害怕的表情，婴儿就会回避这些玩具。在一项研究中，1岁的婴儿甚至会从电视节目中获得社会参照，当他们看到节目中引起成人恐惧反应的物体之后，也会对这一物体产生回避反应。表情丰富的照料者常常将婴儿的注意转向环境的重要方面或表达他们对婴儿关于物体或事件的评价的感受，他们的情绪表现中所蕴含的信息将影响儿童对周围世界的理解①。

二、情绪理解的后期发展

在情绪理解的早期发展基础上，随着认知和语言的发展、家庭中情绪讨论和交流的增

① 戴维·谢弗．社会性与人格发展（第5版）．北京：人民邮电出版社，2012：121-122.

加以及同伴间角色扮演游戏的数量增多，儿童对情绪的理解能力不断发展。

3～4 岁期间，儿童在正确识别他人的简单面部表情方面表现得越来越好。3 岁儿童能正确形容高兴的心情，3～4 岁期间儿童开始用“伤心”来形容消极情绪。研究发现，3～5 岁儿童对幼儿园同伴的消极情绪（如悲伤、愤怒等）的理解好于对积极情绪的理解；当父母与 2～5 岁儿童讨论情绪时，他们对消极情绪原因的讨论比积极情绪要多。此外，直到小学，儿童才能正确形容惊奇、厌恶以及诸如骄傲、羞愧和内疚等复杂情绪①。

4～5 岁时，儿童能够正确判断各种基本情绪产生的原因，而且可以从他人的身体动作来推断其是否快乐或生气，但他们解释情绪产生时倾向于强调外部原因而不是内部原因。6～12 岁时，儿童整合内外部线索来理解他人情绪的能力逐渐增强，他们能意识到不同的人对于同一事件会有不同的情绪反应（例如，接近一条狗对于喜欢或不喜欢狗的儿童来说所引起的情绪是不同的，恐惧或高兴），而且知道他人会有矛盾的情绪体验（例如，果果在晚会上很开心，但是因为好朋友没来又会有些失望）。

儿童的认知发展水平和社会交往经验都会影响其情绪理解能力的发展。在社会交往经验方面，如果母亲比较情绪化而且在与孩子的交流中经常使用与情绪有关的词汇，会有助于孩子情绪语言的发展。特别是家庭成员间关于情绪的讨论会推动儿童情绪理解能力的发展。成人与儿童进行有关情绪方面的对话可以帮助儿童理解和准确表达他们的情绪，并使他们在对话过程中得到安慰。除此之外，有关情绪的对话还有如下功能：帮助儿童解释别人的行为，促进儿童对各种情绪的理解，洞察人际关系的实质和背景，使儿童能够与他人分享情绪经验并将其纳入人际关系之中。研究表明，在情绪体验上与父母有更多交流的 3 岁儿童，在小学阶段能更好地理解他人情绪或解决与同伴的争执②。角色扮演游戏也会提高孩子对情绪的理解能力。随着儿童语汇能力和理解能力的提高，儿童与父母之间有关情绪的对话频率不断增加。此外，儿童还与同伴进行有关情绪的对话。情绪对话将使儿童在情绪表达和理解的各方面发展出更好的技巧，从而也有助于人际关系的理解。

对他人情绪的理解是社会认知的核心，具有重要的社会意义。它是移情能力发展的重要促发因素。

三、移情

移情既是对他人情绪的意识，又是与别人的情绪产生的共鸣，它是复杂的认知与感受的融合过程。移情能力的产生首先要求儿童理解自我与别人不同而且相互独立，因此移情能力伴随着自我意识的发展而发展。

移情是一种间接性情绪，它的发生机制与直接情绪有所不同。直接性情绪是刺激事件直接作用于本人而产生的，而移情是在刺激事件作用于他人的情况下产生的，是对他人所处情境的一种移入式反应。移情体验的产生需要三大条件：第一，对他人情绪表达的觉知，即通过对他人情绪的外显表情来感知他人所处的情绪状态；第二，对他人所处情境的理解，即个体能从当事者的角度来看待其所处的情境，设身处地地考虑他人情绪表达的真

---

① 戴维·谢弗. 社会性与人格发展（第 5 版）. 北京：人民邮电出版社，2012：122-123.

② 戴维·R. 谢弗. 发展心理学——儿童与青少年. 北京：中国轻工业出版社，2005：402.

正意义；第三，相应的情绪体验的经验，即个体具有类似情境中的情绪体验的经验，当他看到他人的情绪表达和所处情境时，就会唤起自己生活经验中的类似的情绪反应，进而产生移情体验①。

儿童最初的移情是自动的、非随意性的，也不具有道德意义，如新生儿听到其他婴儿的哭声也会哭起来。随着年龄的增长，儿童的移情体验可以通过语言的运用或设身处地的思考等认知活动而被激发，这时移情就具有了某种道德意义。霍夫曼（M. Hoffman）认为，移情能力是在情绪性激起和对他人的社会认知能力的基础上产生和发展的。它的发展过程大致是这样的，儿童最初不能区分自我和他人，然后能觉知到他人是不同于自己的客体，之后知道他人具有不同于自己的各种内部体验和思想等，最后意识到每个人具有自己的发展历史、过去经验和个人尊严。具体来讲，霍夫曼把儿童移情的发展分为以下四种水平②：

（一）普遍性移情

在婴儿获得客体永久性之前，反映他人情绪体验的表情线索能引发婴儿普遍性移情反应，例如看到其他婴儿哭自己也会哭。这时婴儿还无法把自己与他人区分开来，他们常常无法弄清楚谁在体验这种情绪，而且常常把发生在别人身上的事情当作发生在自己身上一样来反应。

（二）“自我中心”式移情

1 岁之后，儿童的自我意识开始出现。他们开始能意识到自我与他人的不同，是他人而不是自己在体验一种情绪，这时儿童会产生移情体验。但此时的儿童仍不能完全把自己与他人的内部状态区分开来，在安慰他人时犹如在安慰自己一样，采取的方式可能是不适当的。

（三）对他人感受的移情

随着观点采择能力的发展，儿童逐渐能区分自己与他人的情绪状态。他们能够对他人的感受进行推断从而做出更多的移情反应。3 岁时，儿童能对简单情境中他人的快乐或悲伤进行辨认和产生移情反应。随着语言的发展，孩子更多地运用语言安慰他人，这使移情的表达更有针对性。儿童能从情绪的象征性线索中辨别出意义，从而识别更多的情绪。他们还能通过更多的途径深入他人内心而不仅仅是通过表情来产生体验。这一阶段的儿童能体验到同情性的悲伤，并认识到他人的需要可能不同于自己的需要，从而能更熟练地采用合适的方式帮助别人。

（四）对他人总体生活状况的移情

直到青少年期，儿童的换位思考不断发展。他们不但能理解他人当下的痛苦，而且能理解他人的生活境遇，认识到他人的生存环境或生存条件是其长期痛苦的根源。此时，儿童的移情超越了直接情境的阶段。

研究表明，儿童的气质类型（平和、善于交际）及其情绪的自我调节能力、敏感的父母养育方式以及父母对儿童与人为善的教育等因素都会影响儿童移情的发展。

---

① 孟昭兰. 情绪心理学. 北京：北京大学出版社，2005：223-224.

② 同①224-225.

第三节 情绪自我调节的发展

对情绪的调节从由他人调节转变为儿童的自我调节是情绪发展中的一个重要任务。这个过程贯穿了整个儿童期，儿童逐步积累了一些策略来管理自己的情绪及其表现。个体掌握的策略越多，运用越灵活，他的社会适应性就越好。

一、什么是情绪自我调节

情绪自我调节是指个体将自己的情绪状态调整到适度，从而保证行为目标的实现。有效的情绪自我调节既包括抑制自己的情绪及行为，也包括维持和增强情绪。情绪自我调节属于情绪调节分类中的内部调节类型（根据情绪调节过程的来源划分，情绪调节可分为内部调节和外部调节），因此，下面首先对情绪调节的分类做一简述。

情绪调节是一个非常复杂的主观动力过程，包括掌控自己的感受、伴随感受的生理反应、与情绪有关的认知以及与情绪相关的行为（例如，表情或语言）。可以从不同角度对情绪调节进行分类，这些分类对于我们思考情绪自我调节的内涵具有重要的参照意义。根据调节努力的程度，可以将情绪调节分为减弱调节、维持调节和增强调节，减弱调节主要针对消极情绪的调整和修正，维持调节主要针对积极情绪，增强调节则是对需要适当增加强度的情绪。根据情绪调节的主要成分，可以分为认知调节、主观体验调节、行为调节和生理调节。还可以把情绪调节分为原因调节和反应调节。原因调节是对引发情绪的原因进行加工和调整，包括情境选择、情境修正、注意分配、改变认知等。反应调节是个体从生理反应、主观体验和表情行为方面进行调整①。

二、情绪自我调节的发展

情绪的自我调节策略和能力的发展与感觉运动和认知能力的发展有关，其发展过程可分为以下四个阶段②：

婴儿期（0～1岁）。婴儿在刚出生的几个月，情绪的自我调节是很有限的，主要靠照料者的干预（如抱起来、拍一拍、轻声地说话等）来帮助他调节情绪。但是婴儿在几个月大时（通常是6个月大时）就开始使用自我管理的技巧—安慰行为，最开始可能是偶然的，比如把大拇指放到嘴里从而产生一定的安慰效果，还可以让身体远离不愉快的刺激来减少消极的情绪唤醒。随着大脑的发育，婴儿对刺激的忍受能力渐渐增强，同时，婴儿的注意转移能力有所发展，开始采用分心行为，即目光或注意力离开引起消极情绪的情境，朝向其他目标，或者主动从事其他替代性活动，这都有助于他对情绪的控制。

---

① 陈英和. 发展心理学. 北京：北京师范大学出版社，2015：239.

② 鲁道夫·谢弗. 儿童心理学. 北京：电子工业出版社，2005：196-199；陈英和. 发展心理学. 北京：北京师范大学出版社，2015：240.

学步期（1～3 岁）。到了 1 岁左右，由于婴儿活动能力的增强，他可以通过接近或逃避各种刺激有效调节情绪。他们还可以主动寻找所依恋的大人，从他们那里获得安慰。这表明工具性情绪调节行为已经出现，工具性情绪调节行为是指消除消极情绪源，如口头反对、离开、寻求照料者的帮助或触摸喜欢的玩具、试图找回或盯视暂时找不到的目标等。1 岁半～2 岁时，儿童能尽力控制引发不愉快的人或物，还能通过与照料者说话、玩玩具或转移注意力等方式应对消极情绪或挫折感，在主动控制自己的生气或伤心时会皱眉或抿嘴唇，但是他们还难以调节各种害怕情绪。2 岁左右时，儿童语言能力的发展使他们产生了新的情绪调节方式，他们开始谈论情绪，这些关于自己和他人情绪原因和结果的对话促进了情绪理解和情绪自我调节。他们可以通过描述自己的内心状态来使他人帮助自己调节情绪。当儿童逐渐能思考问题后，情绪调节过程进入象征水平，他们可以把假装游戏作为表达情绪的途径。儿童的自我意识出现后，他们认为自己是自主的、可以控制事件的，这进一步促进儿童情绪控制能力的提高。

学前期（3～5 岁）。随着儿童使用言语和思维来思考情绪的能力越来越强，他们能够将情绪现象客观化，用不同的方式解释情绪，尽量使它们不对自己造成伤害。他们还可以与别人讨论情绪，倾听他人的情绪体验和解释。他们也越来越能掩饰或减弱自己的情绪。儿童开始使用认知策略调节消极情绪，例如，把注意力从令人害怕的事件上转移（“我怕鬼，把眼睛闭上”），想高兴的事来克服不愉快的想法（“妈妈上班了，等她回来，我们一起去游乐园”），或者换一种方式理解引发悲伤的原因。

学龄期（5 岁以后）。婴幼儿期儿童的情绪调节和控制发展很缓慢。随着年龄的增长，儿童的归因能力不断增强，情绪体验逐步深刻，愤怒情绪逐渐减少，并越来越现实。5 岁儿童会因为父母因下雨取消野餐计划而感到愤怒，小学生则可能了解到实际原因而产生失望情绪。到了学龄期，儿童的情绪自我调节能力有了较大的发展。小学生开始使用问题解决、寻求支持、远离、内化以及寻找外在原因等应对策略，越来越倾向于使用既有利于达成目标又不破坏人际关系的方式来应对与他人的情绪冲突。认知能力的发展使儿童能更抽象地思考情绪，以更客观的方式来反思情绪，这是对情绪的概念化。他们还能意识到情绪是怎样产生和被控制的。到 10 岁左右时，大部分孩子都有了一套恰当的情绪控制技巧。由于元认知能力的发展，儿童越来越多地使用内部策略来控制情绪。随着年龄增长，青少年形成了多样化的自我调节策略并能在不同场合灵活运用，他们能更有效地处理生活中突发事件所带来的压力。当情绪自我调节能力发展良好时，青少年获得了情绪自我效能感，即能控制自己情绪体验的感觉，这使他们能更积极地应对情绪变化所带来的挑战。

三、情绪自我调节的影响因素

除了认知因素外，儿童的情绪自我调节方式还受其他多方面因素的影响①。

儿童的气质影响其情绪自我调节能力的发展。情绪消极的儿童通常很难抑制自己的情绪，他们难以将自己的注意力从负性事件上转移。对这类孩子的抚育会给父母带来很大的

① 陈英和. 发展心理学. 北京：北京师范大学出版社，2015：241-242.

挑战，因此亲子之间经常出现不良的互动，在此状态下儿童难以发展良好的情绪自我调节能力。艾森伯格（N. Eisenberg）等人指出，要预测儿童的情绪调节策略，需要评估两个重要的气质维度，即情绪强度的高低、调节程度的高低，这两种特征的组合会出现四种可能，而中等调节水平和中等情绪强度可能是儿童最佳的情绪调节，因为这种儿童具有情绪表达能力、计划能力、以问题为中心的应对能力以及灵活运用各种情绪调节策略的能力。

社会环境也影响儿童调节情绪的能力。如果母亲有选择地对孩子的情绪反应做出回应，更多注意婴儿的兴趣和惊奇，而对婴儿的消极情绪做出较少回应，通过这样的基本学习之后，婴儿会表现出更多的积极情绪和更少的消极情绪。研究者认为，照料者帮助儿童调整情绪的方式会有一定的影响作用，例如，如果父母在儿童极端生气时才介入，会使儿童容易产生快速而强烈的沮丧情绪，这种互动方式会使父母今后很难平息孩子的情绪，孩子也很难学会自我平息情绪。此外，照料者与儿童之间的互动是形成情绪调节个体差异的重要原因。儿童通过观察成人控制情绪的方式来学会调节情绪的策略，成人与儿童间的交谈可以为儿童调节情绪提供技巧和策略。在一项有关婴儿情绪的研究中发现，如果父母在与孩子互动中面无表情，婴儿就会感到困惑，表现出的积极情绪反应少，消极情绪反应多，婴儿会更多使用自我安慰或视线转移等内化的调节行为。艾森伯格等人概括了父母影响儿童情绪调节能力发展的三个方面：第一，父母对儿童情绪的反应，如果父母对儿童的情绪反应敏感、能表示理解，儿童的情绪调节则良好，情绪出现唤醒过度的可能性会少。如果父母对儿童情绪表达要求过于严格甚至加以惩罚，会使儿童隐藏而不是调节情绪。第二，父母与儿童之间关于情绪的对话。第三，父母自身对情绪的表达。

第四节　情绪能力

为了达到更好的社会适应，儿童应懂得人们期望他们怎样表达特定的情绪，要抑制或尽量少表达不符合社会期望的情绪，还需要了解他人所表达的情绪的意义及其原因，从而能做出恰当的回应。做到这些，要求儿童不断发展他们的情绪能力。

一、什么是情绪能力

人的认知能力存在个体差异，同样，情绪能力也存在个体差异。什么是情绪能力呢？情绪能力是指个体适当地应对自己和他人情绪的能力，是个体表达、理解和交流情绪并能调节自己的情绪和应对他人情绪的能力。如何才是“适当地”，既取决于儿童所处的文化环境，也取决于儿童的年龄、个性以及环境对这两个因素的容忍程度①。

情绪能力主要包含八个成分：了解自己的情绪状态；识别他人情绪的能力；运用自己（亚）文化中的情绪词汇的能力；对他人情绪体验产生共情的能力；认识到内在情绪状态不与其外在表现对应的能力；适应性地应对厌恶性情绪和痛苦情绪的能力；认识到人际关系的质量主要取决于情绪交流方式以及关系中情绪的交互性；情绪自我效能感，能够控

---

① 鲁道夫·谢弗. 发展心理学的关键概念. 上海：华东师范大学出版社，2008：27.

制和接受自己情绪体验的能力。也有研究者认为情绪能力包含三种成分：情绪表达性，即经常表达积极情绪、较少表达消极情绪；情绪知识，指正确分辨他人的情绪和导致这些情绪的原因的能力；情绪调节，把情绪唤醒的体验和情绪表达的强度调节到适当水平①。无论是八种成分还是三种成分，它们都代表了儿童在成长过程中需要掌握的与情绪相关的技能。这些成分中的大部分都以情绪调节为基础。情绪调节是监控、评价和调节情绪反应的外部和内部过程，它是一个非常重要的发展任务，是日常生活中体现个体心理成熟度的主要特征之一。情绪调节的发展是由照料者的外在控制转化为儿童自我控制的过程。

衡量情绪能力的高低必须与儿童特定的年龄段联系在一起，还要考虑个体的文化背景，如，泰国人和美国人相比，泰国人看重抑制性情绪的、害羞的个体，而这样的人在美国则被看作缺乏能力。

情绪能力对儿童的社会能力发展具有重要作用，因为处理自己和他人情绪的能力是社会交往的核心，提升情绪能力有助于儿童在社会交往中实现个人目标。例如，经常表达积极情感的儿童，比经常表现出愤怒、伤心的儿童更容易得到照料者或老师的喜爱。儿童的情绪能力高低也影响他的同伴关系。一些研究表明，拥有良好同伴关系的儿童通常具有以下能力：能用建设性的方法处理自己的情绪；善于向其他儿童表明自己的情绪状态；表现更多的积极情绪；准确解释他人的情绪信息；使用非攻击性的方式应对愤怒。情绪调节能力弱的儿童经常被同伴拒绝②。有研究者测量了3～4岁儿童的情绪能力的三个成分，试图探究儿童早期情绪能力的发展与其在幼儿期出现的社会能力是否相关，结果发现，3～4岁儿童的情绪表达能预测他们的情绪知识和情绪调节，即积极情绪表达占主导的儿童对情绪理解更多，能更好地调节情绪，不过在这个年龄只有情绪调节能预测儿童的社会能力，情绪自我调节能力强的儿童其社会能力也较强，比情绪调节不良的儿童更受同伴喜爱。到了学前班阶段，儿童的情绪表达能力和情绪知识都能强有力地预测儿童的社会能力，而情绪调节的预测作用退居其次③。

二、影响情绪能力的因素

儿童情绪能力的个体差异受多种因素的影响。下面主要从四方面对儿童情绪能力的个体差异进行解释。

第一，气质的影响。作为一项有生理基础的个性表现，气质的不同在很大程度上造成了情绪行为的不同。它对情绪反应的强度、引起情绪反应的阈限、抑制冲动的能力、兴奋后获得安抚的容易度等特征具有影响作用，而这些特征对于获得情绪控制能力很关键。

第二，年龄的影响。情绪能力的各个成分是在不同的发展阶段中出现和成熟的。区分他人情绪的能力在婴儿期已经表现得比较明显，但是在特定情境下该表现出何种情绪还有赖于照料者的指导，需要社会参照的线索。比如，面对不熟悉的人或物时，1岁大的婴儿

① 戴维·谢弗. 社会性与人格发展（第5版）. 北京：人民邮电出版社，2012：130.

② 鲁道夫·谢弗. 儿童心理学. 北京：电子工业出版社，2005：222-223，226-229.

③ 同①130-131.

会观察母亲的反应，然后才表现出相似的反应。如果母亲很镇定或愉快，孩子也会做出积极反应，如果母亲表现出紧张或慌乱，孩子会变得警惕而且逐渐后退。随着年龄增长，面对陌生和不确定的情境时，儿童才独立地做出情绪反应。儿童对情绪的了解（什么引起情绪，为什么不同人的情绪表现不同？有哪些情绪控制策略?）在学前阶段有很大进步，他们能站在远离情绪的立场上思考和谈论情绪，将自己和他人的感受客观化，同时能预测他人的感受。与 2 岁相比，5 岁儿童的情绪能力成为一个更加有力的心理工具。情绪表达能力也随着年龄发生变化，儿童逐渐学会以更微妙的方式表达感情，逐步获得情绪表达规则，学会按照社会接受的方式做出反应。我们看到，6 岁时儿童还很难隐藏自己的真实感受，到了 9、10 岁时，他们就能较好地控制自己的情绪了①。

第三，人际关系的影响。无论生物因素是怎样的，它们必须和其他外在因素相互作用才能产生影响，包括父母对儿童情绪能力的发展所提供的支持、家庭氛围、父母的情绪状态、依恋类型等。例如，儿童应对压力的能力首先取决于其气质特点，但这些特征的表现受到父母所提供的帮助方式的影响，如果缺乏这种支持帮助，儿童就很难发展出必要的情绪自控能力。家庭氛围也影响儿童的情绪能力，如果家庭充满冲突，儿童不断目睹消极情绪的爆发，他们就很难有控制自己情绪的动机。如果父母有抑郁、焦虑等情绪问题，儿童则可能在情绪发展上不正常。此外，依恋关系也会影响儿童的情绪能力。

第四，生态环境的影响。儿童成长的更广阔的环境也可以解释情绪能力的差异，包括文化、学校教育、父母职业等。例如，贫穷对父母的情绪生活有消极影响，可能造成父母在教养过程中的反应不敏感和情感冷漠，从而导致父母与儿童的不安全依恋。此外，这样的父母也很少有时间与孩子进行交谈来帮助儿童发展情绪理解和调节的能力。需要说明的是，这并不意味着所有在贫穷家庭中长大的孩子必然情绪能力低，但这种可能性是存在的。

第五节　依恋的发展

心理学家约翰·鲍尔比（J. Bowlby）在 1960 年的一项研究中对一些 15～30 个月的住院儿童进行了观察，这些儿童因为住院治疗而和母亲长时间分离。鲍尔比提出，如果儿童与母亲分离时间较长，或在与母亲分离的同时又失去了临时依恋对象，如护士或保姆，那么儿童往往会失去与人交往的兴趣，他们虽然能与人主动交往，但变得自我中心，注意力常常在人、毛绒玩具和其他无生命的东西之间变换。另外一些早期研究也表明，在孤儿院和其他福利机构长大、与最早的养育者分离的儿童，常常不能和任何人形成良好的情感联系，会陷入抑郁和绝望状态，对他人反应迟钝。这些研究引发了后来心理学家对儿童与养育者之间怎样建立情感联系的深入研究②。

依恋是婴幼儿与父母或其他主要照料者之间的一种强烈的情感联结。依恋是父母或照料者与婴儿在最初几个月的交往中逐渐形成的亲密关系，它是一种双向关系。当父母按照

① 鲁道夫·谢弗. 发展心理学的关键概念. 上海：华东师范大学出版社，2008：143-144.
② 戴维·谢弗. 社会性与人格发展（第 5 版）. 北京：人民邮电出版社，2012：140.

婴儿的社会信号敏感地调整他们的行为从而与婴儿建立起同步常规时，亲子依恋就牢固地建立起来了。依恋的形成是儿童社会性和人格发展必不可少的先决条件。

一、依恋的形成与发展

（一）谢弗和爱默森对依恋形成阶段的划分

鲁道夫·谢弗（Rudolph Schaffer）和佩吉·爱默森（Peggy Emerson）通过研究发现，婴儿与照料者形成情感依恋通常会经历以下几个阶段①：

无社会性阶段（0～6 周）。在这一阶段，社会或非社会信息都可能引发婴儿的愉快反应，到这个阶段末期，婴儿表现出对社会性刺激的偏好，如微笑的面容。

未分化的依恋阶段（6 周～六七个月）。这一阶段的婴儿喜欢人的陪伴，对人类更为偏好，但还未能进一步分化，他们似乎对任何人（包括陌生人）的关注都感到快乐。

分化的依恋阶段（7～9 个月）。这一阶段的婴儿与母亲或照料者分离时开始表现出抗拒行为，在母亲回来时表现出热情的欢迎。他们也开始警惕陌生人。这时，婴儿首次建立真正的依恋。依恋的形成产生一个重要结果，即促进婴儿的探索行为。安思沃斯（M. D. Ainsworth）指出，依恋对象对于婴儿来说意味着安全基地，母亲或照料者的存在使婴儿获得安全感，从而他们可以自由地对环境进行探索。例如，一个属于安全性依恋的婴儿与母亲去外面玩耍，只要母亲在自己的视线内，婴儿就能无忧无虑地玩耍。如果母亲不在视线内，婴儿就会变得焦虑而停止玩耍。这说明婴儿在有人可以依赖时才能够自信地独立行动。

多重依恋阶段。在形成最初依恋的几周之后，婴儿还会与除基本依恋对象（主要是母亲）之外的其他亲密接触者形成依恋关系。到 18 个月时，只有很少的婴儿会只依恋一个人，一些婴儿可能对五个或更多的人产生依恋②。

（二）鲍尔比对依恋形成阶段的划分

鲍尔比把儿童依恋的产生和发展过程分为以下四个阶段③：

前依恋阶段（出生～6 周）。婴儿最初表现出一系列不同的机能性反应，如抓、微笑、哭泣、要求拥抱等，这些行为可以促进婴儿与父母以及其他照料者的亲近。这个时期婴儿对任何人都表现出相似的行为反应，不介意陌生人的亲近或关注。

产生依恋阶段（6 周～8 个月）。这个时期的婴儿出现对熟悉的人的识别再认，熟人比陌生人更能引起婴儿的情感反应，但婴儿并不太介意与父母的分离。

明确的依恋阶段（8 个月～2 岁）。婴儿对熟悉的照料者的依恋已经十分明确，并表现出分离焦虑，同时，对陌生人表现出警惕甚至恐惧。

目标矫正的伙伴关系（18 个月～2 岁之后）。随着语言表达能力的发展，儿童能够明白父母离开的原因，也知道他们什么时候回来，分离焦虑开始减轻。他们会与父母协商，向他们提出自己的要求，而不仅仅是依附在父母身边。他们开始理解父母的需要，与之建

---

① 戴维·R. 谢弗. 发展心理学——儿童与青少年. 北京：中国轻工业出版社，2005：409-410.

② 戴维·谢弗. 社会性与人格发展（第 5 版）. 北京：人民邮电出版社，2012：145.

③ 劳拉·E. 贝克. 儿童发展. 南京：江苏教育出版社，2002：584-585；张文新. 儿童社会性发展. 北京：北京师范大学出版社，1999：189.

立双边的人际关系。他们的行为变得越来越有意图，并注意考虑他人的情感和目标。

二、依恋的理论

人类为什么会产生依恋呢？下面四个重要的依恋理论试图从不同的角度对这一问题做出回答，即精神分析理论、学习理论、生态学理论和认知发展理论①。

（一）精神分析理论

精神分析理论的观点认为，在儿童发展的过程中，哺育对于儿童与哺育者之间形成依恋关系起着核心作用。弗洛伊德认为，婴儿正处于口唇期，他们通过用嘴吸吮和咀嚼物品来获得满足，因此会对任何为其提供口唇满足的人产生好感。由于喂养婴儿的人通常是母亲，于是母亲很自然地成为婴儿最初获取安全感和情感的来源。弗洛伊德提出，婴儿与母亲的情感关系为婴儿以后的所有人际关系打下基础。埃里克森也认为母亲的喂养会影响到婴儿依恋的强度和安全度。但是他强调，母亲对孩子需要的敏感反应比喂养行为本身更重要，对婴儿的所有需要具有一致反应的照料者能够让婴儿产生对他人的信任感，而反应不一致或缺乏反应的照料者会导致婴儿对他人的不信任。埃里克森还指出，在婴儿期习得的对照料者的不信任会使个体在整个生命历程中都回避与他人的密切的相互信任关系。

（二）学习理论

学习论者认为，婴儿会对哺育他们、满足他们需要的人产生依恋，哺育是母婴关系的核心。当婴儿发出饿的信号（原始的本能冲动）时，如果他能反复得到母亲的满足，那么母亲的存在将成为习得的冲动，这与缓解紧张的结果成对出现。结果，婴儿学会偏爱所有伴随哺育的刺激，包括母亲的爱抚、微笑、温柔的话语等。换句话说，两个原因使哺育显得很重要：第一，哺育会诱发婴儿的积极反应，如微笑、发出欢快的声音等，这反过来会进一步促进照料者对婴儿的喜爱；第二，母亲在哺育过程中还可能给予婴儿更多的舒适感和抚慰，如温暖、温柔的抚摸，轻柔的话语等。这样，婴儿逐渐学会将母亲和快乐的感情相联系，一旦母亲或其他照料者成为次级强化物，婴儿的依恋就形成了。

尽管哺育是母婴之间建立亲密关系的重要途径，然而依恋关系并不是建立在满足饥饿的基础上。1950 年，哈里·哈洛（Harry Harlow）的恒河猴实验比较了喂养刺激和触觉刺激对幼猴依恋形成的重要性。幼猴一出生就被研究者从母亲身边带走，接受两个替代母亲的喂养。这两个替代母亲的面孔一样，其中一个替代母亲的身体由金属丝制成，另一个由绒布制成，金属“母亲”那里有奶瓶，而绒布“母亲”没有奶瓶。观察发现，幼猴只有在进食时与金属“母亲”在一起，其余时间都与绒布“母亲”在一起，它与绒布母亲形成了依恋。这个研究表明，舒适的接触比饥饿的减轻对于幼猴的依恋形成更为重要。对人类婴儿的研究也发现，婴儿对于几乎不喂养他们但为其提供温情抚慰的家庭成员也会表现出依恋。

这些研究证实，无论是对于人类的婴儿还是幼猴，喂养并不是依恋产生的最主要原因。现在的学习理论家据此修正了早期的观点，但仍然认为强化是依恋产生的机制，婴儿

---

① 戴维·R. 谢弗. 发展心理学——儿童与青少年. 北京：中国轻工业出版社，2005：410-413；戴维·谢弗. 社会性与人格发展（第 5 版）. 北京：人民邮电出版社，2012：145-148.

会喜欢那些对他们的需要迅速做出反应并提供各种快乐和益处的人。谢弗和爱默森的研究发现，通过衡量母亲在对婴儿行为的反应性和提供的刺激总量这两个维度的行为可以预测婴儿的依恋特征，那些能及时地对婴儿的需要做出适当反应并愿意经常陪伴孩子玩耍的母亲，她们的婴儿最容易与之形成亲密的依恋关系。

（三）生态学理论

生态学理论的一个基本假设是，包括人类在内的所有生物出生后都会表现出天生的、有利于物种生存的行为倾向。对于情感依恋的解释也采取了这个假设。

依恋的生态学理论是在康拉德·洛仑兹（Konrad Lorenz，1903—1988）的幼鹅印刻学说影响下形成的。1937 年，洛仑兹报告了刚出生的小鹅对于几乎所有移动物体的追随，移动物体可以是它们的母亲、鸭子甚至人类，洛仑兹将这种行为称为“印刻”。洛仑兹认为，印刻是一种适应性行为，跟随母亲会使幼鸟获得食物并得到保护，获得生存。

据此，鲍尔比认为人类的婴儿与动物的孩子相似，具有一套与生俱来的内在行为：希望父母在自己的身边或附近，获得食物，抵御危险。他们继承了某些能帮助他们维持与他人接触、引发他人悉心照顾的“可爱的”特征，如圆圆的脸和胖乎乎的身体。还有一些帮助他们获得怜爱的反射行为，如觅食反射、吸吮反射和抓握反射。此外，微笑、哦啊声、兴奋的喊叫以及自发的细语等，都会引起成人对婴儿的积极关注。这些与生俱来的特征和行为是预先设计好的，可以促进婴儿和照料者之间的依恋。也就是说，依恋的基础并不是哺育，它有着强大的生物学基础，具有物种进化的重要意义，可以保证物种的繁衍和生存。总之，人类的婴儿与照料者在进化过程中获得了相互喜爱并建立亲密情感联系的本能，这使婴儿乃至整个种族得以生存。

不过，鲍尔比指出，尽管人类在生物学意义上对依恋的建立有所预备，但它却不是自动产生的，而是逐渐形成的。亲密情感联系的建立需要依恋的双方学习如何对对方的行为做出适当的反应，否则安全的情感联结难以形成。

（四）认知发展理论

认知发展理论认为，依恋的形成在某种程度上有赖于婴儿的认知发展水平。婴儿必须具备一定的感知觉能力，能将熟人和陌生人区分开，才可能产生依恋。他还必须能够意识到熟悉的照料者具有存在的永久性，因此，依恋行为在婴儿 7～9 个月大时产生绝非偶然，因为此时他开始具备皮亚杰所称的客体永久性。巴里·莱斯特（B. M. Lester）等人的研究验证了这一点，他们测试了 9 个月婴儿的客体永久性，然后让他们分别与妈妈、爸爸和陌生人短暂地分离，结果发现，在客体永久性测验上得分高的婴儿只有在与妈妈分离时表现得着急，而得分低的婴儿，无论与谁分离都不着急，这表明，只有那些认知发展较好的 9 个月大的婴儿才形成了最初的依恋。

心理学家戴维·谢弗对以上四种依恋理论的基本思想进行了生动的概括：精神分析理论认为，依恋的形成原因主要是“因为你喂我，所以我爱你”；学习理论认为，奖励导致爱，强化是情感依恋的形成机制；生态学理论强调天生的行为倾向，依恋的形成是由于人生来就能与他人建立关系并且爱他人；认知发展理论提出依恋形成需要一定的认知基础，其形成时间的早晚部分地取决于婴儿的客体永久性水平，“要爱你，我必须知道你在不在身边”。这四种理论从不同的视角帮助我们理解婴儿怎样与他们的亲人形成依恋关系。

三、依恋的个体差异和依恋类型

虽然在家庭中抚养的每一个婴儿都会对熟悉的照料者产生依恋，但依恋的质量却有所不同。有的婴儿与照料者在一起时非常放松、有安全感，而有些婴儿却显得焦虑和不安。研究者对依恋质量的个体差异很感兴趣，并发明了相应的测量技术。

对于1～2岁婴儿的依恋安全性测量，现在通用的测量技术是安思沃斯提出的陌生情境测验。陌生情境测验包括如下八个连续的情境①：

（1）主试带领母亲和婴儿进入游戏室，然后主试离开；

（2）母亲在旁边坐着看儿童玩；

（3）陌生人进来，坐下，和母亲谈话；

（4）母亲离开，如果婴儿感到不安，由陌生人给予安慰；

（5）母亲回来，和婴儿打招呼，如果婴儿感到不安，给予安慰，陌生人离开；

（6）母亲再次离开；

（7）陌生人进入，给婴儿安慰；

（8）母亲返回，和婴儿打招呼，如果婴儿感到不安，给予安慰，用玩具吸引婴儿。

这8个情境主要考察三个方面：婴儿是否把养育者看成是自由探索的安全基地，陌生人给婴儿带来的压力大小，处于压力下的婴儿能否从养育者那里得到安抚，重新回到安心状态并探索环境。根据对婴儿在这些情境中的反应（包括探索行为、对陌生人的反应、与依恋对象分离的反应，与依恋对象重聚时的反应）进行观察和分析，发现可以将依恋分为四种类型：一种安全型依恋、三种非安全型依恋②。

安全型依恋。这类婴儿把母亲看作安全基地。母亲在场时，他们会独自探索，母亲的离开会引起他们的明显不安。母亲回来时，他们有积极的回应，渴望交流，常常会寻求与母亲的身体接触来缓解压力。母亲在场时，这类婴儿对陌生人很随和。大约65%的1岁美国婴儿属于这种类型。

抗拒型依恋。属于非安全型依恋。这类婴儿紧紧地靠在母亲身边，不愿探索环境。当母亲离开时，他们非常难过。母亲回来时，他们会接近母亲但仍然对母亲的离去很生气，甚至会抗拒母亲的主动身体接触。很多孩子被抱起后依旧哭闹而且很难被安慰。这类婴儿对陌生人非常警惕，甚至母亲在场时也表现如此。抗拒型依恋以强烈的分离焦虑和陌生人焦虑为特征。大约10%的1岁美国婴儿属于这种类型。

回避型依恋。属于非安全型依恋。这类孩子与母亲分离时很少表现出难过，甚至当母亲想主动引起他们的注意时，他们仍然表现得很冷漠。重见母亲时他们回避母亲或不打招呼，即使把他们抱起来，他们也不抱住母亲。这类婴儿对陌生人很友善。20%的1岁美国婴儿属于这种类型。

混乱型依恋。属于非安全型依恋。这类孩子的依恋是最不安全的，陌生情境对他们造

---

① 戴维·R. 谢弗. 发展心理学——儿童与青少年. 北京：中国轻工业出版社，2005：417.

② 劳拉·E. 贝克. 儿童发展. 南京：江苏教育出版社，2002：587；张文新. 儿童社会性发展. 北京：北京师范大学出版社，1999：587.

成的压力最大。这种依恋混合了抗拒型和回避型依恋的模式，孩子似乎对于接近还是回避母亲表现出犹豫不决。当母亲回来时，这类婴儿看起来茫然不知所措、冷淡，或者在接近母亲的过程中会因为母亲的同时接近而突然跑开。5%～10%的美国孩子属于这种类型。

跨文化研究表明，不同文化中的婴幼儿在四种依恋类型的分布比例上是不同的，这可能反映了育儿方式的文化差异。例如，德国的孩子比美国的孩子表现出更多的回避型依恋，因为德国父母鼓励孩子的独立性，不喜欢过多的身体接触。大量的日本孩子表现出抗拒型依恋，因为日本母亲和婴儿有更亲密的接触，很少让陌生人照顾自己的孩子，日本母亲更强调社会规范，不像美国母亲那样更鼓励孩子的探索，所以，日本婴儿在面对陌生情境时表现出更多的焦虑和紧张，他们对分离极为不安，与母亲重聚时一直搂着母亲，这种行为很容易被认为是非安全型依恋，然而在日本却是适应良好的表现。

尽管在不同研究样本中，婴儿都可以被划分为安思沃思描述的四种依恋类型，但是陌生情境程序也受到一些批评。布朗芬布伦纳指出，陌生情境的高度陌生性（很快地进入陌生情境、陌生人、突然与照料者分离）可能引发了婴儿夸张的反应，并不能反映出婴儿平时在家的真实行为，也不能表明婴儿与照料者的真实特点。还有人指出，安斯沃思划分的四种不连续的依恋类型带有人为痕迹，如果把婴儿放在一个连续维度（例如，对照料者的依恋安全性）上来考察依恋的差异，可能会更合理。还可以在一些与依恋有关的行为维度上考察个体差异，如寻求接近、生气和拒绝安抚等。

四、影响依恋安全性的因素

安全依恋的婴儿能从与依恋对象的互动中获得快乐，面临不确定或压力情境时，依恋对象的在场会使婴儿感到心理放松舒适。当婴儿快乐时，他把开心的笑容送给妈妈，而当他焦虑不安或害怕时，会对妈妈大哭或爬向妈妈。影响婴儿依恋安全性的主要因素包括：婴儿所接受的抚养质量、家庭的情感氛围以及婴儿自己的气质和健康状况①。

（一）抚养质量

婴儿依恋的安全性在很大程度上取决于他们所接受的照料质量。母亲在处理婴儿的情绪表达时所表现出的敏感性以及面对婴儿时的积极态度能够促进依恋的安全性。“敏感”意味着对婴幼儿的心理和行为能够做出及时、恰当和积极的回应，能与婴儿保持同步互动，还意味着照料者能够根据婴儿的气质特征灵活地调整自己的抚养方式。敏感的照料要求母亲或照料者对婴儿的需求具有洞察力，懂得孩子的情绪和行为产生的原因，从而能有效和及时地回应婴儿的需要和目标。形成安全型依恋还要求照料者对婴儿持有积极的态度，常常向婴儿表达积极情感，表达对孩子的喜爱之情，让孩子在与自己的互动中感到快乐和舒适。

如果母亲对孩子的信号始终能做出恰当而积极的回应，对孩子的照顾温柔而细致，孩子的依恋安全就比较强。如果母亲对孩子的反应常常表现不一致，以自己的情绪好坏来决定对待孩子的方式，有时无微不至有时又非常冷漠，婴儿就很可能形成不安全的抗拒型依恋。婴儿在应对这些照料者时也采取极端的方式，如纠缠、哭闹，以此来获得情感支持和

---

① 戴维·R. 谢弗. 发展心理学——儿童与青少年. 北京：中国轻工业出版社，2005：419-424.

抚慰，而这种努力不奏效时就变得愤怒和怨恨。

形成同步互动需要母亲或照料者能细心留意婴儿的状态。当婴儿处于活跃状态时，能陪他一起游戏或提供刺激，当婴儿因为疲劳而显得烦躁时要给婴儿休息或平静的时刻。亲子间这种情感与行为的同步互动是预测依恋关系的重要指标。

在抗拒型依恋中，照料者的养育方式常常前后不一致，他们对孩子反应热情还是无动于衷，取决于自身的情绪，而且他们大部分时间里不做出反应。婴儿在面对这样自相矛盾的照料者时会通过不顾一切地使劲缠着、哭喊等试图得到情感支持和安慰，当这一切都无济于事时，他们会变得生气或怨恨。

有两种抚养方式容易造成婴幼儿的回避型依恋。第一种方式是母亲对自己的孩子缺乏耐心，对孩子发出的信号反应不积极，常对孩子表现出消极情绪，而且很少与孩子有亲密接触，她们很少从母婴交往中获得快乐，这类刻板、自我中心的母亲在与孩子的互动中表现出更多的拒绝。第二种方式是，母亲过于热心，总是喋喋不休，给孩子太多的刺激打扰，为了回避母亲，孩子试图从强行交流中逃出。对于这些不喜欢自己或总是纠缠自己的父母，婴儿习得了回避的依恋行为模式。

被粗暴对待或被虐待和被忽视的孩子容易形成混乱型依恋。这些孩子在与母亲重聚时所表现出的接近/回避行为是由于他们曾经既经历过照料者的接纳，又受过照料者的粗暴对待、体罚、吓唬或忽视，所以他们不知道是应该接近照料者还是远离照料者以保证自己的安全。另外，如果母亲患有严重的抑郁，会倾向于虐待或忽视自己的孩子，因此，抑郁母亲的孩子会表现出亲密、抗拒、回避的混合行为模式，同时还表现出抑郁。

总体上来说，不敏感的抚养方式和策略容易造成不安全的依恋模式。研究表明，父母的人格特点、童年经历等因素会影响他们的抚养质量，患有抑郁症、童年被忽视或不曾感受到关爱的父母容易成为不敏感的照料者。

（二）婴儿的气质特点

依恋关系是由父母和婴儿双方共同构建的，因此，婴儿的特点自然也会对这种关系的质量产生影响。

卡根认为，陌生情境测验只是测量了婴儿的气质而不是依恋质量。他认为，气质属于容易型的婴儿通常随和友好，容易被划分为安全型依恋；困难型婴儿对活动常规的改变和新异刺激很敏感，所以在陌生情境中表现沮丧，并且无法很好地接受母亲的安抚，因此，容易被划分为抗拒型依恋；羞怯退缩的婴儿则很容易被认为是回避型婴儿。因此，卡根认为，是婴儿的气质特点而不是照料者的抚养方式影响了他们所形成的依恋类型，儿童表现出的依恋行为反映了他们的气质特点。

但是很多心理学家认为卡根的观点过于极端，因为我们看到很多婴儿对某个亲人表现出安全型依恋，而对另一个亲人则表现出非安全型依恋，如果依恋分类反映了婴儿相对稳定的气质特征的话，这种现象是解释不通的。另外，有一些研究支持了抚养方式与依恋类型存在因果关系。心理学家柯切斯加（G. Kochanska）试图通过研究来检验一种关于婴儿与照料者之间依恋模式的整合理论，这个理论的主要观点是：抚养质量是影响婴儿依恋安全与否的最重要因素；在婴儿形成非安全依恋的情况下，婴儿的气质类型能预测他们所形成的非安全依恋的类型。她首先在婴儿 8～10 个月测量了婴儿母亲的养育行为质量（母亲对婴儿的反应性，母婴之间积极情绪的同步性），还测量了婴儿的气质。然后，在婴儿13～15 个月时，采用陌生情境技术评价了婴儿对母亲依恋的类型。这样就可以从得到的数据中进行比较，对于婴儿的依恋安全性和依恋类型来说，究竟是母亲的养育行为重要还是婴儿的气质重要。研究结果表明，抚养质量而非婴儿的气质类型准确预测了婴儿与其母亲建立的依恋关系是否安全，积极敏感的抚养方式与安全型依恋相关，但抚养质量无法预测非安全型依恋关系中的婴儿会形成哪一种具体的类型。而婴儿的气质特点能预测非安全型依恋类型，气质胆怯的儿童通常会形成抗拒型依恋，而气质胆大的儿童通常会形成回避型依恋。近来，很多研究证据支持柯切斯加的整合观点①。

（三）家庭环境

亲子互动的生态环境也会影响抚养的敏感性。一些国外的研究表明，不敏感的抚养方式更有可能发生在遭受健康、法律或经济问题困扰的抚养者身上，在不能给婴幼儿提供足够健康照料的贫困家庭里更容易产生非安全型依恋。此外，父母的婚姻关系质量对亲子互动也有重要影响，父母婚姻不和谐、充满争吵的家庭有可能妨碍亲子间建立安全的情感纽带。

五、依恋与儿童的后期发展

（一）依恋的后期影响

一些精神分析学家和生态学家认为，婴儿从早期的健康而安全的依恋关系中获得爱、安全感、信任和温暖，为今后心理的健康发展奠定了良好的基础。很多研究发现，安全型依恋对儿童的认知、情绪和社会行为发展会有积极影响，而非安全型依恋使个体今后获得最佳发展的可能性较小。

与由不敏感父母带大的不安全型依恋儿童相比，由敏感的父母带大的安全型依恋儿童更可能发展出不同的情绪调节策略。安全型依恋的儿童知道，无论自己表现积极情绪还是消极情绪，父母都能接受，所以他们会直接、公开地表现自己的情绪，也会对他人的情绪做出回应；回避型依恋的儿童有自己的情绪表现被拒绝的经历，尤其是对于消极情绪，母亲给予最少的回应，因此，为了避免被遗忘或是被断然拒绝，儿童形成一种隐藏任何苦恼痕迹的策略，并且对积极的情绪也要克制，因为积极情绪常常意味着孩子想要与他人交往，而他人可能并不愿意回应。抗拒型依恋的儿童明白，他们的情绪表现得到的反应不一致，所以其结果是不可预料的，因此，他们形成了夸大表现的策略，因为只有这样才能吸引父母的注意力②。

研究表明，在 1～1 岁半期间建立安全型依恋的婴儿，到 2 岁时会有更好的问题解决能力、会进行更复杂和更有创造性的象征性游戏，他们好奇心强，自主性也高，有更多的积极情感和较少的消极情绪，在同伴中更有吸引力。而混乱型依恋的婴儿到了学前

---

① 戴维·谢弗. 社会性与人格发展（第 5 版）. 北京：人民邮电出版社，2012：159.

② 鲁道夫·谢弗. 儿童心理学. 北京：电子工业出版社，2005：215-216.

期和学龄期时可能会表现出更多的敌意和攻击行为，容易受到同伴的排斥。其他一些相关的研究也得到类似的结论。一项对依恋质量的追踪研究表明，在 15 个月时属于非安全型依恋的婴儿，到 3 岁时容易在情感和社会性方面表现得比较退缩，不太愿意与伙伴玩耍，而且好奇心不强，对学习不感兴趣，缺乏能力去达到自己的目标。对这些婴儿在 11～12 岁以及15～16 岁的追踪研究发现，安全型依恋儿童比非安全型依恋儿童有更高的社会技能、更好的同伴关系，而且更可能拥有亲密朋友。还有研究表明，与安全型依恋的同伴相比，早期形成非安全型依恋或目前正处于非安全型依恋的儿童，整个儿童期和青少年期都缺乏迎接挑战的热情，同伴关系较差，亲密朋友少，违纪行为较多，其他心理症状也多①。

这些研究表明，早期的依恋模式及依恋质量具有相当程度的稳定性，因此可能会对儿童的发展具有长远影响。

（二）依恋对后期发展产生影响的解释——内部工作模型

为什么早期的依恋类型会对儿童的后期发展产生非常稳定而深远的影响呢？依恋怎样塑造了人的行为并影响未来的人际关系特点呢？鲍尔比和布雷斯顿（I. Bretherton）对此做出了有力的解释②。他们认为，婴儿在与照料者的互动过程中形成一种内部工作模型，这是一种对他人和自我的认知表征，用以解释事件和形成对人际关系的期望。如果儿童得到敏感而恰当的照顾，他们会认为他人是可以信赖和依靠的，从而形成对他人的积极工作模型；如果儿童得到的是不敏感的、忽视的、粗暴的甚至虐待的看护，他们会产生不安全感和对他人的不信任，因此会形成对他人的消极工作模型。此外，婴儿还会发展出一种有关自我的工作模型，它在很大程度上基于婴儿在需要时能吸引他人关注和寻求他人安慰的能力。如果照料者能及时恰当地回应婴儿寻求关注的努力，婴儿就会认为自己是可爱的，从而产生积极的自我工作模型；如果照料者忽视或不能正确理解婴儿的需要，他们就会形成"我是无用的，令人讨厌的"的感觉，从而形成消极的自我工作模型。总之，这种亲子关系的内化会成为人格中极为重要的一部分，成为一种内在工作模式或期待中的依恋形象。这种形象可能在儿童遇到困难时给予帮助，儿童能与这些形象进行自我交流，而且这种形象也会成为未来亲密关系的标准或导向③。

他人和自我工作模型的结合与依恋类型的关系如图 6－1 所示。其中，对他人和自己都建构积极工作模型的婴儿形成了最初的安全型依恋，他们愿意探索环境、迎接挑战，今后能和朋友、配偶建立安全的相互信任的关系；建构了积极的自我工作模型和消极的他人工作模型的婴儿，通常能有效引起一个不敏感、过分打扰的照料者的注意，可以预期这样的婴儿会形成回避型依恋，他们并不关注亲密情感联系的重要性；形成消极自我模型和积极他人模型的婴儿，更多时候不能引起照料者的关注以满足自己的需要，这可能会导致拒绝型依恋；形成消极自我模型和消极他人模型的婴儿，很可能形成混乱型依恋，他们常常会害怕自己在亲密关系中受到伤害。

---

① 戴维·谢弗. 社会性与人格发展（第 5 版）. 北京：人民邮电出版社，2012：162.

② 戴维·R. 谢弗. 发展心理学——儿童与青少年. 北京：中国轻工业出版社，2005：425-426.

③ 劳拉·E. 贝克. 儿童发展. 南京：江苏教育出版社，2002：585.

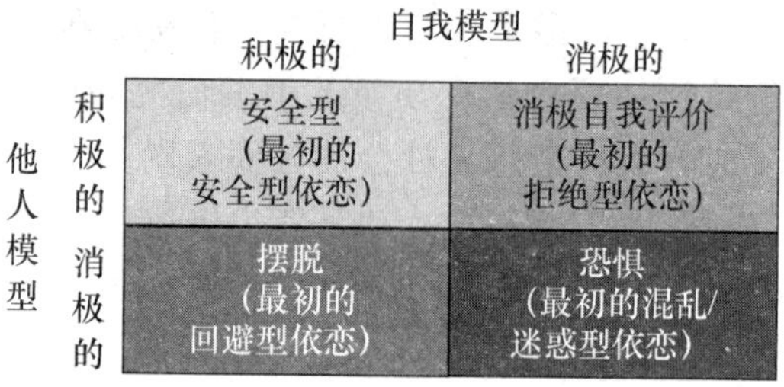

图 6－1　根据关于自我和他人的积极或消极心理作用模型得出的依恋类型

资料来源：戴维·谢弗．社会性与人格发展（第 5 版）．北京：人民邮电出版社，2012：163．

研究发现，在婴儿期形成安全依恋和不安全依恋的儿童具有不同的信息加工模式和不同的自我内部工作模型、他人内部工作模型。该研究让 3 岁儿童观看玩偶表演的积极事件和消极事件，积极事件如赠送一件礼物，消极事件如饮料洒了一地。研究假设，具有安全依恋的儿童希望生活中有快乐的事情，会参与到这些事情中并牢记它们，而不安全依恋的儿童则倾向于回忆比较消极的事情。研究结果表明，安全依恋和不安全依恋的儿童在对积极和消极事件上的注意上并没有差异，但安全依恋的儿童更多地回忆起积极事件，而不安全依恋的儿童更多回忆起消极事件。该研究控制了儿童的气质差异，因而结果是可信的。这意味着，安全依恋和不安全依恋的内部工作模型差异将影响后期发展①。

他人和自我工作模型的结合影响婴儿的基本依恋质量和他对于未来人际关系的期望。建构起积极的有关自我和照料者内部工作模型的婴儿，会形成安全型的基本依恋，他们会对面临的挑战充满信心，期待积极的人际交往，而且更可能与未来的伴侣或朋友建立起安全和相互信赖的关系。相反，认为自己被排斥的儿童可能会带着消极的期待去接近任何新的关系。鲍尔比认为，内部工作模型一旦在生命早期形成，就会相对稳定并成为人格的一部分，进而对个体终生的亲密关系产生持久的影响。

尽管早期形成的内部工作模型比较稳定，但并非不可改变。一方面，安全型依恋通常会由于母亲重新工作或母亲经历婚姻危机、抑郁、重病或经济困难等生活压力转变为非安全型依恋。所以，个体对自己、他人和亲密关系的认知表征是动态的，会因为与照料者、亲密朋友、恋人或配偶的关系改变而发生变化。另一方面，非安全型依恋也不一定意味着不良的发展后果，例如，儿童与其他人如父亲或者祖父母、保姆形成的安全型依恋常常会减轻他与母亲之间的不安全型依恋所造成的不良后果。

思考题

1. 儿童的情绪发展主要包括哪些内容？
2. 随着年龄增长，儿童的情绪理解能力如何发展变化？
3. 儿童的移情能力发展会经历哪几个阶段或水平？
4. 个体的情绪能力主要包含哪些成分？

① 戴维·谢弗．社会性与人格发展（第 5 版）．北京：人民邮电出版社，2012：163－164．

5. 如何培养儿童的情绪能力？

6. 谈谈你对情绪发展的重要性的理解。

7. 精神分析学派如何解释依恋的形成和发展？

8. 哈里·哈洛的恒河猴实验对于抚育婴幼儿有什么启发？

9. 儿童的依恋类型有哪几种？为什么会产生依恋质量的个体差异？

10. 根据依恋形成的影响因素，你能给父母提供一些育儿的建议吗？

11. 根据依恋的有关研究，如果在儿童早期生活中频繁变换看护人可能会对儿童产生哪些影响？

12. 根据依恋的有关研究，如果把孩子送到幼儿园或者交给保姆看护，父母如何做才能减轻孩子的分离焦虑？请给出一些简单建议。

13. 依恋质量对于儿童的后期发展可能会有哪些影响？这些影响是通过什么机制产生的？

14. 儿童的内部工作模型如何影响其人格的发展？

第七章 人格的发展

知识结构图

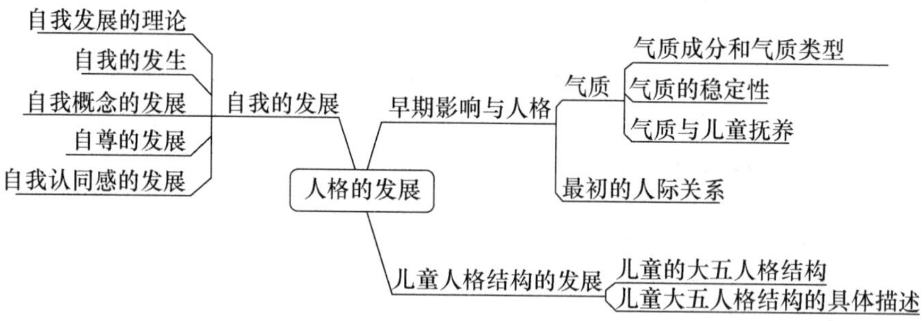

学习目标

1. 理解儿童的气质特点和早期经验（尤其人际关系）是人格发展的基础。

（1）掌握儿童气质类型的划分维度和气质类型，并能运用这些概念去描述和解释儿童的行为。

（2）理解儿童气质类型与父母抚养方式的关系，提出父母抚养儿童的原则和策略。

（3）了解早期经验和早期人际关系是儿童人格发展的重要基础。

2. 掌握弗洛伊德的人格结构理论和埃里克森的心理社会理论，分析这两个理论对培养儿童健康自我和健全人格的启示。

3. 理解自我的发生和发展，并分析这些概念和原理对培养儿童自信和自尊的启示。

（1）理解自我的含义和结构。

（2）理解自我概念的内涵、发展特点、发展趋势和结构模型。

（3）理解自尊的含义、发展特点、结构以及影响因素。

4. 理解自我认同感的概念、自我认同的四个发展水平和影响因素，在此基础上，结合自己的生活和工作实际描述和分析青少年自我认同发展的水平并提出有效的支持策略。

学习重点

1. 气质类型的划分维度、儿童气质类型与父母抚养方式的拟合度等概念的掌握。
2. 本我、自我、超我的功能和发展时间、人格发展八个阶段的心理发展任务的掌握。
3. 自我的结构和发生、自我概念的发展特点、自尊的发生和发展特点以及影响因素、自我认同的四个发展水平及影响因素的掌握。

学习难点

1. 在掌握人格发展理论的基础上，结合生活和工作实际能够描述和分析儿童的有关心理现象，并提出人格培养的一些原则和策略。
2. 在掌握自我的发生和发展规律的基础上，结合生活和工作实际能够描述和分析儿童的有关心理现象，并提出培养儿童的自信、自尊和自我认同感的原则和策略。

学习建议

1. 结合自己的生活和工作经验理解和掌握有关的概念、主题和理论，寻找它们对你的生活和工作的意义。
2. 参照本章的概念图，懂得知识间的逻辑和结构关系，并在自己头脑中建立相应的认知结构。
3. 可以结合第六章有关依恋的内容、第十章有关家庭和同伴关系等内容增进本章相关内容的理解。
4. 可与老师或同学就某些问题进行讨论和交流。
5. 认真完成本章思考题将有助于你更好地进行学习。

当我们思考和讨论儿童发展的时候需要区分两种截然不同的发展趋势：一种是社会化，即儿童通过学习和接受所在社会的主流价值和习俗，融入这个社会的过程；另一种是个性化，即儿童形成一个显示自己独特心理特性的身份的过程。这两个过程互为对立面，又紧密地交织在一起，它们之间的相互作用构成儿童不断走向成熟的基本主题。

本章我们将关注儿童的人格发展问题，了解从婴儿期到青少年期人格的差异是如何建构的，探讨是什么原因造成了儿童心理的独特性。首先，个体的气质特点是人格发展的基础，个体的早期经验对人格发展具有深远的影响，从某种意义上，婴幼儿期的气质特点体现了个体早期的人格特征；其次，介绍儿童期到青少年期的人格结构发展；最后，介绍人格的核心成分——自我的发展，包括自我发展的理论、自我的发生、自我概念和自尊的发展以及自我认同感的形成。

在此之前，我们先了解一下关于人格的定义。需要说明的是，关于人格的定义并没有定论，这里只举出比较常用的一种定义：人格是指个体所具有的一套独特而持久的心理倾向性，表现在其与周围的各种社会环境相互作用的过程中。

第一节　早期影响与人格

个体早期人格的形成和发展受个体的气质特点和早期经验（尤其是早期人际关系）等多方面的影响。

一、气质

特别小的儿童已有个性的显现，最初这些差异反映的是儿童的内在气质。气质是个体对环境事件可预见的情感和行为反应模式的特征，表现为稳定的情绪反应品质和强度、活动水平、注意力以及情绪的自我调节。气质是人类天性的一部分，基本上由遗传决定，代表人格的生物基础或先天、素质型成分。也有心理学家认为气质特征就是早期出现的人格特征，它是成年期人格的情绪和行为特点的基础。

（一）气质成分和气质类型

确认气质的精确成分一直是个难题。巴斯（A. H. Buss）和普罗敏（R. Plomin）提出理解气质的三个维度：情绪性，指对刺激反应的数量，无论表现的是不安、恐惧还是愤怒；活动性，指运动的强度和速度，即使很小的婴儿在这方面也显示出稳定的差异；社会交往性，指儿童喜欢群居还是喜欢独处的程度，婴儿在寻求他人注意和引发与他人的接触方面也有差异。此外，罗斯巴特（M. K. Rothbart）等人也提出理解气质的三个维度：第一个是兴奋性，对令人愉悦的活动的热切而积极的反应倾向、言语反应性、社交性、积极情绪的表达、对高强度活动的享受以及高活动水平；第二个是消极情绪性，儿童对悲伤、激惹、挫折和恐惧的反应倾向，以及他们从高唤醒水平中平静下来的能力；第三个是努力控制，指易安抚性、亲切感、保持注意的能力以及低强度情境中的愉快，行为抑制和自我调控能力①。

一般来说，发展心理学家比较公认的气质成分包含下列七个：积极情感（善交际性），经常微笑或大笑，表达愉快和兴奋，愿意接近他人，和他人玩耍；恐惧/抑制性，面对新情境或压力时表现出犹疑、退缩和害怕，例如听到鞭炮声或看到电视里的奇怪玩偶而哭；易激惹性/愤怒/挫败感，争吵、愤怒和对挫折、限制的低耐受性，当愿望落空时发怒和哭闹，有时被称为沮丧/愤怒，例如，因等待奶瓶时间长而哭或得不到想要的玩具而发脾气；不适，婴儿和学步儿对恼人的或痛苦的感觉刺激（如噪声、冰冷物体的碰触或苦味）的消极反应的程度；注意广度/持久性，儿童对刺激保持注意的时间和对环境变化的觉察能力；活动水平，大肌肉运动的多少，例如爬行、奔跑等；易安抚性/适应性，易安抚性是当照

---

① 戴维·R. 谢弗. 发展心理学——儿童与青少年. 北京：中国轻工业出版社，2005：466；Nancy Eisenberg. 儿童心理学手册：第三卷：上. 上海：华东师范大学出版社，2009：335-336.

料者给予安抚时，儿童平静下来的能力，适应性是指儿童表现出适度的情绪反应，并迅速、平静地应对环境中各种潜在压力事件的倾向①。

托马斯（A. Thomas）和切斯（S. Chess）的纽约纵向研究是最全面、影响最广的气质研究，始于 1956 年。他们曾对 141 个婴儿从新生儿阶段到成人阶段做了追踪研究，鉴别出气质的九个维度。这九个气质维度分别是：

活动水平：行为活跃和不活跃的比例分配；

规律性：身体机能活动是否有规律；

分心：外部刺激对行为改变的程度；

注意时间与维持：在一项活动上投入的时间长度和控制分心的努力；

接近/退缩：面对新事物时儿童是接受还是退缩；

适应性：对新环境是否能很好地适应；

反应的紧张度或反应的强度：反应的紧张程度和能量水平；

反应阈限：能引起反应的最小刺激量；

情绪品质：指生活中主导的情绪状态，友好、愉快、高兴的行为数量与不高兴、不友好的行为数量的对比。

这九个维度都是针对行为或活动的，突出了气质作为心理或行为的动力的特征。托马斯和切斯通过研究还发现，由于在气质九个维度上的表现组合不同，这些婴儿的气质特点大多可归入三种气质类型：容易型儿童，约占 40%，这类儿童脾气平和，情绪较为积极，对新事物比较开放、适应，生活有规律，可以预测；困难型儿童，约占 10%，这类儿童日常生活没有规律，对新奇事物反应过度，对陌生人或新环境适应很慢，且反应消极、紧张，活跃，易怒；慢慢适应环境变化的儿童，约占 15%，这类儿童不活跃，情绪消极，有些抑郁，对环境适应较慢，但与困难型儿童不同的是他们对新奇事物的反应较为适度，不会过激，例如，他们可能用转头来拒绝拥抱而不是踢打或大叫；其他 35%的儿童不属于以上任何一类，他们表现出混合型气质特征。

气质类型影响儿童适应环境的能力。例如，困难型儿童在学校适应方面往往比其他儿童有更多的问题，与同伴交往中更容易被激怒或出现攻击行为。慢慢适应环境的儿童在早期并未出现很多问题，但入学后，约 50%的儿童遇到适应困难，例如他们遇到挑战时常常犹豫不决，这使得他们容易被同伴忽视或拒绝等。

（二）气质的稳定性

随着时间的推移，早期气质的稳定性如何呢？一个 8 个月大时会对陌生人感到不安的恐惧型儿童，2 岁时面对陌生情境或陌生玩具会害怕吗？他在 4 岁时会回避新的玩伴吗？7 岁时面对一项有挑战性的活动时会很谨慎吗？一些追踪研究发现，活动水平、易怒性、社交性和害羞等气质成分在婴儿期、童年期甚至成人早期有中等程度的稳定性，对成年人的人格有一定的预测作用。新西兰的一项追踪研究发现，在 3 岁时测量的儿童气质，不但在 3～18 岁比较稳定，而且能够预测个体在 18～20 岁时的反社会倾向和家庭关系质量。这些研究验证了发展学家关于气质是成人期人格基石的观点。

---

① Nancy Eisenberg. 儿童心理学手册：第三卷：上. 上海：华东师范大学出版社，2009：334-335.

但是，并非所有人的气质都很稳定。卡根与其同事在一项关于行为抑制性（面对陌生的人或事物时退缩的倾向）的气质特征追踪研究中发现，处于行为抑制性连续体两端的儿童，即最抑制和最不抑制的儿童，最有可能表现出稳定性，而其他儿童抑制水平的波动性较大，这表明遗传对气质的影响常常会被环境影响所修改①。环境对气质的影响主要表现在，兄弟姐妹共享的家庭环境影响气质特征的积极成分，如积极情感；兄弟姐妹的非共享环境影响气质的消极成分，如易怒性和恐惧性。兄弟姐妹的非共享环境累积在一起造成了他们的气质差异。

（三）气质与儿童抚养

早期的气质类型是否决定了个体的人格和社会适应，并很难改变呢？托马斯和切斯的研究发现，气质并不是一成不变的，父母的养育行为对儿童气质模式或气质类型的形成有重要作用。他们提出，气质能否改变取决于儿童气质类型与父母抚养方式的拟合度，也就是说，当父母的抚养方式与儿童的气质特征有敏感的适应或良好匹配时，儿童可实现最佳的发展。例如，困难型儿童经常烦躁不安并且面临新事物时有适应困难，在这些情形下如果父母能始终保持情绪平和，同时坚持让孩子遵守规则，约束孩子，让孩子以一种更快乐的方式对新规则做出反应，长此以往，这类儿童的情绪就不会那么不稳定了。很多困难型儿童在耐心、敏感而又有要求的培养下，到了童年晚期和青春期很少表现出问题行为。相反，面对活动水平高、情绪不稳定的儿童，父母并非都能表现出耐心和敏感，他们也常常变得烦躁、发怒并容易呵斥、惩罚这些困难型的孩子。这样的态度和行为与困难型儿童形成不良匹配，将会导致儿童对父母的强制和惩罚采取更多的反抗。这类孩子很可能维持其困难型特征，并且将来会出现更多的问题行为。

托马斯和切斯的拟合度模式强调要创造适宜的儿童抚养环境，在这种环境中识别每一个儿童的气质类型，同时鼓励其表现出更多的恰当行为。拟合度模式提示我们，儿童有一种与生俱来的性格倾向，成人必须接受，父母对此既不能任其自然发展，也不能一味指责儿童的过错，而应该针对孩子的特点和问题设置一个适宜的环境，帮助孩子克服发展道路上的困难和迎接挑战②。

二、最初的人际关系

许多发展心理学家认为，婴儿的最初人际关系为其今后的人格发展奠定了基础。照料者以充满爱的情感、态度和行为满足婴儿的需求是其健康适应的前提和基础。忽视、冷漠甚至虐待则构成人格健康发展的障碍。马丁·塞利格曼（M. Seligman）认为，在最早的婴儿与照料者的关系中，当婴儿做出一个反应时（例如因为痛苦而哭泣），既可能引起环境的变化（母亲的安抚），也可能不引起环境的变化。经验或体验多次这样的过程后，儿童懂得反应有作用，而且动作和结果之间一般存在同步性。如果由于缺乏动作和结果的同步性而导致无助感，儿童就会停止做出反应，他们会以为反应一般是不起作用的。这种学习的后果和无助感会造成以下的行为特征：缺乏主动反应、消极思维、焦虑和抑郁等。

---

① 戴维·R. 谢弗. 发展心理学——儿童与青少年. 北京：中国轻工业出版社，2005：405页.

② 劳拉·E. 贝克. 儿童发展. 南京：江苏教育出版社，2002：580-582.

在婴儿与母亲的关系中，婴儿的安全感会对婴儿的发展有重要影响。婴儿在母婴关系中感受到的最初也是最基本的经验能在很大程度上预示其今后的人格发展和社会性发展，因为这种经验影响婴儿对其他关系的归因，也影响婴儿在其他社会情境中形成的对自我以及社会技能的情感体验①。

第二节 儿童人格结构的发展

上一节介绍了婴幼儿期儿童的气质特点，鉴于气质与人格特质之间的诸多共同之处②，有时候我们将其看作个体早期出现的人格特征，它是最初的人格倾向。下面将介绍童年期和青少年期人格特质及其结构的发展变化。这里的人格结构是指个体人格特质的构成。

一、儿童的大五人格结构

发展心理学家假设，儿童期人格结构是成人期人格结构的雏形。在这里有必要让我们先了解一下关于成人期人格结构的研究，成人期人格结构得到最广泛实证支持的是大五因素模型，这五个特质分别是：外倾性、神经质、责任感、宜人性以及经验/智能开放性。外倾性描述的是个体积极参与外部活动的程度，神经质描述的是个体将世界体验为痛苦的、可怕的程度，责任感指的是个体在以任务为中心的环境中控制冲动的程度和强度以及个体在为远期目标奋斗时能否延迟满足，宜人性是指个体在人际交往中表现出来的从热情、富有同情心到敌意的一个连续体（宜人性高的人富有同情心、利他、乐于助人和值得信任，有敌意的人粗暴、残忍、专制和愤世嫉俗），经验/智能开放性指的是个体的精神和经验生活的复杂性、深度和品质。

研究者们运用测量法、观察法等对儿童的人格特质结构进行了大量研究。其中，测量方法主要采用以下三种：利用特质描述词表的教师报告法、利用加州儿童Q分类的父母报告法、利用木偶访谈的自我报告法。来自人格和气质问卷、行为任务以及观察测量的数据均证实了儿童和青少年的大五人格结构，从而验证了上述假设。首先，通过自陈问卷或教师报告、父母报告等方法对3岁左右到青少年后期的儿童进行的不同研究中得出了儿童的大五人格结构；其次，对年龄较大儿童和青少年的气质研究也为大五模型的几个特质提供了进一步支持，例如，罗斯巴特等人以3～7岁儿童和10～15岁青少年为被试的研究中，发现了兴奋性、消极情感和努力控制三个因素，对青少年早期的研究发现了第四个因素：亲善性，与宜人性特质中的积极一端相类似，这种气质模型所包含的特质内容与大五模型具有很高的相似性，兴奋性（外倾性）、消极情感（神经质）、努力控制（责任感）以及亲善性（宜人性）③。

---

① 朱莉娅·贝里曼等. 发展心理学与你. 北京：北京大学出版社，2000：69-72.

② Nancy Eisenberg. 儿童心理学手册：第三卷：上. 上海：华东师范大学出版社，2009：332-333.

③ 同②336-338.

二、儿童大五人格结构的具体描述

接下来，我们了解一下儿童大五人格结构中对每个特质及其所包含的低阶特质的具体描述①。

（一）外倾性

外倾性是体现儿童在精力充沛、活泼好动、积极参与周围环境活动等方面个体差异的人格特质。外向的儿童通常喜欢和人交往、健谈、兴致勃勃、很活跃，而内向的儿童通常安静、克制、缺乏活力。外倾性包含社交性和活力/活动水平等低阶特质。一些早期的个体差异能够预测儿童的外倾性，如微笑和大笑这类积极情绪的表达、社交性、积极活动水平以及抓握小物体时更短的反应时等。在一项研究中，18 个月大的孩子在陌生情境下的正面积极情绪能预测其 3 岁半时的外倾性。

可以从三个方面来深入理解外倾性特质。第一，外倾性是一种体验积极情绪的倾向。婴儿期的积极情绪表达能作为后期外倾性的预测指标。第二，外倾性是建立在生物学基础上的行为激活、趋近和促进系统。格瑞（J. A. Gray）的行为激活系统模型（Behavioral Activation System，BAS）有助于我们理解这一点。格瑞认为，BAS 实际上是对奖励、非惩罚和避免惩罚的信号做出反应的神经生物系统，当这一系统被激活，儿童就开始趋向或追求目标。具有高 BAS 敏感性的成人表现出对高水平情感体验的需求，他们的幸福感就源自这种积极的情感体验。第三，外倾性是一种吸引、保持和享受社会关注的倾向。

（二）神经质

高神经质的儿童容易焦虑、脆弱、紧张、受惊吓，在压力下容易崩溃、内疚和情绪化，挫折耐受力较低，与他人交往时感到不安全。神经质的个体倾向于自我批判，缺乏安全感，对批评和嘲讽敏感，以消极的眼光看待自我和世界。神经质包含恐惧、焦虑和悲伤等低阶特质。此外，愤怒/易激惹性和疏离/不信任与神经质也存在关联。童年期的神经质可能还包括其他一些方面，如儿童在面临压力时的依赖性、低自信和攻击性等倾向。

童年早期的一些特质被认为是神经质及其成分的预测指标。研究发现，18 个月大的婴儿在陌生情境实验条件下的情绪表达能预测其 3 岁半时的神经质，即高强度的消极情绪（悲伤、愤怒）能预测神经质，而温和的积极情绪能负向预测神经质。

神经质与消极的认知偏好有关。具有高焦虑特质的个体偏向于关注那些让他们感到恐惧的信息，他们假设自己将会遭遇消极经历，而且他们总是带着消极情绪色彩描述自己的生活经历。

神经质的个体差异与生物学上的退缩、抑制或者回避系统的变化有关。让我们参照格瑞所提出的框架来加以理解，他指出，个体在行为抑制系统（Behavioral Inhibition System，BIS）的敏感性上存在差异，BIS 在个体面临惩罚、无奖赏和新异刺激时发挥抑制行为的作用。具有较强 BIS 的个体对危险信号很敏感，他们会迅速撤退或者抑制行为的发生。在诱因和威胁并存的情形中，个体会体验到趋避冲突，由于消极情绪比积极情绪更弥散、影响更持久，因此，目标逃离可能最终会战胜目标趋向。神经质个体倾向于避免令人

---

① Nancy Eisenberg. 儿童心理学手册：第三卷：上. 上海：华东师范大学出版社，2009：342-358.

不愉快的经历并使之最小化，而且他们体验到更多的负性生活事件。

(三) 责任感

责任感是对行为的更为自主的控制，主要体现在儿童有效完成任务和努力达到标准方面进行自我控制的个体差异。高责任感的儿童专注、坚持不懈、整齐有序、有计划、高标准。低责任感的儿童通常责任心较差、不可信、粗心、容易放弃。

儿童的责任感包括以下低阶成分：注意、自我控制、成就动机、秩序感等。自我控制考察的是计划性、谨慎、深思熟虑和行为控制等倾向。成就动机考察的是努力达到高标准、努力出成果、追求目标的实现等倾向。秩序感是一种整齐、干净、有组织性的倾向。

自我控制可以由儿童早期个体差异的多个方面进行预测。婴儿期的集中注意能力能够预测儿童期的努力控制。在任务坚持性上的个体差异从学步期到青春期都具有高稳定性。研究发现，情绪反应上的早期差异也可以预测后期的自我控制。儿童 18 个月时在陌生情境中较为温和的、更具控制性的积极情绪可以预测其在 3.5 岁时的责任感，而过早的愤怒和强烈的喜悦可反向预测学龄前儿童的努力控制。看起来具有较强趋近趋势（强烈的积极情绪和快速接近）和较强愤怒情绪的婴儿和学步儿在发展自我控制方面会有更多困难，因为他们需要控制强烈的情绪。

童年期的责任感能够很好地预测学业成绩，也能预测成人在事业上的成功。

(四) 宜人性

高宜人性的个体通常热情、考虑周全、富有同情心、慷慨、友善、关爱他人，低宜人性的个体具有攻击性、粗鲁、有敌意、顽固、专横、讽刺、挑剔等倾向。

与宜人性有关的低阶特质有愤怒/易激惹性和疏离/不信任。此外，还包括亲社会倾向、敌意、任性。其中，宜人性在亲社会行为方面包含两组特质：一组是热情和友爱，另一组是利他和慷慨。敌意包括从平和、友爱到攻击、恶意、好争吵、粗鲁的倾向。任性是指个体通过压制性的行为将自己的愿望强加给他人的程度。高任性水平的个体通常比较专横、操控性强、傲慢、不随和而且难以通融。

有研究者认为，宜人性包含两个独立的维度：一个是亲社会倾向、谦虚和正直，涉及对他人的关心和尊重等；另一个是敌意和任性，涉及易激惹性、攻击和对他人的敌意和漠视。在童年期晚期，亲社会性和攻击性呈相反的共变趋势，到了青少年期，它们却共同存在着，并且有心计的儿童可以把它们结合在一起从而得到社交上的好处。

研究者认为，宜人性与其他气质特质相比，并不是一个基本的特质，亲社会倾向和敌对倾向是由早期出现的更为基本的气质发展而来的。也有研究者认为，宜人性在某种程度上源于积极情绪和消极情绪的早期差异和早期的自我调节。研究表明，宜人性及其成分能被高水平的易激惹性和挫败感的早期差异负向预测，同时能被早期的注意与自我调节正向预测。当儿童愤怒、受挫时，良好的注意力控制能帮助他从消极情绪转变为积极情绪。另外，早期的害怕情绪促进了高宜人性，因为害怕能导致顺从、更强的道德自我、较高的移情能力和更低的攻击性。从发展上来看，高易激惹性但缺乏自我调控或者缺乏抑制害怕能力的儿童，他们的宜人性会较低。研究也表明，积极情绪和外倾性能预测儿童时期的宜人性。适度的、可调节的积极情绪能预测后期的宜人性。外倾性能预测后期的攻击性和外化的行为问题，因为当目标寻求受到阻碍时，儿童的外倾性可能导致挫败感和愤怒，而挫折和愤怒会进一步导致对攻击行为较低的自我控制。一般而言，早期外倾性的良好调节能预测亲社会倾向，而无节制的外倾性会预测反社会倾向。

虽然以上观点和研究支持了宜人性并非一个基本的特质，但还是有观点认为，宜人性可能有基因和环境方面的独特根源，而不只是其他气质特质发展的产物。宜人性的某些方面出现得相当早（如攻击性），并与其他气质特质并行发展。

研究者认为，宜人性反映了个体在与他人维持和谐关系的动机方面的差异。高宜人性和低宜人性的个体在人际情境中有不同反应。在面临人际冲突时，高宜人性的个体会体验到更多的悲伤情绪，他们在争吵后会有更多消极的情绪。维持积极人际关系的动机差异会影响个体处理冲突所运用的方法，低宜人性的个体即使知道可以用更好的方法来处理冲突，仍然更可能采纳破坏性的技巧，如操控、强迫、攻击等。在实验室中观察儿童面对冲突情境的反应，结果发现，低宜人性的儿童处于更高水平的冲突和紧张状态，采用更多破坏性的冲突解决办法，如离开、辱骂和回避。高宜人性的儿童倾向于采纳建设性的冲突处理技巧（如谈判、妥协等）。

（五）经验/智能开放性

高开放性的儿童爱学习并且学得快，他们理解力强，富于想象，有好奇心和创造性。研究证明，虽然开放性在儿童期没有在成人期体现得那么全面，但六七岁的儿童已经表现出这种特质。开放性特质包括了对观点、想象力、美学、行为、情感和价值观的开放。

麦克科瑞（R. R. McCrae）和考斯塔（P. T. Costa）认为，开放性包括两个重要过程：一个是作为心理结构的开放性，另一个是追求新异复杂经验的动机的开放性。这意味着，开放的个体会有意识地接触更多的思想、情感和内驱力，并且能使这些思想、情感和内驱力兼收并蓄。同时，开放性高的个体有探索新奇事物的动机，他们热衷学习各种新知识。

第三节　自我的发展

自我通常是人格中最令人关注的方面，它是儿童借以形成关于自己独特性的思考的机制。大多数激励我们的目标，例如爱、安全、声望等，都与自我相连，许多造成冲突和挫折的原因也与自我密切关联。“我们是谁”“我们是什么”均源于社会的界定，即我们看待自己的方式在很大程度上受别人看待我们的方式或我们认为别人看待我们的方式的影响①。

心理学家威廉·詹姆斯（William James，1842—1910）提出，有两种意义上的“我”，第一种是主我，即主体的我，一个独立于其他人和物体，又和他人发生关系的“我”。主我包含以下内容：自己是独立于周围世界的，能回应并控制周围环境，有别人无法介入的私人内部世界，并能持久存在。主我是能动我或主动我，是经验者和思考者。第二种是“客我”，是被知的我，是一个人视为自己拥有的所有东西，体现了主体对自己身份的确认②。客我的

① 朱莉娅·贝里曼等. 发展心理学与你. 北京：北京大学出版社，2000：68.

② 李晓文. 人格发展心理学. 杭州：浙江教育出版社，2008：141-142.

组成成分分为三类：物质自我、社会自我和精神自我。其中，物质自我是个体对自己的躯体和外部世界中属于自己的那一部分的反映，可分为身体自我和身体外自我；社会自我是我们的社会角色以及我们被他人认可和看待的方式；精神自我是我们的内部或心理自我，包括我们知觉到的特质、能力、情绪和信念等①。

一、自我发展的理论

关于自我发展的理论是非常丰富的，这里选取三个经典理论加以介绍：弗洛伊德人格结构理论、埃里克森的心理社会理论以及米德的符号交互作用理论。

（一）弗洛伊德的人格结构理论

弗洛伊德通过分析情绪困扰患者的生活史，构建了关于个体发展的理论。弗洛伊德认为，人的发展是一个冲突的过程：一方面，作为一个生物体，人具有基本的性本能和攻击本能，这些本能要求被满足；另一方面，在社会规范中这些动机是不被允许而且必须加以限制的。父母在儿童发展的早期对这些本能的控制将会影响其今后的行为和个性发展。弗洛伊德强调，儿童期，尤其是生命的最初五年对个体成年之后的心理机能具有重要影响。

弗洛伊德认为，人格有三种成分：本我、自我和超我，它们各自有不同的功能和要求，也有不同的发展时间②。

1. 本我（Id）

婴儿出生时尚未产生人格结构的分化，只有一个人格结构，即本我。本我是人格中最为原始和隐秘、最难接近的部分，又是最强有力的部分。它由先天的本能组成，是人格中的自私部分，这些本能必须立刻满足，不受物理的和社会的约束，不考虑本能愿望是否有现实可能性、社会接受性和道德性，遵循快乐原则。新生儿几乎完全处于本我状态，根据快乐原则追求愿望和需要的即时满足，例如，饥饿时要求喂奶，口渴时需要喂水，尿湿了需要换尿布，还需要温暖，需要母亲的怀抱和爱抚等。当婴儿看见想要的东西，就去够它，无论这个东西是否属于他人或者有害。这种反射行为一直保持到成年，甚至永远存在，只是它们必须被健康成人人格的其他部分加以限制。

如果本我仅仅依靠反射行为去得到它想要的，那么大多数时候快乐冲动会遭受挫败。因此，弗洛伊德假设本我还通过愿望的实现来满足其需要，即当想要的东西不能得到时，本我会想象它的存在，从而在想象中获得满足。弗洛伊德认为，早期婴儿的愿望满足主要是通过初级过程实现的。初级过程是指婴儿在记忆中创造出客体意象来减轻需要所造成的紧张状态的过程，是以幻想和想象为基础的愿望实现过程。但是想象或幻想只能带来暂时的满足，尤其是当幻想与外部世界所提供的需要满足渐渐不同步时，婴儿逐渐意识到幻想的食物并不能抵消阵阵袭来的饥饿，他不得不懊恼地处理“现实的砖墙”，直至最终意识到外部现实的存在。这时，有目的的行动和思维等次级过程开始发展，婴儿因此可以与现实相互作用、采取行动进而满足需要，这样，自我出现了。我们看到，初级过程使个体能

---

① 劳拉·E. 贝克. 儿童发展. 南京：江苏教育出版社，2002：608-609.

② J. M. 伯格. 人格心理学. 北京：中国轻工业出版社，2000：34-35.

够对满足需要的食物产生一个意向，而次级过程是根据行动计划去发现和制造现实对象，从而将本我的意向转化为现实①。自我是在个体意识到有一个外部现实世界，并能面对现实，与现实互动，采取有目的的行动和思考来满足需要的过程中产生的。自我是根据现实采取行动满足需要的过程和机制。

在心理发展中，年龄越小，本我的作用越重要。婴儿几乎完全处于本我状态。

2. 自我（Ego）

生命的头两年里，儿童在与环境相互作用的过程中逐步学会不能凭冲动随心所欲，要考虑行为的后果和现实情况，需要了解自然和社会的约束，这些约束规定他们能做什么和不能做什么。这样，人格的第二部分逐渐发展起来，即自我。弗洛伊德认为，自我是在外部现实环境作用下从本我分化而来的，“自我是通过知觉意识的中介而为外部世界的直接影响所改变的伊底（本我）的一部分”②。对本能驱力的控制，在从本我到自我的出现中扮演了一个主要角色。为本我提供需要满足的初级过程遇到“现实的砖墙”之后，产生有目的、有指向的次级过程，通过次级过程在本我需要和环境之间根据现实原则做出调节，这个过程就是自我形成的过程。次级过程就是自我的机制发挥作用的过程。“现实的砖墙”这个说法非常生动形象地描述了本我的需要满足由于现实的限制和约束而受到阻碍，由婴儿的原发幻想所带来的需要满足实际上不过是其与外界养育者的敏感应答具有同步性的结果。当外界照料应答不及时或缺乏敏感性时，婴儿的幻想和想象就会遭遇“现实的砖墙”。在这里，我们看到“现实的砖墙”意味着幻想和想象不能带来稳定而可靠的需要满足，还意味着有些需要是现实不允许满足的，有些需要的满足则需要等待。从通过幻想和想象的愿望满足方式，到通过有目的的思考和行动的愿望满足方式，自我是作为具备更加有效的满足需要的心理机制的结构而从本我中分化出现的。它承担着满足、控制或转移本能冲动的任务，在此过程中行使一系列的心理机制。

自我是从本我中发展出来的，也是本我和外界世界的中介和调节者。自我的行为遵循现实原则，它联系现实、知觉和操作现实，能参考现实来调节本我，现实地解除本我的紧张状态来满足其需要。因此，自我并不妨碍本我，而是帮助本我最终获得快乐的满足。

超我形成后，自我还调节本我的本能冲动与超我的要求之间的矛盾。

3. 超我（Superego）

到了大约5岁时，儿童人格结构的第三部分——超我开始形成。超我与本我形成鲜明对照，它代表社会的特别是父母的价值和标准，对可以做和不可以做的事有更多的限制。超我包括两个部分：一个是良心，代表超我的惩罚性、批判性的部分；另一个是自我理想，为自我提供榜样，用以判断一个行为是否应当受到赞扬。一些孩子由于养育不当未能充分地建立超我，长大成人之后，他们缺乏对不良行为（如偷窃或攻击他人等）的内控机制。而另一些人由于超我过于强大，使自我担负不可能实现的完美标准，因此，这类人不

---

① 郭本禹. 精神分析发展心理学. 福州：福建教育出版社，2009：42.

② 西格蒙德·弗洛伊德. 弗洛伊德后期著作选. 上海：上海译文出版社，1986：173.

断体验到道德焦虑。

超我代表道德标准和人类生活的高级方向。超我的发展使个体逐步按照文化教育、宗教要求和道德标准而采取行动。

本我、自我和超我相互补充、相互对立。在一个健康人身上，强大的自我不允许本我或超我过分掌控人格。在整个生命历程中，三者之间的斗争持续进行，即我们每个人的内心世界都存在着本我放纵、考虑现实性和强制执行严格道德准则三者之间的紧张状态。生命就是对这些冲突的管理，即本能满足的最大化和内疚感、惩罚的最小化。正因为如此，弗洛伊德的人格结构理论有时又被称为内部世界的冲突管理模型①。

（二）埃里克森的心理社会理论

埃里克森认为，从出生到死亡的整个生命历程中个体的人格发展依次经历八个阶段，每个阶段包含一个发展任务，该任务以心理危机的形式出现。埃里克森强调每次心理危机并不是灾难性的，而是一个使个体变得脆弱又可能增强潜力的转折点。个体越能够成功应对每次危机，人格发展就越健康。个体解决心理危机的方式决定其人格发展的方向，并影响其今后的心理危机解决方式。每一阶段在克服危机的方式上有两个端点：一个是适应，另一个是适应困难②。每个阶段的出现时间、心理危机或心理发展任务、发展结果的描述如下：

信任对不信任，0～1 岁。信任的培养需要敏感、温暖和慈爱的养育。需要得到良好满足的儿童会产生对人和世界的基本信任感，埃里克森称之为“精神活力的根本前提”，其积极后果是愉快的感觉和最低限度的恐惧。对于受到适当的爱和关注的儿童来说，世界是美好的，人是充满爱意的、可以接近的。如果婴儿受到冷落甚至虐待，得不到他们所需要的关爱和照顾，他们就会对他人和世界产生不信任。这些儿童在一生中对他人都是疏远、退缩的，不相信自己，也不相信他人③。

自主性对羞愧和疑虑，1～3 岁。1 岁之后，儿童主动形成与外界的关联感，他们发现自己可以控制行为，常常要试试自己的能力范围和大小，例如他们要自己吃饭、穿衣、养成良好的卫生习惯等。形成自主性的孩子具有独立性和自信心，善于自我表现。如果儿童受到父母的过度保护、过多限制或严苛的惩罚而不能进行探索，他们的自主性发展就会受到阻碍，不能获得个人控制感，儿童因此会产生羞愧和疑虑的情感。此阶段儿童产生的自我控制感是自由意志的开始。具有较强自主性的儿童在今后的生活中会很自信，相信自己能掌握自己的命运，并敢于向困难挑战。形成羞愧和疑虑感的儿童缺乏果断性和自信心，对他人的依赖性较强。

主动性对内疚，3～6 岁。随着幼儿进入更广阔的社会环境，他们遇到更多的挑战。为了应对这些挑战，他们需要主动、有目的地采取行动。这一阶段是形成主动性的关键期，成功解决这一危机会促使目标感的形成。不能很好地形成主动性的儿童会产生内疚

① 劳拉·E. 贝克. 儿童发展. 南京：江苏教育出版社，2002：35.

② 约翰·桑切克. 教育心理学. 北京：世界图书出版公司，2007：73.

③ 同①82-83.

感。如果一个人有很强的主动性，那么他就有了目标感——一种稳定增长的坚定信念，它不受内疚感的威胁，表明“我就是我心目中要成为的人”。

勤奋对自卑，6～12 岁。进入学龄期之后，儿童必须掌握重要的学习技能和社会技能。他们开始与其他儿童展开竞争，常常把自己的成就与同伴进行比较。如果体验到成功，他们的竞争意识就会增强，从而形成勤奋感和胜任感，对自己的能力充满信心。失败的体验会使儿童产生一种无能的感觉，从而形成自卑感、挫败感和对自己的能力缺乏信心。

自我同一性对角色混乱，对应于青春期。青少年试图发现自己是谁、自己有什么特点及自己的人生目标是什么，他们面临许多新的角色和成年后的身份，例如职业身份和爱情中的角色等。青少年阶段可能是人一生中最困难的时期，应当允许青少年探索获得健康的自我认同感的不同途径。如果这种探索是成功的，他们的自我认同感就形成了，他们对个人价值能独立做出评价，理解自己是怎样的人，接受并欣赏自己。如果青少年不能充分体会不同的角色，不能规划有意义的未来道路，他们就会出现角色混乱的问题。

亲密对疏离，20～40 岁，成年早期。此阶段的发展任务是与他人建立亲密关系。如果一个人无法与爱人或友人建立亲密关系就会与社会疏离并产生孤独感。

再生力对停滞，40～60 岁，成年中期。父母通过对孩子的养育和教育，帮助他们建立有意义的人生，因而也丰富了自己的生活。那些没有子女的成年人通过与年轻人的接触也会感受到这种生活的丰富。如果个体感到自己对于栽培后代无所作为，就会产生停滞感。

自我完善对失望，60 岁直至人生的终结，成年晚期。老年人回首人生、反思过去，如果认为自己的一生是有意义的、成功的、幸福的，会觉得人生没有遗憾；如果是失望的，没有履行承诺和实现人生目标，就会产生失落和失望感。

（三）米德的符号交互理论

美国社会学家乔治·赫伯特·米德（G. H. Mead，1863—1931）提出的符号交互作用理论对自我的发展进行了深入论述①。这个理论关注社会化过程，关注个体如何从一个生物人转化为一个社会人。米德认为，个体在社会化过程中产生了用符号进行沟通的需要，这使得个体采用他人的观点并想象自己在他人心中的形象，这种观点采择过程就包含了自我的发生。对米德而言，观点采择能力与自我的获得具有相同含义。自我是随着观点采择能力的发展而形成的，是他人对自己看法的产物。根据米德的思想，当我们在获得自我的基础上进而能修正自己的行为使之符合我们所知觉到的他人的期望时，我们就成了社会人。因此，从生物人转变为社会人的关键是自我的出现。

米德非常强调社会交互作用在自我发展中的作用，他说，“自我，正如它能成为它自己的客体一样，本质上是一种社会结果，它因社会经验而产生”。如果缺乏社会相互作用，符号沟通将不可能发生，自我也就不可能通过观点采择过程而产生。

米德认为，社会化不仅需要采择特定他人对自我观点的能力，个体还必须能够了解普遍的他人对自己的态度，用更抽象的方式看待自己，这样才能形成完整的自我。普遍的他

① 乔纳森·布朗. 自我. 北京：人民邮电出版社，2004：72-76.

人代表了我们所处其中的更为广泛的社会和文化。米德认为，这种能力起源于儿童期的游戏。游戏对于自我的发展非常重要，因为他需要从另一个人或另一些人的角度看待自己。采纳多个观点的能力使个体能采纳代表社会多数人的抽象的普遍的观点，而这意味着自我的充分发展和社会化过程的完成。故此，自我的完全发展包括两个阶段：在第一个阶段，个体的自我仅仅由个别个体对他的态度所构成；在第二个阶段，自我由普通大众对他的社会性态度所构成。

米德的理论还有一个重要方面是强调认知而不是情感过程，他认为认知是自我的核心。

二、自我的发生

自我的发生和发展顺序表现为自我认识—自我命名—自我评价。一般来说，0～1 岁婴儿的自我发展主要集中于自我认识方面，即把自身和物体分开，把自己和他人分开，从而产生主体我。1～2 岁时，儿童开始学会说话，逐渐从称自己为“宝宝”转变为称自己为“我”，这是自我命名的过程，标志着客体我的产生。2～3 岁以后，儿童开始能把自己与他人加以比较，从而产生简单的自我评价。

（一）主我

儿童最早萌生的自我是“主我”。很多心理学家认为，当孩子最初意识到自己的行为能使物体或他人的反应以可预测的方式进行时，自我意识就开始出现了。这一能力最早出现在婴儿两三个月大时。当儿童的行为作用于外在环境时，不同的结果能使他把自己与其他人或事物区分开来。例如，儿童挥动手臂拍打一个物体，然后看到物体摇摆的样子与自己行为的不同，这使他们意识到自己与外在物质世界的联系；对母亲微笑，母亲也对他微笑并说话，这使儿童意识到自己与外在社会环境的联系；等等。通过这些经历的获得，身体自我逐渐由其控制的外物中分化出来，儿童由此逐渐建立起独立于外在世界的“主我”意识。在皮亚杰关于婴幼儿认知发展的描述中，可以看到 2 个月大的婴儿已经从很多方面拥有个人作用感，即通过自己的动作能影响环境事物，如婴儿在前两个月里练习反射图式，以自己的身体为中心重复一些令他愉快的动作（吸吮手指，挥动手臂等），2～3 个月的婴儿喜欢通过踢腿或伸胳膊来产生有趣的视觉或声音现象，等等。这表明婴儿已经能区分身体自我和他们所能控制的外部客体。

从某种意义上讲，儿童的自我意识最早来自特定的所有物和动作，他们花大量的时间证明自己拥有这些东西。有研究表明，2 岁的儿童已经能区分自己的东西和别人的东西。2 岁儿童的自我意识越强，他们对东西的占有欲就越强。

安全型依恋的儿童由于其父母能长期对自己发出的信号做出敏感的反应，这类儿童在自我意识方面的行为发展更快一些。

（二）客我

一旦婴儿能意识到自己是独立于其他实体而存在的，接着他们就会考虑自己是谁、是什么样的？婴儿何时感觉到自己有独特的身体特征，建立了明确的自我形象，并把自己看作一个随时间变化而具有稳定存在感的客体呢？回答这类问题的一个办法是给婴儿呈现关于自我的某些视觉表征，如观看他们自己的录像或照镜子，然后观察他们如何对这些影像做出反应。

刘易斯（M. Lewis）与其同事通过“点红实验”研究了婴儿的自我识别能力。实验是这样做的：让 9～24 个月大的婴儿分别坐在镜子前，然后母亲借口为婴儿擦脸，悄悄在婴儿鼻子上抹上红色胭脂。实验的假设是，如果婴儿具有自我面孔的图式并能认出镜像中的自我，他们就会注意到新出现的红点而去擦鼻子。结果发现，比较小的婴儿无法自我再认，对待自己镜像的反应就像是对待其他儿童一样；一些 15～17 个月大的孩子会去摸自己奇怪的红鼻子，表现出自我再认；18～24 个月的孩子大部分都明显意识到自己脸上的异样而去摸自己的鼻子，表明孩子已具有稳定的自我形象。儿童构建“客我”之后，他们越来越多地意识到自己的一些外部特征。

儿童的自我识别能力受其认知发展水平的影响。由于 18～24 个月的婴儿正处于将感觉运动图式内化为心理表象（对其面部特征的表象化也是其中之一）的认知发展阶段，因此在这一年龄段出现了自我识别现象。对客我的认识也需要父母的敏感抚养，依恋安全的儿童比依恋不安全的儿童对他们自己以及自己父母的外在特点了解得更仔细、更复杂。此外，父母通过提供描述性信息（你是一个女孩，你的眼睛很漂亮）、评价儿童的行为（能分享玩具，真棒）来帮助儿童扩展他们的自我概念，还可以和孩子谈论一起经历的有意义的事情（海边玩耍、动物园观赏）等，帮助孩子回忆有重要意义的事情并组织有关自己的经验，这些在成人帮助下建构的自传体记忆可以表明自我随时间发展的稳定性，有助于儿童逐渐形成持久的自我感觉①。

自我识别的发展会进一步促进许多社会和情感能力的发展。在第六章关于情绪发展的相关内容中，我们介绍了自我意识情绪有赖于自我认识的发展，而且，能够自我识别的幼儿将会表现得更为友善，也能发展更好的社会技能。

当 18～30 个月大的儿童越来越明显地表现出明确的自我识别时，对人的差异表现得更为敏感，这时他们开始发展类别自我，即根据类别来区别自己和他人。最早纳入儿童自我概念的类别是年龄、性别和好—坏的评价维度等，例如，他们会说“我是女孩”“我是好孩子”等。此外，在成人与儿童交谈有关儿童过去事情的过程中，儿童逐渐开始发展记忆自我，这大约出现在 2 岁之后。

接下来将继续介绍客我的发展，我们看看它的两个主要方面——自我概念和自尊——如何随儿童年龄的增长而发生变化。

三、自我概念的发展

自我概念是自我系统中的认知成分或描述性内容，它包括有关“我是谁”的所有的特征、能力、态度和价值观。个体的自我概念主要有三种功能：第一，保持个体内在的一致性，为个体的存在提供自我认同感和连续性，并引导其行为按照有利于保持一致性的方式行动；第二，决定个体对经验的解释，即个体按照与自我概念相一致的方式解释自己与他人的行为；第三，决定个体的期望，个体在自我概念的基础上建立自己的期望和后继行为②。

---

① 戴维·谢弗. 社会性与人格发展（第 5 版）. 北京：人民邮电出版社，2012：180.

② 张文新. 儿童社会性发展. 北京：北京师范大学出版社，1999：382.

(一) 自我概念的发展特点[①]

不同年龄的儿童使用怎样的信息来描述自我，他们的自我认知如何随时间而发生变化，呈现怎样的发展趋势？这是我们在介绍儿童的自我概念发展时所要考察的。

1. 年龄特点

学前儿童的自我概念是非常具体的，他们通常用一些可观察的特征来描述自己，如身体特征（我扎了小辫子）、拥有物（我有一套新积木、我有一辆自行车）、爱好（我喜欢冰激凌）或者某些技能行为（我会自己刷牙、我能拖地、我跑得快），而心理上的自我知觉几乎是空白的，他们很少这样描述自己“我很友好”“我乐于助人”。但最近也有一些研究表明，3 岁半以上的儿童已能初步理解自己的心理特征。

5～7 岁儿童开始从能力方面来描述自己，我擅长绘画、弹钢琴和跑步。到了 8～10 岁，儿童更加意识到自身独特的感受和特点，他们开始用更复杂的方式描述自己，包括能力和人际特质，如我很聪明、我很受欢迎、我的数学很棒。

从青少年早期，大约 11 岁左右，儿童开始从人际关系、社会技能、个性特征和情绪方面来进行自我描述。例如，下面是一个 11 岁孩子的自我描述：“我很诚实。我不漂亮。我的学习成绩一般。我弹钢琴弹得不错。我的个头在同龄人中算高的。我的人缘不错，有不少朋友。我很健谈。我是比较传统的人。我会打乒乓球，游泳也很棒。我很乐于助人。我希望和大家交朋友。我脾气总体上很好，但有时也会发火。有时候我比较敏感。有些男生和女生不是很喜欢我。”从这段描述中，可以看到这个年龄的女孩不但关注自己的爱好、同伴关系，也会提到人格特点，而且越来越多地把自己与他人进行比较。

青春期中后期的孩子开始内省，更多地从内在的心理特征方面进行自我描述，除了人格特征，还包括价值观、信念和道德观念等等。他们开始思考未来的和可能的自己。以前毋庸置疑的自我变成了值得怀疑的假设。他们也开始关注其他人对自己的看法。随着青少年新角色的获得，多种不同的“自我”涌入自我领域，而且，他们也意识到自己在不同情境下表现出不同的自我，自我描述出现矛盾或冲突，这使他们困惑甚至苦恼。苏珊·哈特（Susan Harter）和安妮·摩苏尔（Annie Monsour）做了一项关于青春期儿童自我概念的研究，该研究要求 13、15、17 岁的个体提供自己与父母、朋友、恋人、教师以及同学在一起时的自我描述，然后要求他们整理这四类描述，从中选出不一致的地方，并指出这些不一致给自己造成混淆和不安的程度。结果表明，13 岁的孩子报告的不一致很少，即使有不一致也没有给他们带来多大困扰。15 岁的孩子报告了很多不一致的方面，并为之感到困扰（比如，“和朋友在一起时很快乐放松，那才是真正的自己，但在家里感到很压抑，有时候为此很痛苦”）。这些不一致的特征源于在不同社会关系（父母、朋友、恋人、教师和同学）中表现不同自我的压力，他们似乎觉得有几个不同的自我，常常会为想知道“哪一个才是真正的我”而感到烦恼，他们还常常为了改进自己的自我形象或赢得父母和同伴的赞许而表现出违背自己个性的虚假自我行为。研究表明，最喜欢使用虚假自我行为的青少年对自己的真实自我最没有信心。处于青春期后期的青少年较少对自我描述的不一致感

---

① 戴维·R. 谢弗. 发展心理学——儿童与青少年. 北京：中国轻工业出版社，2005：440-445；劳拉·E. 贝克. 儿童发展. 南京：江苏教育出版社，2002：616-617.

到困惑，因为他们的抽象思考能力提高了，能在更高的层次上对自己的矛盾特征加以整合，发展出一个一致的自我理论，并且更倾向于以连贯的方式看待自己，因此，他们由于自我形象不一致而感受到的困扰要少一些。例如，17 岁的男孩认为自己与同学在一起很随和，但与父母在一起时易怒，他把这种现象概括为自己有些“情绪化”。哈特和摩苏尔认为，青春期的认知发展尤其是形式运算能力的获得是影响青春期个体自我知觉变化的主要因素之一。

2. 发展趋势

从学龄期到青春期，个体的自我概念变得更心理化、更抽象，整合的自我描述更多。概括而言，儿童自我概念的发展呈现以下几个趋势：

从简单到复杂。年龄小的儿童形成笼统的自我概念，年龄大的儿童能对自我概念做出细致的区分而且能考虑到当前的环境。

从不一致到一致。年龄小的儿童更可能改变对自己的认识；年长儿童的自我倾向于越来越稳定。

从具体到抽象。年龄小的儿童关注可见的、外在的方面；年龄大的儿童关注内在的、心理的方面。

从绝对到相对。年龄小的儿童描述自我时只关注自己，不考虑他人；年龄大的儿童变得越来越以社会为中心，能在与他人的比较中描述自己。

从乐观到现实。年龄小的儿童对自己的描述是美好的，只提到积极的特征；年龄大的儿童会更全面地描述自己，既提到优点也提到缺点。

从公共自我到私人自我。年龄小的儿童不能区分个人行为和公共行为；年龄大的儿童把私人自我看作真实的自我①。

经过这样的发展，到了青春期时，青少年成为经验丰富的自我理论家，他们能对自己的人格开始真正加以反省和理解。

（二）自我概念的形成机制

自我概念是如何形成的？有哪些重要的过程和机制？下面我们先了解一下一般的观点，然后再来了解哈蒂（J. Hattie）的思想，对于我们思考这一问题会有重要启发。

1. 一般的观点

通常，我们会提到自我概念的形成有三种主要方式：重要他人的评价、社会比较和内省。

首先，自我概念的形成来自重要他人的评价。美国社会学家查尔斯·霍顿·库利（Charles Horton Cooley）在他关于“镜像自我”的讨论中首先表达了这一观点，镜像自我就是以他人为镜子，我们在他人眼中所看到的自我。库利认为，镜像自我形成有三个过程：我们对我们在他人眼中的形象进行想象，我们想象这个人如何评价我们，我们因为这种想象里的判断而自我感觉好或不好。就是说，我们想象自己如何被他人看待，因为想象的结果而对自己产生或好或坏的情感，例如，想象他人对我们外貌的看法，想象他人对此的评价，由此产生自我情感（骄傲或羞辱）。人们对于自己的感觉通过观点采择过程而得

① 鲁道夫·谢弗. 儿童心理学. 北京：电子工业出版社，2005：470.

到发展，但他人评价对自我的影响并非是同等重要的，父母、教师、同伴对我们的自我形成往往具有更重要的影响，他们是我们的重要他人。

我们获得自我概念的第二种方式是进行社会比较，我们把自己的特征与他人进行比较，并由此得出关于自己特点的信息。当然，关于自我的信息在很大程度上依赖于和谁比较，通常，我们和与自己相似的人进行比较，但有时我们也会和比自己强的人比较（向上比较）或者和稍逊自己的人进行比较（向下比较）。

形成自我概念的第三种方式是非常个人化的，内省是我们向内部寻找关于自我的答案，直接考察我们的态度、情感和动机等①。

2. 哈蒂的观点

哈蒂认为，在个体生命的前 20 年中有七个过程相互作用从而形成了个体的自我概念②。这七个过程及其在不同年龄阶段的重要性程度见表 7－1。

表 7－1　自我概念发展的七个过程

过程	年龄：0～2	3～9	9～17	17～25
1. 我们学会区分自我和他人	××	××	××	×
2. 我们学会区分自我和环境	××	×		
3. 我们主要参照群体的变化		××	×	×
4. 我们改变个人因果关系的来源	××	×	××	
5. 我们改变认识发展	××	×	×××	
6. 我们改变并/或认识到文化的价值		××	×	×
7. 我们改变我们对肯定和否定的接受		××		×

代码：×＝相当有影响；××＝非常有影响；×××＝极其有影响。
资料来源：R. 默里·托马斯. 儿童发展理论：比较的视角. 上海：上海教育出版社，2009：252.

学会区分自我和他人、自我和环境。新生儿没有自我感，不能认识自己的身体和周围的人或物之间的差异。但是婴儿的日常经验使他们在几个月大的时候就开始做出区分，因此到了学前早期就已经建立了自我和环境客体的分化。但是，将个人对自我的概念从对他人的概念中独立出来则发展得较为缓慢，一直延续到成年早期。这种自我对他人的持续附属反映了儿童将自己与所选择的他人视为一体，这些他人的成功和失败对儿童的情绪性影响与儿童自己的成功和失败所造成的影响相当。

认知发展的变化。认知发展使儿童认识自我的各方面并将其与他人的相区别。语言的获得使儿童可以命名“我的、你的、我们的、你们的”，从而促进其认识过程。这个过程在婴儿期很重要，在童年期有所减弱，到了青春期又起到很重要的作用。

改变个人因果关系的来源。个人因果关系主要体现在以下问题上：哪些事情是由我引起的，哪些是由别人或者自然力量引起的？我对发生的事情负多大责任？哈蒂认为，辨别简单事件的因果差异在婴儿期很重要；在面对复杂的哲学和科学问题方面，这种辨别因果的过程在青少年期变得重要。

① 乔纳森·布朗. 自我. 北京：人民邮电出版社，2004：48.
② R. 默里·托马斯. 儿童发展理论：比较的视角. 上海：上海教育出版社，2009：252-253.

参照群体的变化、认识到文化的价值、改变我们对肯定和否定的接受。这三个过程在在学前期和童年期发挥非常大的作用。首先，参照群体有变化：对婴儿来说，主要的参照群体是家庭成员；到了学前期和小学阶段，很多人对儿童的外表和行为做出反应，这强烈地影响了儿童对自我的看法；青少年的参照群体的变化也很重要，同伴更多地影响了他们的自我认识和价值观选择。其次，价值观的改变：在面对不同的价值观时，儿童要选择哪些可以接受并作为自我的一部分，哪些应拒绝或作为他人自我的一部分。最后，儿童如何肯定或否定对自己的看法的变化。婴儿主要依靠外部强化来进行对自我的肯定或否定，学前儿童和小学儿童能采用其他反馈资源来看待自己的外表和行为，如替代经验、言语劝说以及情绪唤醒等。

（三）自我概念的结构模型

20 世纪 70 年代之后，有关自我概念的研究有了长足的进步，特别是谢弗尔森（R. J. Shavelson）提出的自我概念结构模型使相关的研究取得重大突破。谢弗尔森认为，个体的自我概念是一个多侧面、多层次的心理结构，见图 7-1。这个心理结构的顶端是一般自我概念，一般自我概念又可分为学业自我概念和非学业自我概念。学业自我概念分为语文、数学等具体学科的自我概念；非学业自我概念包括社会、情感和身体三个方面，还可进一步划分为更具体的许多方面。

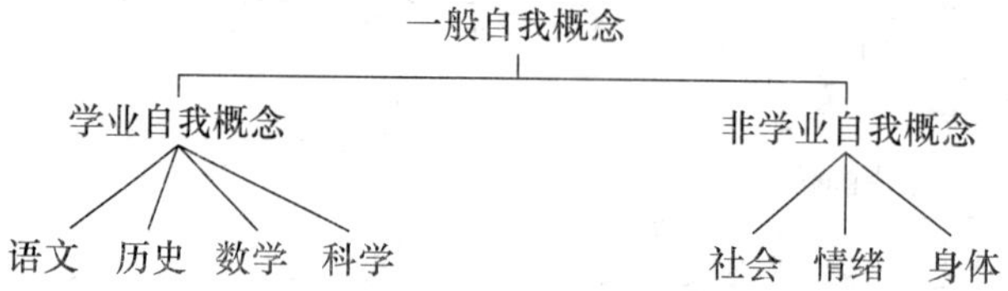

图 7-1 谢弗尔森的自我概念多维度层次模型

资料来源：陈英和．发展心理学．北京：北京师范大学出版社，2015：257.

桑和哈蒂（Song & Hattie）对谢弗尔森的模型进行了修正，见图 7-2。儿童的一般自我概念包含三个主要内容领域：学业自我概念、社会自我概念和自我关注或表象自我概念，每个领域又包含了更具体的方面，学业自我概念分为能力自我概念、成就自我概念、课堂自我概念（课堂活动中的信心）。在成就自我概念和能力自我概念之下，包含了具体学科领域的自我概念，如艺术/语言、科学/数学，这种自我概念与具体情境有关，易于变化。儿童的全部自我概念是这一整套具体成分的融合。哈蒂指出，自我概念是我们对自己的认知评价，表现为描述、期望和规定。其中，对自己的描述是自我概念的主要成分。儿童还有对自己身体外貌、学业成绩、社会成功和运动能力等方面的期望，日常经验（尤其是重要他人对待儿童的方式）既可以肯定这些期望也可以否定这些期望，从而影响儿童的自我概念以及之后的自我描述。规定是儿童关于正确或可取的标准，儿童的表现与其建构的标准的匹配程度将影响他们的自我觉知。哈蒂还指出，自我概念是我们归因于自己的多个维度的整合，多维度整合是通过自我肯定、自我一致性、自我复杂性以及自我提高来实现的①。

① R. 默里·托马斯．儿童发展理论：比较的视角．上海：上海教育出版社，2009：251-252.

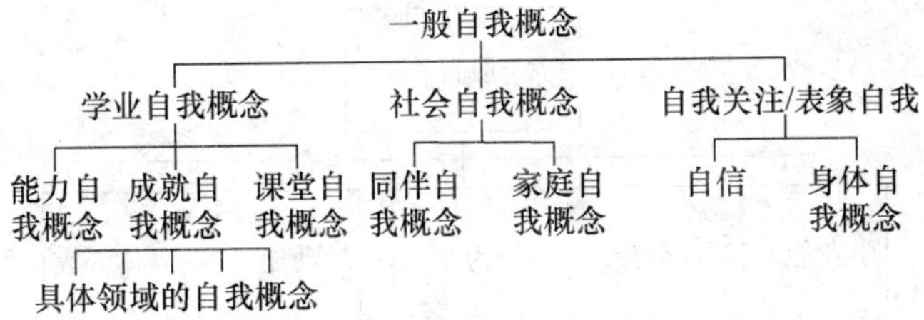

图7-2 桑和哈蒂的自我概念结构

资料来源：R. 默里・托马斯. 儿童发展理论：比较的视角. 上海：上海教育出版社，2009：251.

四、自尊的发展

随着儿童的发展，他们不仅能越来越全面深入地理解自己，建构起日益复杂的自我概念，而且开始对自己的特征进行评价，这种自我评价就是自尊。自尊水平高的儿童对自己是什么样的人感到满意，他们能意识到自己的优点和缺点，对自己的特征和能力持积极态度。而低自尊的儿童不太喜欢自己，常常看到自己的缺点而忽视自己的优点。最早给自尊下定义的是心理学家詹姆斯，他曾提出一个公式：自尊＝成功/抱负水平，也就是说，自尊水平的高低取决于个体实际成就与潜在能力的比值。库珀史密斯（S. Coopersmith）认为，自尊是指个体对自己所持有的一种肯定或否定的态度，这种态度表明个体相信自己是有能力的、重要的、成功的和有价值的①。自尊心强表示个体对自己的特征和能力有一个现实的评价，包括对自我的接受和尊重②。

儿童对自己和自己能力的评价是自我最重要的成分，将影响他们的行为和心理健康的所有方面。由于自尊是个体感受其理想自我与现实自我之间差距的一个功能，当这个差距小时，个体体验到有价值和满足的感觉，当这个差距很大时，会造成失败和无价值的感觉。所以，人们认为高自尊会带来幸福感和满足感，而低自尊通常与抑郁、焦虑和适应不良联系在一起③。临床心理学的有关研究表明，个体现实自尊和理想自尊之间的巨大差异是其精神失调的最初标志，是诱发神经症的一个重要原因。

（一）自尊的结构

库珀史密斯提出关于自尊的四维结构模型。他认为，自尊包含四个方面：重要性，指个体是否感到自己受生活中重要人物的喜爱和赞赏；能力，指个体是否具有完成他人认为很重要的任务的能力；品德，个体达到伦理标准和道德标准的程度；权力，指个体影响和控制自己生活以及他人生活的能力。

苏珊・哈特提出自尊的多维层次模型，见图7-3。这个模型的顶端是一般自尊，这是基于在不同生活领域中所表现出来的优缺点而对自己做出的整体自我评价，第二层是评价自我的五个方面：学业能力，儿童如何看待自己在学业上的能力；社会接纳，即儿童感到自己是否受同伴的欢迎；运动能力，儿童对自己体育运动能力的评价；身体外表，儿童对自己外表的评价；行为举止，儿童认为自己的行为被他人接受的程度。

---

① 张文新. 儿童社会性发展. 北京：北京师范大学出版社，1999：391.
② 劳拉・E. 贝克. 儿童发展. 南京：江苏教育出版社，2002：620-621.
③ 鲁道夫・谢弗. 儿童心理学. 北京：电子工业出版社，2005：472.

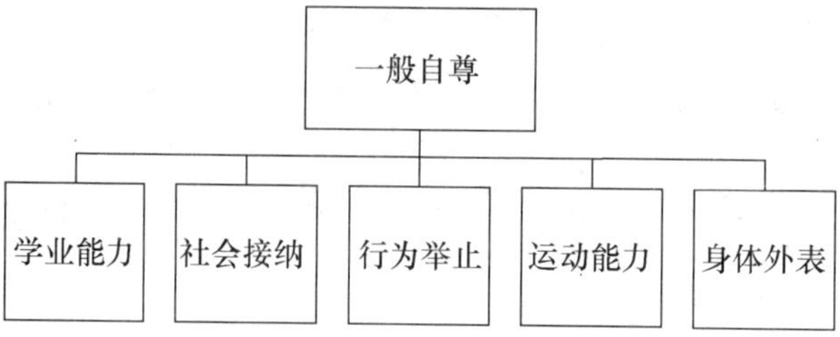

图 7-3 自尊的多维层次模型

（二）自尊的发生和发展

1. 自尊的发生

儿童的自尊是如何发生的？何时儿童建立起真正意义上的自我价值感？鲍尔比的内部工作模型理论可以为回答这些问题提供一些线索。根据该理论，安全型依恋的儿童可能建构起一个积极的自我工作模型，非安全型依恋的儿童建构了不那么积极的自我工作模型，前者比后者可能会更乐观地评价自己。大概在四五岁或者更早的时候，儿童建立起最初的自尊感。

2. 自尊的发展

学龄前儿童的自我缺乏组织性，他们关注自己分散的活动，还不能做整体的评价。苏珊·哈特认为，4～7 岁的儿童可能处于自我膨胀阶段，他们倾向于在所有方面积极评价自己。一些研究者认为，这些积极的评价只是反映了儿童希望在各个方面有良好表现和讨人喜欢的愿望，表明他们想做什么样的人，并不是基于客观现实的自我价值感。

到了学龄期早期，自尊的性质和组织发生巨大的变化，体现在自尊结构的分化和自我评价越来越现实。6～7 岁的儿童至少意识到三方面的自尊——学业的、身体的和社会的，这些自尊随着儿童年龄的增长逐步分化。例如，学习方面的自我评价又分为不同学科方面的，社会方面的自我评价又分为与父母的、与同学的。儿童可能先发展了一系列分离的自尊，然后把这些分离的自我评价整合成一个总的评价，即自我价值的综合评价。不同领域的自尊对儿童总体自尊的影响取决于儿童给各个领域赋予的重要性。例如，一个学生游泳能力很强，但是学校并不重视这项运动，游泳能力无法成为他的自尊基础，而他的学业成绩又不太理想，因此，他的整体自尊会受到打击。但如果他加入学校管乐团并发掘出自己在音乐方面的潜力，获得自己在艺术能力方面的自信心，并认可这一领域的重要性，他就可以重新获得较高的整体自尊。在自我评价不断分化的同时，大约从 7 岁开始，儿童在评价自己时变得更加现实也更加一致，既承认自己的优点也承认缺点。一项针对 5～7 岁澳大利亚儿童的自尊研究证明了这点。哈特也认为，大约从 8 岁开始儿童对自己的评价开始较多地反映他人对自己的评价。我们看到儿童的自我评价和他人对他的评价越来越一致，与老师的评价和学业成绩等这些外在指标也越来越一致。

到了青少年早期，儿童对自我价值的判断主要集中在人际关系方面。在不同的关系条件下（例如，与父母、与老师、与男同学、与女同学等），青少年开始意识到有不同的自我价值，苏珊·哈特等称之为关系自我价值。这些关系自我价值都会对总体自尊有影响，具体是哪种关系自我价值更重要则因人而异，因为自尊不仅与别人如何评价我们有关，还与我们认为哪种关系自我价值在自我概念中最核心、最重要有关。通常，青少年会把友谊质量作为衡量自尊的重要决定因素。此外，几乎所有的青春期个体在进行自我价值判断时还非常看重自己的外貌①。

（三）自尊的不稳定性

自尊形成之后是稳定的还是变化的呢？一个在六七岁时表现出高自尊的儿童，到了十一二岁时是否还拥有高的自我价值感呢？

研究表明，儿童期早期个体的自尊水平很高，4～6岁的孩子只是根据简单的社会比较（把自己与另一个同龄人比较）来进行自我评价。到了小学低年级，儿童的自尊水平有所下降，这是因为儿童开始进行多项社会比较。他们把自己的能力、行为、外貌等与其他人比较，这样，儿童的自尊处于更现实的状态，自我评价与他人评价更一致、更符合客观。从小学四年级开始，大多数儿童的自尊水平上升且保持在较高的水平，他们对于同伴关系和运动技能感觉很好。

进入青春期后，个体的自尊水平再次有所下降。埃里克森认为，青少年体验到了生理、认知和社会的变化而带来的压力，他们也开始探索自我同一性，在这个过程中他们常常感到困惑，自尊水平会出现一定程度的下降。无论在家庭还是学校，青少年都会经历比幼儿期和童年期更多的日常争吵或其他负性事件。当各种压力不断累积，如升学、生理发育、初恋等，青少年的自尊可能下降到最低点，这个时期他们特别容易产生苦闷或其他消极情绪。但是，也有一些青少年的自尊水平并没有下降，甚至有一定的上升，这是由于个体在青春期感受到的自豪感和自信心所致。

（四）影响自尊的主要因素

前面曾讨论过自尊的一般的或普遍的发展趋势，事实上我们还会看到，个体间的自尊水平存在较大差异。哪些因素造成了儿童在自尊发展方面的个体差异呢？

1. 父母的抚养方式

父母对儿童的自尊形成具有重要作用。根据依恋理论，儿童对自己的感觉和评价与他们的人际关系质量密切相关，早期抚养过程中父母的敏感性程度和积极态度、儿童的依恋模式对儿童建立积极或消极的自我工作模型均有明显的影响。被接纳的儿童形成的自我模式是积极的，相反，被拒绝的儿童会觉得自己没有价值、不可爱，因此而变得没有安全感和缺乏自信。学龄期和青少年期，父母的教养方式继续影响儿童的自尊。具体来说，如果父母对儿童是温情的、赞许的、支持的，对其行为有合理的期望值，允许孩子在做决定时表达意见和协商，这种温暖的、支持的教养方式有利于儿童的高自我价值。相反，如果儿童在成长过程中总是得到负面的批评或指责，例如“这件事你做得不好”“别那样做”“你怎么总做不好”“你让我感到厌烦”，这种冷漠的、苛刻的、强迫的教育方式向儿童传递了一种能力不充分的感觉，这会降低他们的自尊水平。卡尔·罗杰斯（Carl R. Rogers）认为，个体产生自卑的主要原因是没有得到足够的情感支持和社会认可。研究发现，母亲慈爱的女孩拥有更高的自尊水平，而母亲有过多的心理控制、干扰会降低男孩的自尊水平②。

---

① 戴维·R. 谢弗. 发展心理学——儿童与青少年. 北京：中国轻工业出版社，2005：448-449.

② 罗斯·D. 帕克，阿莉森·克拉克-斯图尔特. 社会性发展. 北京：中国人民大学出版社，2014：140.

然而，儿童过度膨胀的自尊或自负（主要表现为自我评价远远超过其他人对他的评价）容易导致危险的心理健康问题。威廉·戴蒙（William Damon）认为，仅仅通过表扬和无条件的接受并不能使孩子建立真实的或坚实的自尊。自尊心的增强是成就的结果，儿童是通过承担社会义务和责任而间接获得自尊的。如果父母不帮助孩子掌握更多有用的技能，而是无论什么情况下都认为孩子的表现还可以，常常说："你真不错！""你棒极了！"这样的赞扬很虚假，并不能鼓励和指导孩子发挥自己的潜能。

2. 同伴影响

儿童从 4～5 岁时起就开始认识到自己与同伴的区别，他们使用社会比较信息来判断自己与同伴在多个方面的优劣差异。随着年龄的增长，这种比较不断增加而且变得微妙起来，这对儿童自尊的形成有重要作用。到了青春期，同伴对自尊的影响作用更加明显，友谊的质量成为影响青少年自我价值的最重要的因素之一。

儿童与同伴关系的亲密程度以及儿童被同伴接纳的程度是体现同伴群体影响儿童自尊发展的两个重要方面。一些研究发现，那些与同伴关系密切、同伴接纳程度高或对同伴关系较为满意的儿童往往具有较高水平的自尊，而没有形成亲密的同伴关系或被同伴拒绝的儿童其自尊水平往往较低。

一般来说，同伴对于青少年外表、受欢迎程度和运动能力领域中自尊建立的作用比较突出。

3. 控制点

库珀史密斯认为，儿童往往根据自己控制事物的能力高低来评价自己，他们的自尊在某种程度上是对这种控制能力的体验，因此，儿童的自尊与其控制点有密切的关系。一般来说，内部控制点往往与儿童较高水平的自尊相联系，而外部控制点与儿童较低的自尊相联系。

（五）成就动机、成就归因与学业自尊的发展

在有关自尊的研究领域中，心理学家们深入探讨了成就动机、归因与儿童学业自尊的关系。跨文化的研究表明，真正的自尊是成就的结果，而不是原因。学业成功和学业不成功的学生之间的差异一方面与他们的能力水平有关，另一方面也与他们的成就动机和成就归因的差异有关。所谓成就动机，是指个体愿意完成自认为重要或有价值的任务，并力求取得优异结果的一种内在推动力量。一般认为，成就动机包含自我信赖、责任感以及愿意经过自己的努力实现重要目标等成分。所谓成就归因，是指个体对自己学习行为的成功或失败的原因所做的解释。

五、自我认同感的发展

埃里克森认为，青少年面临的主要发展任务是获得自我认同感——一种对于自己是谁、自己的生活目标是什么、在社会中自己承担什么角色的稳固而连贯的知觉。自我认同感是在应对众多选择的过程中逐渐形成的。青少年日益复杂的自我概念和自尊构成自我认同的认知基础。

建立自我认同感需要回答以下几个问题：(1)"我是谁"（对个人做出定义）；(2)"我认为什么东西是最有价值的"；(3)"在生命中我努力追求的目标是什么"（方向）。埃里克

森认为，在一个复杂的社会中，儿童进入青春期时一般都会经历认同危机——个体在选择并形成一系列价值观和目标时由于不确定和不适应而体验到的困惑、焦虑或痛苦。

(一) 自我认同的四个水平

詹姆斯·马西亚（James Marcia）通过对青少年的结构性访谈，将青少年的自我认同状态划分为四个水平，见图 7-4。这些状态反映了青少年在宗教信仰、政治理念以及职业选择等方面的不同看法与承诺程度。它们分别是：

（1）自我认同混乱。这一类青少年对认同问题不做思考或无法解决，对将来的生活方向未能确定。他们既没有择业意向，也没有对理想信念的任何承诺，当青春期结束时，他们在自我认同方面几乎没有任何进步。这是一种最不成熟的自我认同。

（2）自我认同早闭。这一类青少年从未经历过自我认同危机。相反，他们根据父母或其他权威人物的选择而不是自己的选择过早地确立了自我同一性。他们对某种职业和理想信念做出了承诺，但这些承诺更多地反映了父母和其他权威人物的看法，而不是他们自主做出的选择和判断。提前结束型是一种“虚假”的自我认同，它非常固定而刻板，不能用于解决未来生活中可能遇到的危机。

（3）自我认同探索。这一类青少年主动提出有关生活价值的问题并正在寻求答案，他们已开始尝试对职业和理想信念进行选择，但是还不能对其中任何一种选择做出确定的承诺。他们正体验着认同危机，但是在积极地对自己的职业和理想加以探索。

（4）自我认同完成。这一类个体通过为特定的目标、信念和价值观确立个人承诺从而解决自我认同问题。建立起自我认同感的青少年对职业和理想信念做出了自觉、明确的决定，而且这些决定是他们自主、自由地做出的，反映了他们的真实本性，他们因此而感到内心和谐。

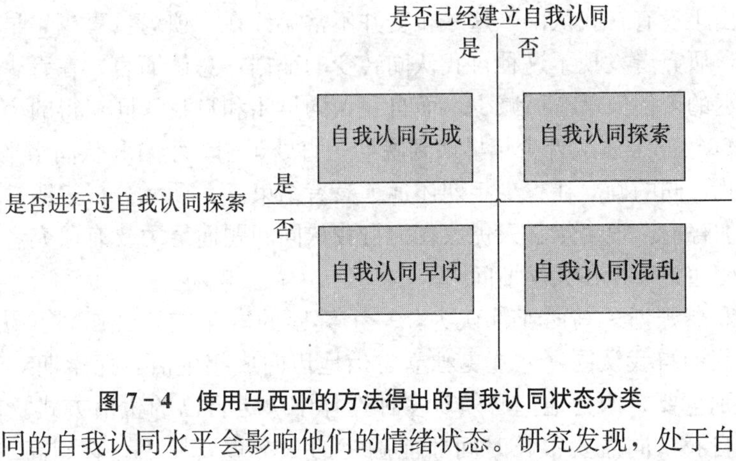

图 7-4　使用马西亚的方法得出的自我认同状态分类

青少年不同的自我认同水平会影响他们的情绪状态。研究发现，处于自我认同探索水平的青少年具有最高的焦虑水平，而处于自我认同早闭水平的青少年焦虑水平最低。青少年自尊感的不稳定性也与其自我认同的不同水平有关：处在认同感获得和认同探索水平的青少年具有较强的自尊感，而处于提前结束与认同混乱水平的青少年则具有最弱的自尊感。

自我认同完成还会促进儿童发展更成熟的道德推理、更明确的目标设定和更有计划的目标实现。

个体的自我认同完成对其建立真正的亲密关系是一个重要先决条件。埃里克森认为，自我认同的获得是个体在成年初期顺利解决亲密对孤独的发展任务时的必要条件。研究发现，在大一、大二表现出成熟的自我认同的大学生，一年以后往往会建立亲密关系，而处于自我认同混乱状态的大学生一年以后很难和他人建立亲密关系。因此，建立坚定的自我认同是一个重要发展事件，可以帮助人们做好心理准备，使其持续一生地投入深入的感情生活中，并有积极的心理适应①。

如果个体长期无法获得明确的自我认同感，处于漫无目的的混乱水平，会使个体最终变得压抑并失去自信，情感高度淡漠，变得愤世嫉俗和叛逆，容易有无助感，而且对未来的生活无动于衷，甚至产生消极认同而沦为失败者。

（二）自我认同感的形成与发展

埃里克森认为，认同危机在青春期早期出现，大约在15～18岁期间得到解决。但相关的一些研究表明，这个年龄常模过于乐观。梅尔曼（P. W. Meilman）对12～24岁男性个体的自我认同水平进行了测量，发现其明显呈发展趋势，个体认同危机的解决比埃里克森预料的要晚，12～18岁的个体大部分处于自我认同混乱和自我认同早闭水平，21岁之后，大部分个体才达到自我认同探索水平并进而获得稳定的自我认同感，24岁时只有超过半数的个体达到了自我认同完成状态。从该研究中可知，自我认同感的形成需要较长的时间，大约到青春期晚期，个体才能从自我认同混乱或自我认同早闭水平进入自我认同探索水平，然后达到自我认同完成水平②。

青少年期自我认同发展的另一个事实是，个体可能会从一个自我认同水平转变到另一个水平，例如，自我认同延迟的青少年可能会暂时获得自我认同，然后又回到自我认同延迟状态，自我认同获得较早的青少年更有可能发生这种转变，而自我认同早闭和自我认同混乱的青少年由于没有自我认同，这一转变并不常见。在一项纵贯青少年早期到晚期的自我认同研究中，研究者发现了这种自我认同转变的证据。总体而言，在青少年阶段，自我认同扩散或延迟的个体数量有所减少，而自我认同早闭和自我认同获得的个体数量有所增加。另外，约60％的个体从青少年早期到晚期一直处于同一个自我认同水平。因此，这也同样说明，自我认同的确立在青少年期还远远没有结束。一项元分析表明，自我认同转变在成年早期更加普遍，很多年轻人仍然在为自我认同问题而努力。有研究者认为，向稳定的自我认同转变通常发生在大学期间③。

埃里克森和詹姆斯·马西亚都认为，一个健康的青年应该经历自我认同探索阶段，即努力寻找恰当的自我认同，才能更独立自信地迈向成年生活。探索期对于都市化社会的青年来说特别重要，因为他们必须从多种选择中决定自己的生活方式。事实上，社会的复杂性正是自我认同需要很长时间才能确定的一个重要原因。直到高二、高三年级，也只有大约20％的学生开始主动寻找自我认同或初步获得自我认同。无论青年自我认同的探索持续多久，其目标都是获得牢固的自我安全感，以及如何确认自己的个性、能

① 戴维·谢弗. 社会性与人格发展（第5版）. 北京：人民邮电出版社，2012：199.

② 彼得·史密斯，海伦·考伊，马克·布莱兹. 理解孩子的成长. 北京：人民邮电出版社，2006：184.

③ 罗斯·D. 帕克，阿莉森·克拉克-斯图尔特. 社会性发展. 北京：中国人民大学出版社，2014：143.

力和行为。

人格的完善是终身进行的，青春期的自我认同只是一个开始。不论是个人还是环境发生了改变，都有可能使自我认同感重新构建，比如生孩子会让一名女性重新思考作为女人的意义，并对其他方面的自我认同提出疑问。

（三）影响自我认同感形成的因素

影响自我认同感形成的因素主要有四个方面：个体的认知发展水平、个体的人格特征、父母的教养方式、学校教育和社会文化的影响。

个体的认知发展水平。思维达到稳定的形式运算水平的青少年，能对假设的环境做逻辑推理，对于未来的生活有更好的想象、预期、更深入的思考和设计，他们比思维不太成熟的同龄人更容易产生自我认同。

个体的人格特征。对价值观和生活目标采取灵活、开放方式的个体容易获得自我认同，相信绝对完美存在的人常常处于提前结束水平，而缺乏自信、对任何事都没有把握的人往往处于认同混乱水平或认同探索水平。

父母的教养方式。父母支持青少年的情感发展并给予其发展的自由空间和机会有助于青少年建立自我认同感。认同探索和认同获得的青少年通常与父母有深厚的情感联系，又有相对宽松的个人空间，他们把家庭当作安全保障，在更广阔的环境中探索时更有信心。认同早闭的青少年，其父母有较强的支配感和控制感，他们往往与父母关系密切，但没有机会经历健康的分离，很多事情由父母做主，这些青少年不会怀疑或挑战父母的权威，感受不到建立独立的自我认同感的需要。认同感混乱的青少年，往往在家里感到被父母忽视或拒绝，感受不到温暖，也没有坦诚的交流，更容易与父母疏远。

学校教育。学校为青少年提供了丰富多样的探索自我的机会。课堂教学提供了需要高水平思考的任务，如生涯辅导课，课外活动和社区活动也有助于青少年对自我认同进行探索。

社会文化的影响。社会文化和历史环境也会影响青少年自我认同感的形成。青少年从各种可能的选择中建立自己的认同感，这可能是20世纪工业社会所特有的现象。在非工业化国家，个体只是按照传统来获得成年角色，不需要试验或精神探索。例如，农民的儿子还选择当农民，自我认同的提前结束可能是他们通往成人世界的主要道路。

思考题

1. 弗洛伊德的人格结构理论对于塑造儿童的健康人格有什么启示？

2. 埃里克森的心理社会发展理论对于培养儿童的人格有什么启示？

3. 儿童的气质特点与其人格形成有什么关系？

4. 根据弗洛伊德和埃里克森的有关自我发展的理论思想，请尝试归纳出早期经验的哪些方面对于儿童的自我发展具有重要影响。

5. 从儿童的自我概念发展的特点和趋势分析，如何引导儿童逐步形成对自己的恰当认识？

6. 儿童的自尊发展呈现哪些年龄特点？
7. 怎样帮助儿童获得较高水平的自尊？
8. 根据詹姆斯·马西亚的研究，青少年的自我认同可分为哪几个水平？
9. 父母如何帮助青少年达到较成熟的自我认同水平？
10. 学校可从哪些方面来帮助青少年达到较成熟的自我认同水平？

第八章 社会认知发展

知识结构图

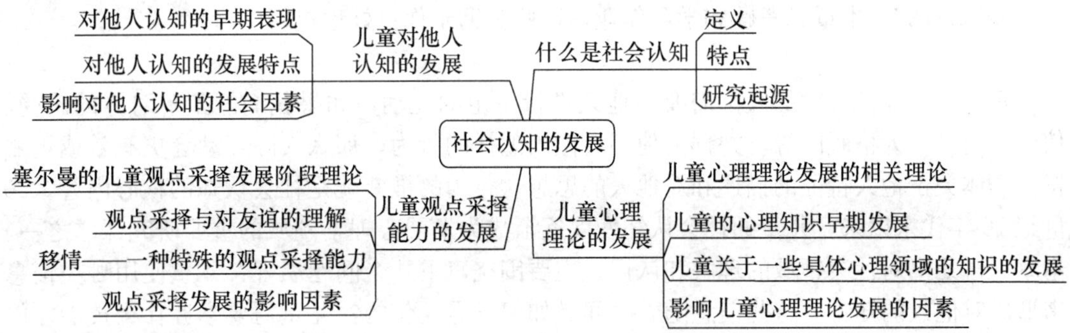

学习目标

1. 了解儿童的社会认知发展的主要内容和发展特点。
2. 掌握塞尔曼的观点采择理论，能运用该理论分析和解释儿童的心理和行为现象。
3. 掌握韦尔曼的心理理论发展理论，能运用该理论分析和解释儿童的心理和行为现象；掌握心理认识发展的影响因素，并提出相应的培养原则和策略。

学习重点

1. 社会认知、观点采择、心理理论等概念的掌握。
2. 掌握塞尔曼的观点采择理论和韦尔曼的心理理论发展理论。

学习难点

1. 在掌握观点采择理论和心理理论发展理论的基础上，能够结合生活和工作实际分析和解释儿童的心理和行为现象。

2. 在掌握儿童心理认识发展的影响因素的基础上，提出相应的培养原则和策略。

学习建议

1. 结合自己的生活经历和工作经验来理解和掌握有关的概念、主题和理论，寻找它们对你的生活和工作的意义。

2. 参照本章的概念图，懂得知识间的逻辑和结构关系，并在自己头脑中建立相应的认知结构。

3. 可以结合第三章认知发展的有关内容、第六章有关情绪和移情发展的内容、第九章有关道德认知发展的内容、第十章有关家庭和同伴关系的内容来增进本章相关内容的理解。

4. 可与老师或同学就某些问题进行讨论和交流。

5. 认真完成本章思考题和学习作业，这些有助于你更好地进行学习。

每个生活在社会中的人都需要与他人进行一定的互动，如果我们能了解对方的感受、信念、动机、人格倾向等，并预测他们会做出怎样的行为，那么人际互动会更有效或更顺畅。个体关于他人特征的描述和对他人的思想、行为的推断就是社会认知的核心内容。20世纪70年代末以来，儿童的社会认知发展逐渐成为发展心理学领域的重要研究课题之一。本章探讨儿童对社会领域的理解和认识，主要围绕以下几个问题展开：儿童使用哪类信息来形成对他人的知觉？这些信息随着时间是如何发展变化的？儿童需要掌握什么技能才能解释所知觉到的他人信息？

本章先对社会认知的性质、社会认知与非社会认知的异同进行了概述，然后依次介绍儿童心理理论的发展、儿童观点采择能力的发展以及儿童对他人认知的发展。有关儿童社会认知发展其他方面的内容，例如自我认知、道德认知，分别在第七章有关“自我的发展”部分和第九章有关儿童的道德发展部分进行讨论，本章不做专门介绍。

第一节　社会认知概述

一、社会认知的定义

关于社会认知的界定有很多不同的看法，例如，弗拉维尔（J. H. Flavell）和米勒（P. H. Miller）等认为，“社会认知以人类和人类事件为对象，指的是关于人们及其所作所为的认知”①。克鲁塞克（J. E. Crusec）和林顿（H. Lytton）认为，社会认知是对“发生在他人和自己身上的心理事件以及社会关系的思考”②。笔者认为，社会认知是指个体对人类（包括自己和他人）、人类心理事件以及社会关系的认知。

发展心理学家日益重视儿童的社会认知发展。儿童的发展是在人群中进行的，社会关系对于儿童做什么事、思考什么问题以及如何思考问题有着深远的影响。良好的社会关系是儿童身心健康必不可少的条件，而社会认知正是儿童建立社会关系和进行人际互动的重要基础。因此，社会认知是儿童心理发展的重要内容。具体来说，儿童的社会认知主要包括儿童对他人和自己的理解、对人的心理活动的理解以及对社会规则和社会类别的理解等。

二、社会认知的特点

社会认知的对象是人生活于其中的社会世界，包括人以及人与人的关系。人在很多方面不同于其他客体，这些差异使我们的社会关系从根本上不同于我们与其他客体的关系，从而导致社会认知存在不同于非社会认知的一些特点。与非社会认知相比，社会认知主要有以下几个特点：

第一，认知对象的特点。与非社会性个体不同，人作为社会认知的客体是有意识的，而且持续进行着心理活动。他们能感知、表征、思考、决策、学习和表现情绪，能够在一定限度内自发、自由和有意地产生他们自己的心理和身体行为，因而可以对这些行为负责。由于行为常常是难以预测的，他们可故意显示或隐瞒自己的关键信息，从而进一步增加了他们行为的不可预测性。

第二，自我与对象关系的特点。人与人的关系，通常不同于人与其他客体的关系。首先，个体与他的社会认知对象十分相似，并且个体正是关于自我的社会认知对象。因此，个体常常把自己作为一个参照点去理解他人。其次，个体与社会对象存在动态的关系。在与他人的相互作用中，个体关于活动者的社会角色、关系和行为的认知表征往往支配着他们对这个人的思考和行为。

第三，认知内容的特点。社会认知内容主要包括：他人对我们和我们的行为有一定的想法、愿望、信念和态度，对于这些想法、愿望、信念和态度我们是如何心理表征的；我们对他人和我们自己在道德或社会传统的义务和责任等方面的心理表征。

总之，社会认知在很多方面不同于其他类型的认知。有心理学家认为，似乎存在一些独特的“领域特殊”的认知工具，用以获取关于社会客体的信息，人类可能通过进化而形成了某些用以完成社会认知任务的先天模块。

三、社会认知的研究起源

社会认知研究有两个重要的起源，一个是认知发展心理学，另一个是社会心理学。

认知发展心理学对社会认知研究兴起的贡献主要来自皮亚杰的研究。皮亚杰关于儿童道德判断的研究揭示了由客观责任向主观责任过渡的发展规律，他认为儿童的道德判断是

① J. H. 弗拉维尔等. 认知发展. 上海：华东师范大学出版社，2002：237.

② 张文新. 儿童社会性发展. 北京：北京师范大学出版社，1999：231.

从重视行为后果逐渐发展到重视行为动机；“三山实验”揭示了儿童在自我—他人关系认知中的自我中心主义以及观点采择能力的发展等。皮亚杰的这些研究工作和理论观点逐渐使人们认识到社会认知对个体行为的调节作用。

从社会心理学研究的历史来看，社会认知的研究最初主要是由关于自我的研究而引发的。19世纪末期，詹姆斯把自我区分为主我和客我。之后，库利（C. Cooley）、米德（G. Mead）、费斯廷格（L. Festinger）等心理学家对自我进行了研究，他们都非常强调社会互动是自我发展的基础。但当时由于行为主义的影响，这些社会心理学家关于自我的研究主要集中在群体的作用和人际关系的影响上。随着认知心理学的兴起，社会认知的研究逐渐把重点转向关于自我和他人的认知，如归因研究等。

第二节 儿童心理理论的发展

人是有心理活动的，不管是我们自己还是他人都有对客观世界的看法或信念，人的行为是以其对客观世界的信念为基础的。一个人如果能够把他人理解为拥有愿望、信念和对世界有自己的解释的人，并且认识到他人的行为是以其心理或信念为基础的，那么他就拥有了心理理论。

发展心理学家用“心理理论”这一概念来指儿童对他人心理状态以及他人行为与其心理状态的关系的推理或认知①。心理理论有两种含义，即宽泛的和严格的。一方面，它可以泛指任何关于心理的知识；另一方面，它可以严格地指某种日常的、非正式的用于认识心理世界的“框架”。这种“理论”由一个抽象、连贯的因果解释系统构成，它使儿童能够借助诸如信念和愿望等无法观测的心理状态来解释和预测行为②。

只有当儿童对心理有所认识，或具备了心理理论，他们才可能理解日常生活中涉及人的事件。例如，一个小女孩对于她的朋友有目的地在玩具箱里翻找这一行为，她会设想她的朋友想得到某个玩具，且相信能够在箱子里找到以及如果找不着会感到不开心等。这种关于心理如何运作的常识，使小女孩的周围事件产生了秩序，它提供了关于他人行为的解释，使女孩得以借助他人的信念、愿望、知觉、思想、情绪和意图来预测他人的行为。

一、有关儿童心理理论发展的理论观点

儿童有哪些心理知识？这些知识在发展上有什么特点？心理学家们提出各自的观点，代表性的观点主要包括弗拉维尔（J. H. Flavell）的思想、韦尔曼（H. M. Wellman）的理论等。

（一）弗拉维尔关于心理理论的论述

弗拉维尔是对儿童心理理论进行深入研究和论述的研究者之一。他认为，随着年龄的

---

① 张文新. 儿童社会性发展. 北京：北京师范大学出版社，1999：258-259.

② J. H. 弗拉维尔等. 认知发展. 上海：华东师范大学出版社，2002：237.

增长，儿童的心理理论会越来越完善，完善的心理理论主要包括以下五个基本方面①：

1. 思维是存在的

儿童大约到 2～3 岁时开始有了关于人类思维和情感的意识。尽管他们不是有意识地知道这一点，但他们知道人类与其他实物是不同的。3 岁时，儿童会使用很多形容心理状态的词汇来谈论自己和他人，例如，他们会使用思考、知道、感觉不好等这样的词汇。

2. 思维与物理世界是有关联的

幼儿会发现人们的心理状态（如感知、渴望或情感等）会影响其行为，并且幼儿还可以从他人的行为和其他事件来推断人们的心理状态。

3. 思维和物理世界是有明显区别的

3 岁时儿童就会知道思维不是物理实体，人可以想象现实中不存在的东西，如鬼怪等。

4. 思维既能正确地也会错误地反映客观事物和事件

到四五岁时，儿童开始认识到人们对世界的感知并不总是反映现实。5 岁时，儿童不仅理解了人们有时候关于世界的观念是不正确的，也懂得人们正确或错误的观念会影响他们的言行。此外，他们也知道人们的行为并不总是反映他们的心理状态，例如，一个悲伤的人可能会强装笑脸。

5. 思维会主动去思考现实和感情经验的含义

儿童六七岁时开始思考认知的本质，也就是说，在某种程度上他们会思考思维。他们认识到人们有时会错误地理解他们亲眼看见的事情，而且错误理解世界的人有可能还会觉得自己的观念是正确的。

（二）韦尔曼关于心理理论发展的理论

学步期儿童已经意识到人的心理过程，他们的日常言语能反映出这种意识。3 岁时，儿童已经会思考自己和他人的所思所想，具备了初步的理解心理状态的能力。儿童的心理知识是如何迅速发展的呢？有哪些发展特点？一些研究者认为，心理是一个“核心”领域，儿童进入这个领域时会构建关于心理运作的理论。对于儿童“心理理论”的发展，研究者们提出了不同的理论加以解释。下面介绍其中一种比较有影响的理论，是由韦尔曼提出的。

韦尔曼认为，儿童心理理论的发展是一个随着年龄增长而日益复杂化和精确化的建构过程。这一过程与科学研究中一种理论的形成过程非常相似。儿童通过建立一种心理理论来解释其周围的社会世界。最初，儿童的心理理论是很简单的，如愿望心理学（即儿童认识到他人的行为是受愿望引导的），这种理论能够解释儿童的一些经验。但是当有些行为只根据行为者的愿望不能做出解释时，儿童就被迫去建立一种更为复杂的理论来做出更好的解释。

韦尔曼认为，大约从 3 岁开始，儿童就具有关于心理如何运作的朴素理论。儿童根据这个理论可以解释人类的行为，特别是有意图的行为，韦尔曼称此理论为信念—愿望的心理理论。它的核心思想是：内在信念和愿望会引发行为。韦尔曼指出，一个成熟的心理理

---

① 特里萨·M. 麦克德维特，珍妮·埃利斯·奥姆罗德. 儿童发展与教育. 北京：教育科学出版社，2007：260-261.

论需要认识到心理状态与现实不同（例如信念、愿望和幻想是内在的实体），这些心理状态以特殊的方式与世界相连，换句话说，儿童需要认识到心理内容是对世界的表征。认识到这一点之后，儿童就能够预见和解释他人的行为。例如，当一个女孩知道她哥哥确信饼干盒里有饼干时，她就能预料到当他哥哥想要吃饼干时就会去找饼干盒。即使她知道妈妈已经将饼干拿走并放到冰箱里了，她也能预料到她哥哥会去饼干盒里找饼干。正是她哥哥对现实的表征（而不是对世界的真实状态）支配着她哥哥的行为。

韦尔曼认为，在 2～4 岁期间，儿童心理理论的发展经历如下三个阶段：

阶段一，2 岁，“愿望心理学的心理理论”。儿童的心理理论建立在“愿望心理学”基础之上。儿童假定他人是有愿望的，这些愿望影响着他人的行为。

阶段二，3 岁左右，“信念—愿望为基础的心理理论”。儿童在对他人心理的认知中不仅能考虑到他人的愿望，而且还能考虑到他人关于世界的信念。例如，在“爱米找书”的实验中，3 岁儿童认识到尽管两个地方都有书，但是如果故事中的儿童只知道在一个地方有书，那么他就会到这个地方去找书。这表明 3 岁儿童能够根据他人的信念或他人对世界的心理表征来预测其行为。但是，韦尔曼认为，3 岁儿童只是把个人对世界的信念看作客观世界的“摹写”或“拷贝”，还不能认识到这种信念只是对世界的一种解释。

阶段三，4 岁，“个人的信念是对世界的解释”。儿童能认识到个人关于世界的信念是对世界的一种解释，而且这种解释有时是不准确或错误的。

二、儿童的心理知识早期发展

让我们勾勒一下儿童的心理知识早期发展的图景。这里所指的心理知识包括关于心理活动和心理状态的知识，是一种简洁而方便的表述。

（一）婴儿期的心理知识发展①

研究者对婴儿期心理认识的开始有着浓厚的兴趣。与此相关的一个主要问题是，我们应如何推测婴儿具有多少心理知识以及具有哪种心理知识。前面在关于婴儿期社会认知的介绍中，我们描述过婴儿在这方面的一些发展情况。

婴儿倾向于注视父母的面孔和倾听父母的声音，并加以模仿；婴儿 6 个月时，就已经知道人对人和人对没有生命力的物体的反应是不同的。

大约 9 个月时，婴儿发展了对自我、他人和物体三者的共同注意能力，即社会性参照能力；他们会注意父母的注视方向。

1 岁左右时，婴儿能够对他人进行模仿，这体现了婴儿从内心表征他们行为的能力。

1 岁多时，婴儿开始能进行假装游戏，他们对假装与现实的不同表现出最初的理解。

此外，婴儿还表现出对他人情绪状态有一定的敏感性，他们会安慰正在哭泣的伙伴；他们还利用父母的面部表情来解释令人害怕的事件，并预测如果他们做了这样或那样的事情时父母将会怎样。1 岁多的婴儿还认识到他人具有内在体验，例如，一个 18 个月的男孩通过在地上来回爬逗得父母哈哈大笑，说明儿童认识到自己能操纵他人的心理状态，并开

---

① J. H. 弗拉维尔等. 认知发展. 上海：华东师范大学出版社，2002：252-256.

始辨识引起和改变情绪状态的条件。

其他心理知识的早期形式还体现为试图与其他人交流，以及影响他人从而使他人接近他们、抚慰他们并陪他们玩；有合作倾向，会主动向父母或同伴提供帮助等。总之，儿童早期已经可以理解愿望、假装、隐藏与寻找的欺骗游戏等，这表明从婴儿期开始，心理理论就已经萌芽了①。

这些最初的技能导致婴儿期两种社会技能的形成：一种是交互作用，即婴儿和另一个人之间轮流交替的行为；另一种是心理匹配，即婴儿和另一个人之间心理状态、行为或情绪上的匹配，婴儿开始是通过动作模仿实现身体上的匹配，之后才是心理上的匹配。这两种社会技能的出现揭开了儿童心理理论发展的序幕。

（1）与他人的交互作用。婴儿理解他人的行为、建立与他人的关系的基本方式之一就是与他人进行互动。在互动过程中，婴儿逐渐认识到他人的行为是可以预测的，甚至可能随着自己的行为而变化。也就是说，婴儿认识到个人具有主动性，如“我”能够通过哭而使妈妈过来抱“我”，也认识到他人具有能动作用，例如，妈妈能给“我”换尿布。同时，婴儿也认识到自己能对他人的行为做出恰当的反应。最后，婴儿建立了交互依随，即婴儿学会如何与另一个人进行一系列交替进行的相互行为，例如在捉迷藏这种社会游戏中的交互。

与他人的交互作用表明，婴儿认识到人们具有能动性（自我促发运动），这是非人类实体所缺乏的，并且能够在一定距离内通过交流信号来影响他人。之后，较大的婴儿不仅能推测人类的能动性，而且能推测他人行为的有意性。

（2）心理匹配。与他人的交互作用能促进婴儿与他人的心理匹配的发展。这意味着婴儿能感知到他人和自己都是体验者。接近 1 岁时，婴儿至少朦胧地认识到诸如愿望、情绪和意图等内在体验的存在，而且这种内在状态可以通过信号与另一个人共享或匹配。

除了与他人的交互作用和心理的匹配，人类心理还有一个特性即有关性。所谓有关性，是指人们在心理上与客体建立关系。有关性是意图和愿望的早期形式。婴儿推测成人关于客体的有关性和预测成人行为的能力不断发展，为以后更高级的关于“行为倾向”的推测能力奠定了基础。对这些行为倾向的认识在两三岁幼儿的愿望心理理论中可能处于核心地位。

（二）幼儿期的心理知识发展②

2 岁的儿童会与同伴们一起参与假装游戏。在游戏中，他们假装具有某种内心状态，并把这种状态分配给小朋友，或与他们共同具有这种状态。

2 岁儿童已能认识到他人是有愿望的，而且人们的这些愿望会影响其行为方式。他们开始探索自己的需求，会用需要和愿望等词汇来解释自己与他人的行为。韦尔曼通过故事法研究了 4 岁以前儿童对他人行为预测能力的发展。故事中，一个名叫山姆的孩子想找到他的兔子然后把兔子带到学校去。实验者告诉儿童，山姆的兔子被藏在两个地方中的一

---

① 卡拉·西格曼，伊丽莎白·瑞德尔. 生命全程发展心理学. 北京：北京师范大学出版社，2009：456-457.

② 张文新. 儿童社会性发展. 北京：北京师范大学出版社，1999：261-264.

个。让儿童看到山姆到一个地方找。在这个地方山姆要么找到了他的兔子（他想要的东西），要么找到的是一只狗。在山姆找了一个地方后，问儿童“山姆是到另一个地方去找，还是到学校去?”对于这一问题，2 岁儿童能够正确回答：如果山姆找到了兔子，他就会到学校去；如果他找到的是一只狗，那么他就会继续去找他的兔子。换言之，儿童是根据对他人愿望的了解来预测其行为的。

2～3 岁时，儿童更明显地提及需要、情绪及其他心理状态，例如一个女孩抱着自己的毛绒玩具说“我的宝宝需要我”。儿童也开始使用诸如“想要”这类表示有意的动作或愿望的词汇。儿童用于表示认知的词汇（如知道、记住和想等）一般出现于 3 岁之前，在出现感知觉词和情绪词之后。之后，儿童对有关心理现象的语言进行更精细的区分，例如猜想与知道、相信与想象、有意与无意等。

到 3 岁时，儿童能够理解他人有愿望，还有对世界的信念。韦尔曼向 3 岁儿童呈现两个位置（一个是书架，另一个是玩具箱子），让儿童看到书架和箱子里都有书。然后向儿童介绍并提问：“有一个孩子叫爱米，她不知道箱子里有书。爱米想找一些书，那么她会到哪里去找?”研究结果发现，2/3 的儿童的回答是正确的（爱米会到书架上找书）。该实验表明，3 岁儿童已能初步认识到信念与行为的关系，人们的行为是受其关于事物的信念引导的。

4 岁左右时，儿童的心理理论开始形成，其标志是成功完成“错误信念任务”。这里介绍韦尔曼等人的经典研究（见图 8－1）。他们的实验方法是向儿童呈现两个洋娃娃，一个叫萨莉，她身边有一个篮子，另一个叫安妮，她身边有一个盒子。萨莉把一个小球放到篮子里，然后用一块布盖住她的篮子，之后离开。当萨莉不在时，安妮把小球从篮子里拿出来放到盒子里。过了一会儿，萨莉回来了。这时问儿童：“萨莉会到哪里去找她的小球?”研究者发现，4 岁儿童能够认识到萨莉会到她的篮子里去找小球，而 3 岁儿童则回答说她会到盒子里去找。实验表明，4 岁以前的儿童还不能认识到他人会有错误信念。到了 4 岁时，儿童能认识到他人关于客观世界的信念有可能是不准确的或者错误的，人们对客观世界的表征并不一定与实际情况相吻合。把心理表征与客观事实区分开是儿童心理理论发展中的一个里程碑，是儿童对他人心理认知发展中的一个质的飞跃。

总之，婴幼儿早期心理知识的获得是由最初的共同注意和假装游戏向后来的愿望心理学再向信念—愿望心理学的转变。

三、儿童关于一些具体心理领域的知识的发展

除了理解人的意图、愿望和信念以及它们与行为之间的联系，儿童还要理解很多其他的心理活动，包括表征外在物理世界的心理状态和表征虚拟世界的心理状态。通过心理认知的发展，儿童逐渐成为较好的心思猜测者。他们认识到人的心理不像照相机，而是主动地介于关于事实的解释和情绪体验之间。因此，人的心理既可能准确地表征客体和事件，也可能歪曲地表征客体和事件。下面将介绍儿童对心理的各个方面的认识，包括愿望、意图、信念、思维、认识、假装等①。

---

① 罗伯特·西格勒等. 儿童思维发展. 北京：世界图书出版公司，2006：331-341.

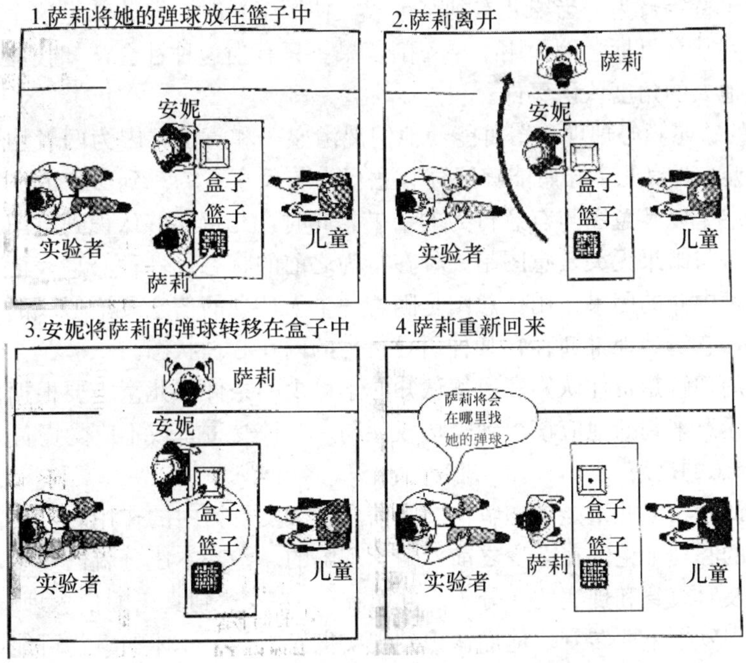

图 8-1　错误信念任务

资料来源：卡拉·西格曼，伊丽莎白·瑞德尔．生命全程发展心理学．北京：北京师范大学出版社，2009：455.

(一) 对愿望的理解

愿望是一种心理状态，主要由生理状态（如饥饿、口渴和疼痛等）或情绪（如爱、愤怒和恐惧等）所激发。

1 岁的婴儿对愿望及愿望如何激发行为已有初步的认知。18～24 个月大的时候，许多幼儿开始使用关于心理状态的词汇来描述他们的愿望，如“想要饼干”，并将心理状态的词与情绪状态相联系，如“我害怕”。并且，这个年龄段的幼儿开始知道他人可能具有与自己不同的愿望。2 岁时，幼儿具有“愿望心理学”，这种理论包含愿望、知觉、情绪、行为和结果之间简单的因果关系。一项研究证明了这点。研究者让婴儿在金鱼饼干和椰菜之间做出选择，大多数婴儿选择了饼干。研究者接着让婴儿看到实验者用面部表情和言语表达出更爱椰菜（“嗯，椰菜真好吃”），然后要求婴儿为实验者点吃的。结果，大多数 14 个月大的幼儿会点自己更喜欢的食物（饼干），而大多数 18 个月大的幼儿则点了实验者偏爱的食物（椰菜）。由此可见，18 个月大的幼儿可以推测出他人的愿望。此外，幼儿还认识到不同的人对同一事物可能具有不同的愿望和态度。

韦尔曼等人认为，儿童早期对愿望的理解是非表征性的，即幼儿从他人想要某物的意义上去认识他人和物体的关系，但儿童并不能理解人们能对想要的物体以特定的方式进行心理表征。由于对愿望的初步理解并不需要理解心理表征，因此愿望理解的出现时间要早于其他需要心理表征的心理状态理解，如信念理解。

(二) 对意图的理解

婴儿期的儿童已对他人的意图有初步理解。6 个月大的婴儿似乎能知道人们倾向于在特定情境下做出特定行为。当婴儿看到某个成人使用工具时，婴儿知道这个成人是有意图的，即他想达到某个目标，例如用水果刀削苹果。只有当这种社会认知技能发展了，儿童才有可能站在他人的角度认识事件。

2 岁儿童的"愿望心理理论"可能使他们混淆愿望和意图，因为两者均可以由某种结果满足或不满足。3 岁儿童开始能够区分有意行为与无意行为。到 4 岁或 5 岁时，儿童能够辨别意图与愿望以及意图与有意行为的结果。此时，儿童能够认识到意图是某种心理状态，其存在与否与结果无关。意图是一种在行为之前的状态、一种心理表征，在愿望和行为之间起着某种中介的因果作用。意图是随着一个人计划的信念逐渐形成的。意图概念超越了动因概念，它清楚地推断存在某种引导行为的内在心理状态。

对于意图的理解是责任认知和道德认知必不可少的条件。儿童主要根据他人的所作所为是有意还是无意来判断他应该得到表扬或惩罚、应该受责备或不应受责备。

（三）对信念的理解

韦尔曼等认为，当儿童能够理解信念及信念在激发行为中的作用时，他们才具备了完善的、表征性的心理理论。在 3 岁之前，信念理解的一些基本成分就已发展，如理解他人的视觉观点以及对表象和现实的区分等。儿童在 3～4 岁达到真正的信念理解水平。此时，儿童的心理知识发生重要转变，他们认识到现实世界中某一具体的事物可能以不同的方式在心理上加以表征，并且其中一些表征可能是错误的。

研究者用于检验信念理解的标准是儿童能够成功完成需要对自己和他人错误信念进行理解的任务。让我们看一下经典的"意外内容"任务和"意外地点"任务。在"意外内容"任务中，实验者向儿童呈现一个外面印有某种糖果图片的盒子。当实验者问盒中是何物时，3 岁儿童都说是"糖果"。此时打开盒子，儿童惊奇地发现盒子中装的是其他物品，如铅笔。多数 5 岁儿童感到很有趣，承认他们感到很惊奇，并预测没有打开盒子看的儿童会以为里面装的是糖果。相反，多数 3 岁儿童却预测其他儿童一开始就知道里面装的是铅笔。

另一个经典实验是"意外地点"任务。一位男孩把一些巧克力放在一个蓝色碗柜里，然后去外面玩了。当他不在时，他母亲把巧克力移到了一个绿色碗柜中。实验者问儿童："当男孩返回并想要他的巧克力时，他将去哪里寻找巧克力？"3 岁儿童一般回答为"绿色碗柜"，即巧克力实际所在的地方。可见，3 岁儿童并不明白一个人是基于信念而行动的，而信念可能与真实情况不一致。四五岁的儿童会说男孩会到蓝色碗柜里寻找巧克力。这表明 4 岁以上的儿童理解了错误信念，即他们知道信念可能是错误的，并且知道人们的行为通常不是由现实直接决定的，而是由对现实的信念决定的。

（四）对思维的理解

弗拉维尔等认为：思维是一种心理对一些内容进行某些类型的心理接触。一般而言，思维包括形成对真实世界或可能真实的世界的心理表征。

3 岁时，儿童认识到关于思维的一些最基本且最重要的事实。首先，他们知道思维是一种活动，只有人或其他某些有生命的客体才能思考，而无生命物体（如玩具、树木）不能思考。其次，他们认识到思维是在大脑中进行的内在事件，不同于身体活动或其他外在的客体和事件。最后，他们知道思维的内容可以是抽象的东西。

但是，学前儿童还缺乏关于思维的其他一些重要方面的理解。如，他们难以确定一个人什么时候是在思考以及这个人在思考什么，而且他们极大地低估了人们思维活动的数量。

(五) 对认识的理解

认识是指以高度的确定性来表征事物的真实状态。儿童对认识的理解主要包括两个方面：一是对认识的特征的理解，二是对如何获得知识的理解。在对认识的特征的理解方面，4 岁时儿童已经知道关于认识的一些特征，并且能对认识和思维以及其他形式的心理活动加以区分。5 岁时，儿童知道不同形式的知觉体验会产生不同类型的知识，例如，触摸物体不会得到关于物体颜色的知识。

儿童对于知识如何获得的理解在不断加深。学前儿童对于知识是怎样获得的还所知甚少，他们在跟踪信息流方面，包括从外界到心理（如知觉）、在心理内部（如推理）以及从某一个心理到另一个心理（如交流），还存在许多问题。他们常常不清楚导向知识的知觉条件，难以区分现实和心理在这一过程中所起的不同作用。尽管 3 岁儿童已经懂得知识来自于现实某物的接触，但他们认为心理只是对现实的复制。只有到四五岁以后，他们才能认识到信息导致表征，而且不同种类的信息会导致不同种类的表征。

小学生对知识如何获得有了进一步理解。他们认识到为了保证从知觉获得的知识是准确的，事物应该有充分的呈现；他们还认识到，“知道”一词比“以为”或“猜测”表明说话者具有更大的确定性，并且更可能是一种关于事物实际情况的准确描述。6 岁的儿童已经认识到心理通过表征来中介事实经验，它可能选择、组织或转换来自环境的信息，因此可能歪曲、修正或丰富事实。随着年龄的增长，青少年将认识到心理会按照原先存在的预期、知识和其他偏向而积极主动地解释知觉、情绪、意图和信念等。最终，儿童将达到这样一种认识水平，即心理塑造知识，或思维是个体主动建构的。

(六) 对假装的理解

假装是指用一种物品或行为来表征另一种物品或行为。婴儿在 12～18 个月大的时候就开始出现假装游戏。例如，一个女孩可能假装香蕉是电话。但是年幼儿童还不能理解假装是一种心理表征。一些研究表明，儿童是依据行动而不是依据心理状态来思考假装。利拉德（A. S. Lillard）曾做过一个实验，他向 4 岁儿童呈现了可以像兔子一样跳的侏儒玩具，然后告诉儿童侏儒国没有兔子，而且这个特定的侏儒对兔子一无所知，最后问儿童这个侏儒是否在假扮兔子。实验结果是大多数儿童报告说侏儒在假扮兔子。这个研究表明，4 岁的幼儿还没有认识到假扮的表征性。还有一些证据表明，许多学前儿童将假扮与身体活动划为一类，而不是将其与思考等心理活动划为一类。

四、影响儿童心理理论发展的因素

影响儿童对心理状态和心理活动理解的主要因素包括：成熟、信息加工能力、社会交往经验和语言能力等①。

一些研究者强调成熟和生物基础是儿童心理认识发展的主要根源。莱斯里提出的模块

---

① 罗伯特·西格勒. 儿童思维发展. 北京：世界图书出版公司，2006：344-347.

理论认为，神经成熟影响儿童心理理论的发展，而经验在身体成熟期间对几种心理理论起着某种触发作用。心理学家强调成熟的主要依据是儿童的心理理解在发展时间上的一致性。特别是在关于错误信念理解的研究中，儿童表现出明显的发展时间一致性：大多数5岁儿童通过了这项任务，但是大部分3岁儿童在完成这个任务时却存在很大困难。有关自闭症的一些研究表明，自闭症儿童和成人的心理理论有明显缺陷，他们在心理理解任务中的表现比根据他们的一般智力所做的预测要差。他们较少使用心理动词，如“思考”或“知道”，并且他们进行假扮游戏的能力也受到损伤。据此，一些研究者认为理解心理的机制在某种程度上独立于理解其他现象的机制。

信息加工能力是影响儿童心理理解发展的另一个主要因素。完成心理理解的任务需要儿童承担大量的信息加工负荷。例如，错误信念任务不仅要求儿童记住别人看到的东西，还要求儿童抑制自己说出知道的真相，这是3岁儿童不能通过任务的原因之一。如果降低任务的信息加工负荷，3岁儿童就会表现得更好。因此，信息加工能力是3～5岁儿童在错误信念任务及相关任务中取得进步的基础。

儿童自身的语言能力和他们在对话中的参与性，尤其是与心理状态有关的对话，促进了他们的心理理论的发展。儿童的语言能力已被证明是评价其心理状态理解水平的一个持续有效的预测指标。不论是正常儿童还是孤独症儿童，信念和情绪归因的精确性与儿童的语言技能呈显著相关。被剥夺了日常对话的儿童，尤其是聋儿，他们心理状态理解的发展显示出延迟。还有研究证据表明，父母语言的丰富性有助于提高儿童在心理理论任务中的表现①。

儿童的社会交往经验也是心理理解的发展根源。一些研究表明，拥有更多兄弟姐妹的学前儿童要比兄弟姐妹数量少的学前儿童在错误信念任务中表现得更好。为什么兄弟姐妹状况与心理理解有关呢？一个可能的解释是，有兄弟姐妹的儿童有更多机会进行促进心理理解发展的活动。例如，有兄弟姐妹的儿童有更多机会进行假扮游戏，相应地，参与社会性假扮游戏更多的儿童就会表现出更高级的心理理论。同样，有兄弟姐妹的儿童有许多机会进行心理过程的交流，这些交流对于心理理解的发展非常重要。父母与儿童的交流同样对儿童的心理理解具有重要作用，如果家庭成员经常谈论心理状态，那么成长于其中的儿童的心理理论就会发展得比较好。例如，一些在2岁时经常与父母交流感受的儿童，他们在3岁时进行心理理论任务测试，表现得会比其他人更好。一些研究表明，父母与儿童在早期有关情绪的讨论方式会影响到儿童情绪认识的发展以及把情绪整合到个人的自我概念、性别概念和人际行为中的方式。

总之，心理理论的获得是以正常的神经、认知以及语言的发展为基础的，还与社会经验有关，即与父母、同伴等进行关于心理状态的交谈这样的经验。

前面讨论了儿童对个体（包括自己和他人）以及个体心理的理解。儿童的社会认知还有一个向外的发展，即对社会世界的理解，包括对社会规则、社会关系和社会类别与群体（如性别、人种、种族和阶层）的理解。这里，我们重点讨论有关儿童对社会规则

---

① Deanna Kuhn，Robert S. Siegler. 儿童心理学手册：第二卷：下. 上海：华东师范大学出版社，2009：955-957.

的理解。

社会规则认知的形成是儿童社会化的主要任务之一。斯梅塔纳（J. G. Smetana）认为，由于儿童有不同的社会经验，自身经历过各种不同类型的社会规则，因此，儿童的社会规则认知是分化发展的。这种分化发展主要表现在儿童对道德规则和习俗规则的认知区分上。当然，除了道德规则和习俗规则之外，还有另一种类型的社会规则——谨慎规则。谨慎规则是指儿童用来调节与自身安全、舒适和健康相联系的行为规则，如不要碰开水壶，不能触摸电源插座等。研究表明，区别道德规则与习俗规则的能力在儿童早期就已形成。学前儿童对保护身体安全的谨慎规则有很清楚的认识，但相比违反道德规则来说，他们认为违背谨慎规则不是那么严重①。

第三节　儿童观点采择能力的发展

当我们要真正理解一个人时，就必须从他的视角去理解他的思维、情感、动机和意图等，正是这些内部因素影响着人的外部行为，这种站在他人角度看事情的能力就是观点采择。观点采择能帮助儿童理解他人的行为，并选择最有可能获得期望结果和保持人际关系的反应。不具备这种能力的儿童，只能根据外部特征去描述他人，如外貌、活动和所拥有的东西等，不能达到对他人的成熟理解。可以说，观点采择在儿童的社会认知发展中处于核心地位，与人际理解能力有密切联系。

美国发展心理学家罗伯特·塞尔曼（Robert Selman）对观点采择进行了系统的研究，他认为，观点采择是区分自己与他人的观点以及发现这些不同的观点之间的关系的能力。从这个界定来看，观点采择的本质特征是个体在认识上克服自我中心，将自己的观点和别人的观点区分开，能够站在他人的角度，以他人的视角看待事物，明白从不同视角看待问题可能产生的差异②。同时，儿童还要能在对他人的观点做出判断时控制自己的观点，采取他人的观点来理解他人的思想和情感，也就是设身处地地站在他人的角度来思考和感受。

一、塞尔曼的儿童观点采择发展阶段理论

从 20 世纪 70 年代起，塞尔曼及其同事用两难故事法对儿童在友谊、权威、亲子关系等社会交往情境中的观点采择发展进行了一系列研究，并在此基础上建构起颇具特色的儿童观点采择发展阶段理论③。这个理论的基本假设是：为了认知他人，个体必须能猜测出他人的观点，理解他人的想法、信念、情感、动机和意图。只有理解这些心理内部因素，才能真正深刻理解他人的行为，否则就会流于肤浅、脆弱，因而也不能实现正确有效的应对④。

---

① 张文新．儿童社会性发展．上海：华东师范大学出版社，1999：270-276.

②③ 同①237-238，252-255.

④ 俞国良，辛自强．社会性发展．北京：中国人民大学出版社，2013：121.

（一）研究方法

塞尔曼的研究方法是向儿童呈现一系列人际关系两难故事，并利用这些故事与儿童进行深度访谈。“霍莉爬树”是其中被广泛引用的一个两难故事：霍莉是一个 8 岁的女孩，喜欢爬树。她是附近一带的爬树高手。有一天，她在爬树的时候从高高的树上摔了下来，但没有受伤。她父亲看见了，非常不安，让她保证以后不再爬树。霍莉答应了。后来有一天，霍莉和她的朋友们遇到了肖恩。肖恩的猫夹在树上下不来了，必须立即想办法把猫拿下来，不然猫就会从树上摔下来。只有霍莉一个人能够爬上树把猫拿下来，但她想起曾答应爸爸再也不爬树了。

为了考察儿童对霍莉、爸爸和肖恩的观点的理解能力，塞尔曼向儿童提出以下 4 个问题：霍莉知道肖恩的感受吗？如果霍莉的爸爸发现她又爬树了，他会有何感想？霍莉认为她爸爸发现她又爬树后会怎样做？你会怎样做？通过这种故事和访谈相结合的方法，收集了儿童的回答资料，然后对此进行了结构分析。这里的结构是指儿童对自己和他人的区分，以及儿童对自己和他人观点的协调，儿童凭借这个结构对他人进行认知①。

（二）观点采择发展的五个水平

根据不同年龄的儿童对这些问题的回答，塞尔曼把儿童的观点采择发展划分为五个阶段或水平（见表 8－1）。

表 8－1　　塞尔曼的儿童观点采择发展阶段划分

观点采择阶段	年龄段	阶段特点	对霍莉两难的典型反应
水平 0 自我中心的观点采择	3～6 岁	除了自己的观点，儿童无法认识到其他人的观点，只能根据自己的经验做出反应。他们认为自己的想法就是霍莉的想法，其他人都会这样认为。	他们认为霍莉会去救小猫。当问到她的父亲对此会有什么反应时，这些小孩认为他会“很高兴，因为他喜欢小猫”。这些小孩因为自己喜欢小猫就以为霍莉和她爸爸也会喜欢小猫。
水平 1 社会信息的观点采择	6～8 岁	儿童可意识到别人会有不同的观点，但认为观点不同只是因为每个人接收到的信息不同。儿童并不能真正理解产生这种观点差异的原因，因此，认为别人所做的就是所想的，不能理解行为背后的动机。	当问及霍莉的父亲是否会因为她爬树而生气时，儿童会说：“如果不知道她爬树的原因，他会生气；但是如果知道了原因，他会理解的。”
水平 2 自我反思的观点采择	8～10 岁	儿童意识到即使获得同样的信息，自己和他人的观点仍然会有冲突。他们能考虑他人的观点，并预知他人的反应但还无法同时考虑自己和他人的观点。	当问到霍莉是否会再爬树时，儿童会说：“会，她知道她的父亲会理解她的行为的。”儿童关注于父亲对霍莉观点的理解。但当被问到父亲是否想让霍莉爬树时，回答一般是否定的，这时他们又站在父亲的角度，知道父亲会担心霍莉的安全。

① 俞国良，辛自强．社会性发展．北京：中国人民大学出版社，2013：122．

续前表

观点采择阶段	年龄段	阶段特点	对霍莉两难的典型反应
水平 3 相互的观点采择	10～12 岁	儿童可以同时考虑自己和他人的观点，并知道其他人也有这种能力。儿童认识到交往中的每一方都能够站在别人的角度看问题，而且在做出反应之前能从他人的角度看待自己，还能够以客观旁观者身份来看待自己和他人的关系和互动。	儿童会从中立的角度叙述霍莉的困境，他们知道霍莉和父亲都能从对方的角度思考问题。例如，其中一个小孩说："霍莉想要帮小猫，因为她喜欢猫，但是她知道她不该爬树。霍莉的爸爸知道他告诉了霍莉不要爬树，但是他并不知道小猫的事。"
水平 4 社会或习俗的观点采择	（12～15 岁及以上）	儿童不仅能采择别人的观点，而且能归纳整合社会上大多数人的观点，思考抽象的正直、法律和伦理观点，并认识到这些观点的社会历史制约性。	当问到霍莉会不会因为爬树而被惩罚时，儿童很可能认为不会，他们觉得霍莉对小猫的帮助是对的，"对动物的人道主义原则会决定霍莉的行为"。

资料来源：戴维·R. 谢弗. 发展心理学——儿童与青少年. 北京：中国轻工业出版社，2005：466；俞国良，辛自强. 社会性发展. 北京：中国人民大学出版社，2013：122.

从表中可以看出，儿童从一个自我中心的个体（除了自己的观点以外，并不能认识到他人的观点），发展成为一个熟练的社会认知理论家，能够同时考虑几个观点，并将每个观点与大多数人所采取的观点相比较。在这个过程中，儿童的发展任务就是不断提高对自我和他人之间观点的区别的认识，不断地克服自我中心并且增强观点采择能力。图 8-2 是不同年龄段的儿童对自己和他人观点的区分和协调所表现出的不同结构，每种结构代表一个发展阶段①。

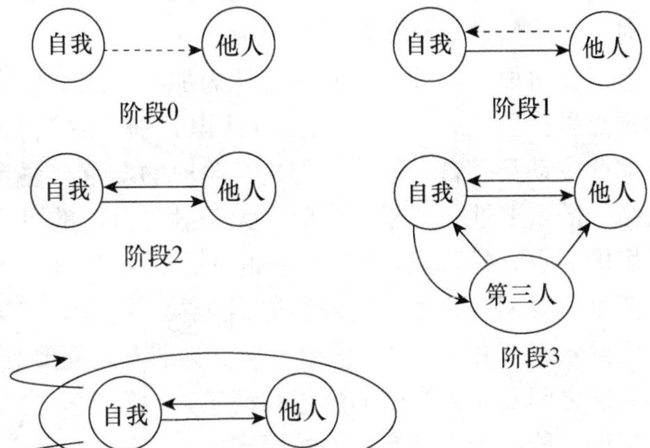

图 8-2　塞尔曼的观点采择五个阶段及其结构

(三) 观点采择五个水平的观察要点

塞尔曼详细描述了观点采择发展各个水平的观察要点，有助于我们评估儿童的观点采择水平②。

① 俞国良，辛自强. 社会性发展. 北京：中国人民大学出版社，2013：123-124.

② 特里萨·M. 麦克德维特，珍妮·埃利斯·奥姆罗德. 儿童发展与教育. 北京：教育科学出版社，2007：539-540.

水平 0，自我中心的观点采择：处于这个水平的儿童具有对他人身体特征差异的意识，例如性别、外貌等。他们很少有关于人心理特征差异的意识。他们还不能把别人的观点和自己的观点区分开，认为他人的想法、感受和自己的一致，对他人表达出的不同观点有愤怒反应。

水平 1，社会信息的观点采择：这个水平的儿童能认识到他人的想法和感受与自己的不同，但是不能区分出别人对自己的知觉，观点采择是单向的。他们对他人观点的感知过分单纯，倾向于把他人的外部表情与他们的内在感受相等同。

水平 2，自我反思的观点采择：这个水平的儿童能认识到自己可以采择他人的观点，他人也可以采择自己的观点。也能认识到，他人对一个情境可能有相互矛盾的感受，能够理解人们对自己的行为表现有不同认识，也理解他们有时会做一些并不喜欢的事情。

水平 3，相互的观点采择：这个水平的儿童具备了从自己和他人角度分析情境的能力，还能作为旁观者或中立者考虑两人的互动。他们懂得要尽量同时满足自己和他人的需要，知道了合作、妥协和信任的益处。

水平 4，社会或习俗的观点采择：这个水平的儿童能采取概括化的、社会的观点来看待自我和他人相互作用。他们认识到人是所处环境的产物，过去经历和环境影响着个体的人格和行为。他们也开始理解人的行为、想法和情感的复杂性。

二、观点采择与对友谊的理解

儿童获得观点采择能力之后，他们对人际关系的意义和特征的理解也发生了改变，下面以不同年龄的儿童对友谊理解的变化来说明这一点。

在自我中心的观点采择阶段，学前儿童常常会认为那些与之交往愉快的游戏伙伴就是朋友。在社会信息的观点采择阶段，6～8 岁的儿童认识到别人的观点和自己的不尽相同，他们开始认为朋友是那些主动帮助自己的人。但这个阶段的友谊往往是单向度的，因为儿童还没有认识到相互帮助的重要性。如果一个朋友无法满足自己的愿望，他们的友谊就会立刻中断。在自我反思的观点采择阶段，8～10 岁的儿童开始意识到朋友的需要，并把友谊看成互惠的关系，两个人要相互尊重、友好和情感互惠。在青春期早期，许多儿童达到了塞尔曼观点采择阶段的水平 3 和水平 4。他们不但认为朋友之间要心理相似，相互喜欢、帮助和信任，还强调朋友之间要交换亲密的思想和情感。他们希望朋友无论什么时候都能为自己辩护、对自己忠诚，能给予自己亲密的情感支持。

总之，随着观点采择能力的提高，儿童的友谊概念从朋友是“带给我好处的”单维、自我中心的观点变为和谐、互惠的观点，认为朋友之间要相互理解，乐于为对方提供情感支持和其他帮助，并期望对方也给自己同样的回报。

三、移情——一种特殊的观点采择能力

关于儿童移情的发展曾在前面第四章介绍过，主要是从情绪的角度来阐释的，这里再从社会认知的角度把移情作为一种特殊的观点采择能力加以分析。费希贝奇（N. D. Feshbach）认为，移情包括两种认知成分和一种情感成分，两种认知成分分别是辨别、命名他人情感状态的能力和采择他人观点的能力，情感成分是移情反应能力。由此，在发展心理

学中对于移情有两种不同的定义：情感取向的移情定义和认知取向的移情定义。其中，认知取向的定义把移情看作儿童对他人情绪、情感的理解，表现为儿童区分和辨别情感线索并推测他人内部情感状态，尤其是建立在观点采择基础上的对他人内部情感状态的推测①。

四、观点采择发展的影响因素

认知因素是影响儿童社会认知发展的重要因素，儿童的观点采择能力的获得与他们的认知发展有着密切的关系。此外，游戏、同伴交往对于儿童观点采择发展也具有重要影响②。

皮亚杰指出，小学阶段的游戏能促进观点采择和成熟的社会判断。按照皮亚杰的说法，儿童游戏时会假装不同的角色，他们会由此意识到自己想法和同伴想法的不同。当游戏出现冲突时，儿童需要学会社会协商和妥协，这对人际理解有重要作用。

同伴交往也能促进观点采择和人际理解的发展。比起一般的熟人交往，朋友交往能更好地促进人际理解的发展，因为儿童对朋友一般比对熟人更坦白，有更强的解决问题的动机，与朋友的不一致也更可能提供理解不同观点所需的信息，朋友也更可能充分解释他们观点背后的理由。

第四节　儿童对他人认知的发展

我们的社会世界充满了他人，与他人交往是正常的社会需要，如果在交往中我们能了解对方的心理特质，并较好地预测他人的行为，那么，社会交往会更加顺畅和谐。对他人的认知是指对他人的行为、心理状态以及人格特质进行的识别、推断和解释。

一、对他人认知的早期表现

婴儿对他人的认知主要表现在婴儿对社会性刺激的注意、与成人的社会互动以及对情绪表达的理解等方面③。

1. 注意社会性刺激

第一，婴儿非常注意人类的面孔，甚至新生儿都表现出更偏爱脸形刺激而不是非脸形刺激。第二，婴儿特别注意复杂的声音，例如人类的言语，而且他们能细致区分人类语言中的不同声音。第三，婴儿似乎能预期人们的行为与物体有所区别，而且他们对人和物体的反应也不相同。例如，5～8 周大的婴儿会模仿他人伸舌头，然而，婴儿并不模仿一些无生命物体出现的类似动作，如从软管中伸出像舌头样的物体，对婴儿来说，模仿是一种基本的社会工具；再如，婴儿对人的微笑比对物体的微笑更多。第四，年幼的婴儿能对特

---

① 张文新. 儿童社会性发展. 北京：北京师范大学出版社，1999：256.

② 戴维·谢弗. 社会性与人格发展（第 5 版）. 北京：人民邮电出版社，2012：210-212.

③ 罗伯特·西格勒等. 儿童思维发展. 北京：世界图书出版公司，2006：326-327.

定的他人进行区分。出生后，婴儿可以区分母亲的声音和其他女性的声音，半岁左右时，婴儿开始辨认出他们的照料者，并发展与照料者的情感依恋，此时还出现了“陌生人焦虑”，表明婴儿能够明确区分社会世界中熟悉和不熟悉的人。

2. *社会互动*

婴儿的社会互动很早就出现了。2 个月左右时，婴儿和照料者开始表现出相倚性交互（一种类似于彼此交换意见或谈话的相互作用）。到 3 个月左右，婴儿开始期望他人与自己互动。此时，婴儿已经认识到人类与大多数其他对象不同，将自发地与他们相互作用和交流，并敏感于他们发出的信号。例如，婴儿认识到当自己想得到一个球时，无论自己如何对这个球喊叫或微笑，这个球是不会滚向自己的，而对人发出信号则可能得到期望的回应。通过这种经验的积累，婴儿逐渐认识到其他人的行为是可以预测的，甚至可能依随自己的行为。

此外，婴儿在 3 个月左右开始追随成人的目光，并在 9 个月时发展完善。婴儿通过追随照料者的目光和手势，与成人建立联合注意，这是一种婴儿和照料者共同关注特定事物的状态。联合注意被认为是交往技能发展的重要先决条件。

3. *对情绪表达的理解*

研究表明，5 个月大的婴儿已经具有关于不同情绪以及情绪如何通过面部表情和声音来表达的一些知识。半岁以后，婴儿开始参照他人的情绪反应来评价情境或物体是否安全，这种现象被称为社会参照。视觉悬崖实验可以很好地说明社会参照现象。在实验中，研究者观察 12 个月大的婴儿是否愿意爬过视觉悬崖的有深度感的一边。结果发现，当照料者做出惊恐或生气的表情时，没有一个婴儿爬过有深度感的那一边；但是当照料者做出喜悦的表情时，大多数婴儿就爬过去了。这个实验表明，婴儿能用从社会世界中获取的信息来指导自己的行为，尤其是把他人的情绪表达作为潜在的信息来源进行识别。

以上这些机能是儿童形成早期社会关系的基础和内容。当具备了这些工具和机能之后，婴儿开始进行关于他人、心理等概念的建构。

二、对他人认知的发展特点

儿童关于他人认知的主要发展趋势是：从关注外部的、具体的、可观察的特征到关注内在的、抽象的和无法观察的特征。以下是儿童在各个年龄阶段对他人认知的发展特点①。

（一）幼儿期

幼儿在描述他人时，倾向于关注外部的、看得见的特征（如身体外貌、拥有的东西和典型行为等），同时他们也关注他人的行为与自己如何发生关系。例如，下面是一个不到 5 岁的儿童对朋友的典型描述：贝贝是我最好的朋友，我们在街上玩，她有一个姐姐，我喜欢她，因为我可以玩她的玩具。从这段描述中可以看出，儿童对他人人格方面的描述几乎

① 戴维·谢弗. 社会性与人格发展（第 5 版）. 北京：人民邮电出版社，2012：203-207；戴维·R. 谢弗. 发展心理学——儿童与青少年. 北京：中国轻工业出版社，2005：464；罗伯特·西格勒等. 儿童思维发展. 北京：世界图书出版公司，2006：325-327.

没有。

幼儿已经能够知道亲密伙伴在不同环境下的典型行为，他们有时用心理学词汇来解释他人的行为，但是行为推论大多是基于评价推理而不是特质推理，此外，这种描述常常带有情境特异性，而不是指稳定而且持久的特质。例如，在一项要求儿童根据故事中人物的分享行为对其做出将来行为推断的任务中，对 5～6 岁儿童来说，更可能使用对故事人物行为好坏的评价来预测其将来分享的行为，更少运用对故事人物大方或自私程度的评定来预测将来的分享行为。评价推断是这样的：他跟人分享，他很好，他将来会做好事，分享是好的。而特质推断是首先推断某人是个大方的孩子，现在的大方（一种稳定的特质）预示着以后也会大方。

虽然没有使用有关特质的词汇，但儿童并非不了解人的内在品质。研究表明，3～5 岁的儿童知道他们最亲密的同伴在各种不同情境下是怎样行动的。4 岁儿童对一些特质类的标签也有一定理解，并用它们做出正确的心理学推断，例如，他们知道一个害羞的男孩，会选择人少的时候去游泳池，因为如果遇见很多人他会不好意思。5 岁的儿童开始进行类特质的推论，能从他人过去的行为差异中了解到个体动机和特质的不同，例如，一个 5 岁儿童在听到一个经常分享的儿童和一个很少分享的儿童的故事时，他能正确推断第一个孩子有分享的动机，是慷慨的，第二个孩子没有分享的动机，是自私的。5 岁儿童还能做出情绪推断，例如，他能推断出慷慨的孩子与人分享了他的生日蛋糕后会高兴，而自私的孩子与人分享蛋糕后会很难过。

综上所述，幼儿对他人的知觉中更多采用物理的描述，他们在 5～6 岁时开始能在心理意义上来思考人的特质，但主要还是把特质当作对他人的评价标签，而不是对不同时间和情境中稳定的心理品质的描述。

（二）童年期

随着年龄的增长，儿童关于行为的心理学原因的知识变得更加抽象和复杂，开始识别他人的一些心理特质。他们对具体因素的依赖越来越少，而更多地使用心理描述来形容身边的朋友和熟人。卡尔·巴伦波姆（Carl Barenboim）的研究可以很好地说明这种变化，他们让 6～11 岁的儿童对三个很了解的人加以描述。结果表明，6～8 岁的儿童常常会运用行为比较，即比较他人在重要行为方面的表现，比如说“她是我们班里画画最棒的”。8～11 岁之后，行为比较的现象迅速下降，儿童开始意识到同伴行为的一致性，并将其归因于可能具有的某种稳定心理特质，对心理特质的使用快速增加。例如，此前儿童会说她的一个同学在班里画画最棒，到了 10 岁，儿童会说这个同学很有艺术气质。最终，10 岁左右的儿童开始能进行心理比较，即在重要心理维度上对人们加以比较，例如，小华比小红更开朗，小萱是班上最幽默的同学。在巴伦波姆的另一项研究中，绝大多数 12～16 岁的青少年都能进行心理比较。其他一些研究也得到类似的结果。由此可以推断，儿童将他人个性视为稳定而持久的特征的理解能力，是在童年期形成的。

（三）青少年期

到了 14～16 岁，青少年将他人看作具有与众不同的个性特质、兴趣、价值和情感的独特个体，他们还知道很多情境因素（例如，疾病、家庭冲突等）会使人的行为与其性格表现出不一致。他们能够产生更加整体化、更有组织的他人认知，并且能够整合他人的不一致的特质。例如，一个15岁男孩对朋友这样描述：他很谦虚，与陌生人在一起很害羞，但是面对熟悉的人就会很健谈，他脾气很好，他倾向于看低别人的成绩，也从来没有表扬过自己，他很容易紧张。这个描述显示了青少年对人的心理复杂性和情境多变性有了很好的理解。再如，这个阶段的青少年如果看到某人有时夸大自己的能力，有时又对自己缺乏信心，他会整合这些看似矛盾的信息，推断此人缺乏安全感，对方的吹嘘行为背后隐藏着这种不安全感。

由此可见，从青少年中期到晚期，个体正在成为有经验的人格理论家，越来越擅长观察同伴的内心和外部行为，从而洞察他们行为背后的真正动机。

总体而言，在对他人的认知中，儿童从幼儿期的物理描述以及对他人好坏的整体评价，到七八岁时指向具体的个性轮廓和差异描述，再到青少年期更具心理化的抽象描述和分析，并且将不一致的特质信息整合成更有组织的整体的个性轮廓，这个过程所体现出的进步是非常明显的①。

三、影响对他人认知的社会因素

不可否认，认知因素是影响儿童社会认知发展的重要因素。而这里，我们主要讨论社会因素特别是同伴交往对于儿童对他人的知觉、思考和理解的重要影响②。

同伴之间的社会交往提供了对他人认知的直接社会经验，由此儿童不断丰富和深化对他人的认知。通过交往，儿童认识到别人是什么样的，有怎样的性格特点、愿望、信念等，与同伴交往的经验越多，他就越希望理解同伴，并能更熟练评价同伴背后行为的原因和动机。研究发现，儿童与同伴交往的直接经验的多少会对其社会认知判断产生影响，人缘好的儿童在社会理解测验上的表现比人缘差的同伴更好。

思考题

1. 社会认知主要包括哪些方面？社会认知对儿童心理发展的重要性体现在哪些方面？
2. 什么是观点采择？举例说明儿童的观点采择发展有哪几个水平？
3. 儿童的心理理论发展经过哪几个阶段？举例说明每个阶段的主要特点是什么？
4. 影响儿童社会认知的主要因素有哪些？
5. 分别举例说明儿童对愿望、意图和信念的理解。

① 卡拉·西格曼，伊丽莎白·瑞德尔. 生命全程发展心理学. 北京：北京师范大学出版社，2009：461.
② 戴维·谢弗. 社会性与人格发展（第5版）. 北京：人民邮电出版社，2012：210-212.

第九章 道德发展

知识结构图

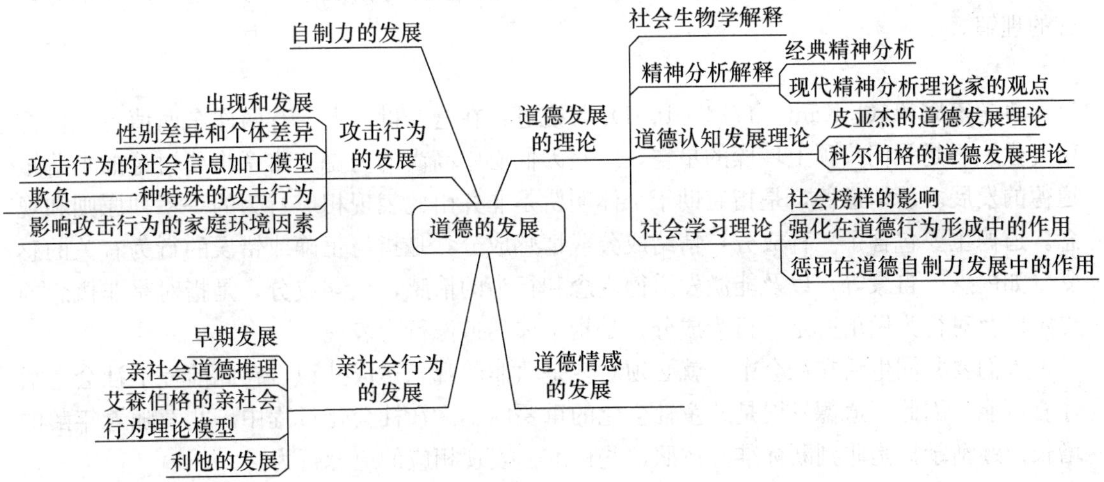

学习目标

1. 掌握道德发展的主要理论，运用这些理论描述和解释儿童道德发展的有关现象。

2. 理解道德情感的发展与道德行为的关系。

3. 掌握亲社会道德推理发展的阶段性特点和亲社会行为理论模型，在此基础上，能够描述和解释儿童的亲社会行为现象。

4. 了解攻击行为的类型、性别差异和个体差异，掌握攻击行为的社会信息加工模型以及影响因素，在此基础上，能够分析儿童的攻击行为并提出相应的干预措施。

学习重点

1. 掌握皮亚杰、科尔伯格的道德发展理论、道德发展的社会学习理论。
2. 掌握亲社会道德判断的发展趋势和亲社会行为理论模型。
3. 掌握攻击行为的社会信息加工模型以及影响因素。

学习难点

在掌握道德发展理论、亲社会行为理论模型、攻击行为的社会信息加工模型的基础上，能够分析和解释儿童道德发展的心理现象，并提出相应的培养措施。

学习建议

1. 结合第三章认知的发展、第六章有关移情的内容、第七章有关弗洛伊德人格结构理论的内容、第八章社会认知的发展等来增进对本章内容的理解。

2. 可以查阅一些有关道德发展和培养方面的文献进行拓展性学习，增进对这部分内容的理解。

哲学家康德（I. Kant，1724—1804）曾说过：在这个世界上，有两样东西值得我们仰望终生：一是我们头顶上璀璨的星空，二是人们心中高尚的道德。本章将要讨论的是儿童道德的发展。所谓道德，是指有助于个体明辨是非并由此表现相应行为的一系列原则和观念。道德主要包含了三种成分：情绪成分或情感成分，是指与正确或错误的行为有关的感受（如内疚、自豪等）以及能激发道德观念和行为的情感；认知成分，是指对是非概念的界定以及对行为做出决定；行为成分，是指个体的道德行为表现。

人们要共同生活在社会中，就必须对孰是孰非的观念达成共识，在此前提下社会生活才有可能。因此，道德发展是儿童社会化的重要内容。在社会化过程中，儿童随着年龄的增长而逐渐掌握是非判断标准并按照这些标准去表现相应的道德行为。

第一节　道德发展的主要理论

一、道德发展的社会生物学解释

社会生物学理论认为，人类的许多亲社会行为，如分享、帮助、合作等，都植根于我们的物种遗传。生态学家的一些研究可以支持这个观点。生态学家观察了一些具有亲社会行为的动物种类，他们发现，一些小鸟会用特殊的叫声警示同伴敌人要来了，而这种叫声会暴露自己的处境从而使自己面临危险；还有一些种类的昆虫，如蜜蜂、蚂蚁等，会做出自我牺牲行为，它们叮咬侵犯自己群体的动物，同时自己也会死亡。社会生物学家以此为依据进而推论出，进化为人类的亲社会行为做好了相似的准备。基因如何影响道德行为呢？这个过程还没有完全弄明白，但有学者认为情绪是道德行为的基础。移情等情绪是早期分享以及其他亲社会行为的基础。确实，儿童在很小的年龄就出现了维护群体幸福而牺牲个体利益的趋势①。

道德发展的生物学观点表明了道德行为的适应性价值。但是，生物性基础并不能完全解释道德。尽管情绪是道德行为的一个基础，但也不能完全解释道德的发展。

二、道德发展的精神分析解释

根据弗洛伊德的观点，道德（超我）出现于儿童 3～6 岁时。这个时期儿童出现了恋母情结或恋父情结，儿童喜欢并希望拥有与自己不同性别的一方父母。这种感情会导致强烈的焦虑感，因为儿童害怕由于那些不能被社会接受的想法而受到惩罚并失去父母的爱。为了解决心理冲突，减轻焦虑，他们通过认同与自己同性别的父母而形成了超我或道德心，即男孩会认同并效仿父亲，他不但在行为上获得了男性化角色，也内化了父亲的道德标准，女孩则认同母亲并内化母亲的道德标准。这样，超我作为一个内化的监督者开始发挥作用。儿童采用父母对自己的惩罚办法，把先前指向父母同性一方的敌意投向自己，这就导致了每次违背超我时的内疚感。总之，弗洛伊德认为儿童从父母那里获得了道德感，因害怕失去父母的爱而产生的焦虑可以在道德情感层次上避免不道德行为的发生。弗洛伊德认为，道德发展在 5～6 岁时发展完全。

弗洛伊德认为，超我的形成是道德内化完成的标志。超我的监督作用有两种形式，自我理想和良心。道德原则的内化是道德发展过程中的关键步骤，这个内化有其特定的含义，它不仅指儿童能负责监督自己的行为、执行行为规则，而且指儿童象征性地与父母结合在一起，即有一个与父母声音一样的“良心”在对儿童说话，告诉儿童做正确的事，警告儿童不要做坏事，斥责违法的行为，赞扬正确的行为。按照弗洛伊德的看法，“良心”的形成实际上首先是父母批评的体现，然后才是社会批评的体现。良心或超我代表内化了的父母，它相当严厉，具有惩罚性。良心的发展可以帮助儿童在父母不在身边时也能按照道德规范来行动，抵制外界的诱惑。总之，精神分析学派认为自居作用、自我惩罚、内疚是儿童道德发展的强大推动力②。

对弗洛伊德理论的主要批评观点是，他认为父母采用强迫和惩罚性的方式能培养出道德成熟的儿童，但实际上当父母采用严厉的教养方式时，儿童常会有不良行为并很少表现出内疚、自责等。另外，弗洛伊德认为女孩不像男孩那样会体验到强烈的阉割恐惧，所以女孩的超我发展比男孩要弱一些，对于这点没有证据支持。此外，弗洛伊德低估了婴幼儿的道德发展，例如，2 岁时儿童在违反道德规则后就会有明显的悲伤反应。

现代精神分析理论家对弗洛伊德的理论进行了部分的修订。他们更强调积极的亲子关系对道德发展的重要性，也强调道德的早期发展。他们认为，只有对父母具有安全依恋的儿童

---

① 劳拉·E. 贝克. 儿童发展. 南京：江苏教育出版社，2002：663-664.

② 刘金花. 儿童发展心理学. 上海：华东师范大学出版社，1997：328-329.

才能发展良心，因为在这种温暖的相互尊重的关系中，儿童表现出一种忠实的依从，即无论做对或做错事情，儿童都会对父母的情感感到敏感，他们更容易受到激发而遵从父母的规则，并内化父母的行为反应、体验羞愧和内疚等情绪，并以这些情感反应来调节自己的行为。而与冷漠、严厉的父母在一起，儿童会产生情景性依从，即通过父母的权威和力量来迫使儿童控制自己的行为，相比之下，这类儿童形成的良心呈现的强度比较弱、出现的时间也比较晚①。另外，现代的精神分析学家认为儿童从父母那里建立起来的超我不仅由禁止或"不"构成，还由对行为的积极指导或"可以"组成，也就是说，道德也可以基于爱而形成。

三、道德认知发展理论

道德认知发展理论是由瑞士心理学家皮亚杰创立的，之后，美国心理学家科尔伯格对这一理论加以修正和完善。根据道德发展的认知观点，认知成熟和社会经验导致了道德理解的进步。儿童按照道德阶段的固定顺序发展，每个新的阶段都是前一阶段的延伸并会最终取代前一阶段，新的道德发展阶段代表着对道德问题的更成熟的思考。

（一）皮亚杰的道德发展理论

皮亚杰是第一位系统考察儿童道德规范形成和道德认知发展的心理学家，他的研究成果集中体现在 1932 年出版的《儿童的道德判断》一书中。皮亚杰通过与 5～13 岁的儿童玩弹球并进行临床访谈来研究儿童对规则理解的发展。另外，为了研究儿童对公平概念的理解，皮亚杰给他们提供一些道德决策故事。例如：

故事 A：一个叫约翰的小男孩正在房间里玩，听到妈妈喊吃饭，于是他走进饭厅。在饭厅门后的椅子上放着一个托盘，托盘里放着 15 个杯子，但约翰不知道门后面有这些东西。他推门时碰倒了盘子，里面的 15 个杯子全摔碎了。

故事 B：有一天，一个叫亨利的小男孩趁妈妈不在家，想偷偷地从食柜中取一些果酱吃。于是他爬到椅子上去取。但是果酱实在太高了，他够不着……在他尽力去够的时候不小心碰翻了一个杯子，杯子掉到地上摔碎了②。

儿童听完故事后，皮亚杰向他们询问如下的问题：哪个孩子更淘气？为什么？你认为该怎样惩罚那个更淘气的男孩？

运用这些研究方法，皮亚杰构建了他的道德发展理论。在皮亚杰的儿童玩弹球游戏实验研究中，道德是以规则的形式出现的，他认为道德的产生存在两个维度：规则的实践和规则的意识，从这两个维度的分析可以说明道德现实的心理性质。这种研究方法有一个假设，即道德源于规则，制定规则的参与者往往对规则有一种尊重的情感，这种情感与认知水平结合就可以产生对公正这一道德原则的判断，只有学会道德判断，人的道德原则才能得以提升③。

1. 儿童道德认知发展的阶段

皮亚杰把儿童的道德认知划分为一个前道德阶段和两个道德阶段（他律阶段和自律阶段）。

---

① 杨韶刚. 道德教育心理学. 上海：上海教育出版社，2007：156-157.
② 戴维・R. 谢弗. 发展心理学——儿童与青少年（第 6 版）. 北京：中国轻工业出版社，2005：532.
③ 同①，165.

第一，前道德阶段。四五岁之前的儿童很少表现出规则意识。在玩弹球的游戏中，这些前道德阶段的儿童还没有形成胜负方面的观念，游戏的目的就是轮流去玩并从中得到乐趣。皮亚杰认为，此时儿童是没有道德观念的。

第二，他律阶段。在5～10岁期间，儿童进入了道德发展的他律阶段。他律是指儿童的道德判断受他自身以外的价值标准所支配。此时，儿童有了很强的规则意识，对规则有一种强烈的尊重。他们认为规则是由权威人物如父母、教师或警察制定的，他们把这些规则看作神圣不可侵犯的。因此，这个阶段也叫道德现实主义或者强制的道德，即按照绝对的标准辨别是非。

这个阶段有四个特点：（1）规则（规范）由权威人士（家长、教师或警察）制定，是不可改变的，要严格地遵守它们，违反规则就要受到惩罚。（2）对一个错误行为的判断只关注后果，而不顾行为后面潜在的意图。儿童一般倾向于依据他们的行为能带来多大危害进行道德判断。（3）在对错误行为进行处罚的方式上，他律的儿童偏爱赎罪性惩罚，而并不考虑不良行为与惩罚本身的关系。例如，一个6岁的儿童主张用揍屁股的方式惩罚一个打破窗子的男孩而不是让男孩赔偿损失。（4）他律的儿童相信固有的公平，认为只要违背社会规则就必然会受到这样或那样的惩罚。

第三，自律阶段。到了10～12岁，大多数儿童进入道德发展的自律阶段。儿童知道人们既可以制定规则又可以改变规则，因为规则是人们达成一致意见的产物。换句话说，自律的儿童开始意识到社会规则是主观的协议。因此，自律阶段又称为道德相对主义或者合作性的道德。

自律阶段儿童的道德认知特点是：（1）儿童不再认为规范不可变，相反，规范是大家制定的，必要时可以进行修改。他们还认为为了满足人的需要，也可以违反规则。（2）儿童认为判断一个行为不仅要看后果，还要看动机。因此，10岁的儿童会说因为偷吃果酱而打碎一个杯子（不良动机）的亨利比去吃饭时打破15个杯子（好的或中性的动机）的约翰更坏。（3）在如何惩罚错误行为的问题上，儿童赞成互换性惩罚，即惩罚性后果要与错误行为相符合，以使犯错误者能理解规则的含义并减少今后犯错的可能性。例如，对一个打破窗户的男孩可以让他用自己的零用钱来赔偿而不是靠体罚解决问题。（4）儿童不再相信固有的公平，他们从经验中知道有些违反社会规则的人并没有被发现或受到惩罚。

对于道德发展的三个阶段，皮亚杰认为他律道德以强制和单方面尊重为基础，这一阶段儿童的道德判断受自身以外的价值标准所支配；自律道德以协作和相互尊重为基础，这时儿童的道德判断受自己主观的价值标准所支配。儿童道德发展的过程是从顺从向协作转化的过程，是由他律道德向自律道德发展的过程。

2. 影响从他律道德到自律道德发展的因素

据皮亚杰的观点，在由他律道德向自律道德转换的过程中，认知成熟和社会经验是两个重要的影响因素。其中，认知成熟表现为自我中心的减弱和观点采择技能的提高，这使儿童能够从多个视角思考道德问题。此外，按照皮亚杰的观察，个体的道德认知发展达到自律水平是与其认知能力平行的，具体来说，儿童道德判断的他律特征和自律特征是与儿童的前运算阶段和形式运算阶段的思维发展水平相适应的。

在社会经验方面，皮亚杰认为儿童最重要的社会经验是同伴交往。同伴之间如果要更好地进行游戏或达到其他群体目标，就必须学会相互采纳对方的观点。儿童还需要学会在没有成人干预的情况下，以互利的方式解决他们之间的冲突。因此，同伴之间的平等交往有利于更富有灵活性、自律性的道德状态，因为这种交往减少了儿童对成人权威的盲从，并且提高了他们的自尊和对同伴的尊重，同时使儿童懂得了规则是人们协商的结果，在一定的情况下规则可以改变。在社会经验方面，还需关注父母在儿童道德发展中的作用。皮亚杰认为，父母的权力导致儿童对规则和权威人物的盲从，如果父母不放弃一些权力，就可能减缓道德发展的进程。例如，如果父母用威胁或类似“我让你这样做你就得这样做”的话语向儿童提出要求，年幼儿童就会认为规则是“绝对的律令”。规则的这种绝对性是有害的，它可能会剥夺儿童表达自己意见的机会①。

3. 对皮亚杰道德认知发展理论的评价

皮亚杰的道德认知发展理论给众多发展心理学家带来很大启发。他强调心理发展的根本动力来自个体与环境的相互作用，心理是个体对所理解的经验的建构，道德发展作为心理发展的一个内容也是如此。概括而言，皮亚杰道德发展理论的精髓有如下几点：第一，社会性的传承不能仅仅通过被复制得以实现，而是需要主体的重新建构；第二，道德发展受多种经验的影响，包括情感（如同情和移情）、与成人及同伴的关系等；第三，道德判断是社会关系的根本，儿童从对成人的单向尊重转向双方相互的尊重，他们逐渐关心如何获得并保持合作性的社会关系，逐渐形成公正观，并认识到别人的观点可能与自己的观点不同②。

然而，皮亚杰的理论也有不足之处，主要表现为以下几个方面：第一，过分强调道德的认知成分，相对忽视了情感因素在道德发展过程中的作用，也忽视了道德行为；第二，低估了年幼儿童的道德判断能力；第三，年幼儿童并非同样遵守所有的规则和权威，相比一些社会习俗规则（如游戏规则，没有礼貌等）而言，3 岁左右的儿童就会把打架、偷窃、拒绝分享等违背道德规范的行为看成是更严重、更应该受到惩罚的行为。而且，6～10 岁的儿童已经敢于向成人权威提出挑战，他们认为父母在道德规范方面的处理比较公正，而对于择友、如何安排休闲时间这类事件，他们认为父母不应该滥用权威，而应该与自己协商或允许自己处理。

（二）科尔伯格的道德发展理论

科尔伯格在全面回顾以往道德发展研究的基础上指出，大量研究所使用的方法并不充分有效。这些方法主要涉及一些有关内疚或焦虑的投射性测验、对几乎没有道德意义的故事刺激的反应、父母对过去抚养方式的模糊的自我报告以及对儿童几乎毫无意义的实验情境。科尔伯格认为，方法的缺陷与该领域缺乏对道德的实质性认识有关，一些心理学家试图在不考虑个体所理解的道德意义的情况下解释道德的形成过程。由此，科尔伯格认为必须在考虑道德的性质（包括定义、意义和实质）的基础上才能探讨道德形成的机制。科尔伯格用“儿童是道德哲学家”这个命题表明，儿童能够通过自己的社会经验形成对公正、权利和福利这样的道德概念的实质性理解。他提出一个重要假设，儿童的道德发展作为其

① 陈会昌．道德发展心理学．合肥：安徽教育出版社，2004：87，82-83.

② 同①.

建立社会关系的一种倾向，可以通过采纳别人的观点进而做出判断来实现，这种判断以同情、移情、尊重、爱和依恋为基础，而不是以回避焦虑和内疚等消极情感为基础①。

科尔伯格着重考察了儿童在假设情境中对冲突的判断，他采用的研究方法主要是道德两难故事法。他编制了九个道德两难故事和问题，其中一个常用的故事是海因茨偷药的故事：欧洲有个妇女患了癌症，生命垂危。医生认为只有本城一个药剂师新研制的药物能救她。配制这种药成本为 200 元，但售价却要 2 000 元。病妇的丈夫海因茨到处借钱，但最终只凑得 1 000 元。海因茨恳求药剂师说，他的妻子快要死了，能否将药便宜点卖给他，或者允许他赊账，但遭到药剂师的拒绝。药剂师还说："我研制这种药正是为了赚钱"。海因茨没有别的办法，于是破门进入药剂师的仓库把药偷走。科尔伯格让儿童听故事，然后提出一系列的问题让他们回答，再根据儿童的回答划分出道德判断发展的水平。科尔伯格利用这类两难故事研究了 75 名 10～16 岁的儿童，之后每隔三年重复一次，直至这些儿童长到 22～28 岁。科尔伯格根据自己的研究资料提出了道德发展的三个水平，每个水平又分为两个阶段。

1. 道德发展的三水平六阶段

科尔伯格的道德发展三水平六阶段的基本内容和特征如下：

水平一：前习俗水平的道德，主要是以自我中心为基础的道德推理水平。对个体来说，规则是外部的而非已经内化的，儿童为了回避惩罚或者赢得奖励而遵守权威制定的规则。道德具有功利性。科尔伯格认为 7～10 岁的儿童大多处于这个道德推理水平。

阶段一：惩罚与服从定向阶段。儿童判断行为的好坏主要根据结果。儿童为逃避惩罚而遵守权威，对于未被发现或者没有受到惩罚的行为，他们不会认为该行为是不恰当的。一个行为造成的伤害越严重或者受到的惩罚越严厉，这个行为就越不恰当。

阶段二：相对功利主义取向阶段。个体遵守规则是为了获取奖赏或者满足个人目标，他们也可能会考虑到他人的观点，但此时的动机主要是希望获得回报。

水平二：习俗水平的道德，个体为了赢得他人支持或维持社会秩序而遵守规则和社会规范。社会奖励和回避伤害取代奖励、惩罚成为道德行为的动机。例如帮助朋友并不是因为要得到谁的夸奖，而是因为个体认为帮助朋友是对的。科尔伯格认为，如果儿童在 10～16 岁时达到这一道德推理水平就已经很好了。

阶段三：寻求认可定向阶段，也称"好孩子"定向阶段。处在该阶段的儿童认为有道德的行为是指受到他人喜欢、支持或对他人有帮助的行为。此时对个体的道德判断通常是根据他们的意图，处于阶段三的儿童总是试图迎合生活中重要他人的期望。

阶段四：遵守法规和秩序定向阶段。青少年意识到良心和社会体系的重要性。他们知道遵守法律和履行义务的必要性，认为服从法律规则的事情就是正确的。遵守规则的原因不是回避惩罚，而是基于应该服从规则和法律以维持社会秩序的信念。

水平三：后习俗水平（或有原则）的道德，主要是基于内心的一套标准进行道德推理。这种道德标准可能与社会规则一致，也可能不一致，因为道德与法律并不总是一致的。儿童达到这个道德判断水平的时间不会早于 16 岁。

---

① 陈会昌. 道德发展心理学. 合肥：安徽教育出版社，2004：92-94.

阶段五：社会契约定向阶段。个体认识到社会契约和个人权利的重要性，把法律看作反映大多数人意志和促进人类幸福的工具。法律应该保障这一目的的实现并加以公正的实施，个体有责任遵守法律。但有时法律是与道德规则相违背的。只有大约 1/5 的青少年能够真正达到这个阶段。

阶段六：原则或良心定向阶段。此时个体是根据在良心基础上形成的道德原则来判断是非的。科尔伯格认为阶段六是相当难达到的，它更倾向于是一个理想的而非清晰的道德阶段。

关于道德发展的年龄划分问题，科尔伯格 20 多年系统追踪研究的结果表明，对于美国中产阶层和工人阶层的被试来说，大多数 9 岁以下的儿童都使用阶段一和阶段二的推理，也有少数青少年、青少年犯罪者和成人犯罪者仍然使用前习俗水平的道德推理。大多数青年和成人使用阶段三和阶段四的推理，仅有 10％的人在 20～25 岁之后能达到后习俗水平道德。可见，个体的道德发展水平与其年龄阶段不是绝对对应的，这是由于道德发展受到个体的认知发展水平、所承担的社会角色以及文化和教育等因素的影响①。

从对三水平六阶段的内容进行分析来看，科尔伯格实际上更关注儿童做决定时暗含的理由或“思维结构”，而不是关注反应者的表面回答。科尔伯格认为，道德发展阶段代表了参与社会互动、进行观点采择的个体做出道德判断的普遍形式，各个阶段构成了一个普遍存在的顺序，儿童以一种固定不变的顺序依次发展经历各个阶段。

科尔伯格还提出，认知发展和社会经验是道德认知发展的基础。道德发展与认知发展密切相关，但认知发展本身还不足以保证道德发展。研究表明，观点采择能力是习俗道德发展的必要而非充分条件，形式运算能力是后习俗道德发展的必要而非充分条件。为了超越前习俗道德推理水平或习俗道德推理水平，儿童必须置身于足以引起认知失衡的个人面前或情境之中，从而迫使他们重新评价自己的观点，这离不开相关的社会经验。已有的研究主要从三个方面考察社会经验对道德发展的影响：同伴交往、高等教育和文化影响。科尔伯格认为，同伴交往比成人权威的单向讨论更能促进道德的发展，同伴可以被看作道德社会化的动因。高等教育通过两种方式影响道德的发展：第一，促进认知发展；第二，使学生意识到多元的道德观点，从而引起他们的认知冲突和自我反省。此外，生活在一个复杂、多样和民主的社会中也能促进道德的发展②。

2. 科尔伯格理论的影响

科尔伯格对道德发展研究的影响主要有以下两个方面：第一，使人们认识到需要把心理学对道德的解释建立在道德哲学的思考基础之上；第二，当代的许多道德发展理论都承认，道德不是由于儿童的需要和利益与社会要求之间的冲突导致的，也不是外界强加给儿童的，而是儿童积极参与到与成人、同伴的社会关系中的结果。科尔伯格从社会互动的角度出发强调道德判断的建构性，他认为道德观念和道德行为主要不是由恐惧、羞愧或内疚等消极情感所调节的，而是儿童受到社会环境的影响而形成的，情感的影响比环境的影响要小得多。科尔伯格指出，作为采纳他人观点的过程的一部分，对他人的同情、自发助人

① 郭本禹．道德认知发展与道德教育——科尔伯格的理论与实践．福州：福建教育出版社，1999：106.

② 戴维·R. 谢弗．发展心理学——儿童与青少年．北京：中国轻工业出版社，2005：539-541.

的兴趣或利他主义在儿童的道德发展过程中发挥着关键性的作用，对于处在最高发展水平的道德来说，对他人的尊重是一个关键成分①。

总之，科尔伯格描述了道德发展的固定序列，并指出影响道德发展的一些认知因素和环境因素，对道德发展研究做出了很大的贡献。但他的理论也有不足之处。

3. 对科尔伯格理论的批评

对科尔伯格理论的批评主要集中在三个方面：第一，它可能导致对一定群体产生偏见；第二，低估了年幼儿童的道德发展水平及其复杂程度；第三，过多关注道德推理而忽视了道德情感和道德行为②。

（1）可能导致对某些群体的偏见。首先是文化偏见。研究表明，很多文化中的儿童都是在科尔伯格的前三个或四个阶段有序发展，但科尔伯格所界定的后习俗道德在一些社会中不存在。批评者指出，对于生活在非西方社会以及不崇尚个人权利和挑战社会规则的文化中的个体来说，科尔伯格提出的反映西方公平思想的最高阶段及相应理论是存有偏见的。在集体主义社会中，人们强调社会的和谐，群体利益高于个人利益，这在科尔伯格的道德体系中被认为是习俗水平的道德，但实际上他们也可能有着非常复杂的公平概念。

其次，科尔伯格的理论可能导致性别偏见。科尔伯格的理论是在对男性被试研究的基础上发展起来的，因此一些心理学家批评其理论不能充分代表女性的道德推理。例如，卡罗尔·吉利根（Carol Gilligan，1936—　）在其早期的一些研究中发现，女性的道德发展似乎比男性要差，她们主要在阶段三上进行道德推理，而男性通常在阶段四上进行推理。吉利根认为，是性别图式的不同导致了男孩和女孩采取不同的道德定向。男孩通常会受到较多独立性和果断性方面的训练，这使他们把道德两难问题看作个体之间不可避免的利益冲突，而法律和其他社会规范是为解决这些问题而制定的。吉利根把这种倾向称为公正的道德，这恰好是科尔伯格道德中的第四阶段。相反，女孩通常所受的教育是要慈爱、富有同情心和关心别人，即她们是以人际关系来界定善良的，所以对女性来说，道德意味着对他人的关心或同情。吉利根把这种倾向称为关爱的道德，这种道德关注的是人际责任，在科尔伯格道德理论中这似乎符合阶段三的特点。吉利根认为，尽管女性通常采用关爱的道德，她们的道德判断也能够变得非常抽象或者“原则化”，但由于关爱的道德侧重人际关系责任，所以科尔伯格不恰当地将其划归在阶段三之中。

（2）低估了年幼儿童的道德推理能力。由于科尔伯格过多关注与法律有关的道德观念，而忽略了其他非法律性质的道德推理形式，这使他明显低估了学龄儿童道德的复杂性。例如，处于阶段一的8～10岁儿童还会发展一些有关公平分配的复杂概念，即在群体中决定如何对有限的资源（玩具、糖果等）进行公平和公正的分配，这种推理在科尔伯格理论中并没有充分体现出来，而且在公平分配的推理中，并没有发现儿童表现出害怕惩罚、服从权威等特点，这些特点被认为是代表8～10岁儿童道德判断的典型特征。

（3）忽视了道德情感和道德行为。另一个对科尔伯格理论的批评是它过多关注道德推理，而忽视了道德情感和道德行为。一些心理学家指出，科尔伯格在很大程度上忽视了自豪、羞愧、内疚以及怜悯等情绪对道德思考和道德行为的影响。此外，一些研究表明年幼

①② 陈会昌. 道德发展心理学. 合肥：安徽教育出版社，2004：96，109-116.

儿童的道德判断并不能预测他们的行为。道德推理水平和道德行为之间最多表现出中度相关，因为除了个体的道德推理品质外，很多情境因素也会影响日常生活中的道德行为表现。

四、道德发展的社会学习理论

社会学习理论是在美国20世纪60年代兴起的一种学习理论，它由心理学家班杜拉创立，米歇尔（W. Mischel）等人是该理论的积极追随者。社会学习理论在道德发展研究方面主要是对道德的行为成分感兴趣。这种理论认为道德行为主要通过观察学习和强化获得，因此它强调榜样示范和社会环境对儿童道德的形成与发展所起的重要作用。

（一）社会榜样的影响

社会学习理论强调模仿的重要性，认为儿童主要通过模仿那些表现出适宜行为的成人而学会符合道德的行为。研究表明，乐于助人或者慷慨大方的榜样会增加孩子的亲社会反应。此外，榜样的个性，如热情和敏感、能力和影响力、言语和行为的一致性等，会影响儿童模仿的意愿。在学龄前阶段，榜样对儿童施加了最强有力的影响。

通过观察他人，孩子能学会许多积极的行为。那么模仿也能帮助孩子学会抵制不受欢迎的行为吗？研究表明，只要儿童意识到榜样能抵制违反规则的诱惑，他们就会受到影响。琼·格鲁塞克（Joam Grusec）等人做过一项研究，让一个人首先试图诱惑一个成人榜样，然后再诱惑5～8岁的孩子，让他们离开令人厌烦的工作去玩玩具，而这些玩具是实验者禁止他们接触的。结果发现，在提高孩子的自制力方面，说出自己正在抵御诱惑并明确解释为什么那样做（“我不能玩这些玩具，因为我是来将这些卡片分类的，我总是试图去做正确的事情”）的榜样要比仅仅不去触摸这些玩具的榜样更有效。这表明如果榜样能够明确地解释自己遵守规则而不做违规行为的理由，将会有效地激发儿童表现出类似行为，而且如果榜样的理由解释能够与现有的儿童道德推理水平相匹配，该榜样的影响会更大①。

如果让儿童自己成为榜样也会使该儿童更好地抵制不良行为。内斯·托纳（Nace Toner）等通过研究发现，与不是榜样的6～8岁儿童相比，那些被要求为其他儿童做道德抑制榜样的儿童会在随后的抵制诱惑测验中较好地完成任务。这可能是因为成为榜样会使儿童的自我概念发生变化，从而使儿童把自己界定为“遵守规则的人”。这些研究结果对儿童的教育有很大的启示意义②。

（二）强化在道德行为形成中的作用

受到强化的道德行为出现频率会增加。儿童往往具有很强的动机去满足由和蔼且高接纳的成人所提出的明确而合理的要求，伴随良好行为出现的表扬或奖励会使他们今后表现更多类似的行为。

（三）惩罚在道德自制力发展中的作用

道德发展的一个重要指标是即使在不易被发现或受惩罚的可能性很小的情况下，个体

---

① 劳拉·E. 贝克. 儿童发展. 南京：江苏教育出版社，2002：669-670.

② 戴维·R. 谢弗. 发展心理学——儿童与青少年. 北京：中国轻工业出版社，2005：547.

也能够抵制诱惑并遵守道德规范的程度，即道德自制力。如果一个人在没有外部监督的条件下仍能抵制诱惑，表明他已经掌握了道德规范，其遵守规则是受内部动机驱使的。前面提到榜样和强化有助于儿童道德行为的形成，惩罚也是一种较常见的行为塑造手段，那么惩罚能否促进儿童道德自制能力的发展呢？

1. 惩罚的效果

研究表明，在控制儿童的不良行为方面，由和蔼的成人实施的严格一致而又及时的惩罚是最有效的，如果能同时从认知角度给违规者提供之所以禁止某一行为的原因解释，那么惩罚会更有效。因此，为了建立真正内化的自控能力，成人必须向儿童恰当地解释为什么限制某一行为以及为什么应对表现出该行为感到内疚或羞愧。真正的自制力是建立在认知控制基础上的，更有赖于儿童头脑中的知识而不是儿童内心的焦虑和不安。

惩罚结合认知解释会在一定程度上帮助道德自制力的发展。但也有研究表明，经常使用惩罚只能造成临时的顺从，并不能使孩子的行为得到持久的变化。只要大人看不见，那些经常被训斥或被打的孩子可能会再次出现不良行为，受到父母严厉惩罚的孩子在家庭之外是非常好斗的。除此之外，严厉的惩罚还有很多负面影响：第一，给儿童示范了暴力行为；第二，儿童很快学会了逃避大人的惩罚，当儿童抵制与成人进行交流时，成人也就很少有机会教给儿童那些受欢迎的行为；第三，由于惩罚能暂时中止儿童的错误行为，这对成人的惩罚行为是一种强化，将会导致一个爱惩罚的成人可能更频繁地惩罚孩子，而不是思考更有效的教养行为。

2. 三种惩罚技术的比较

马丁·霍夫曼（Martin Hoffman）通过回顾有关儿童教养的文献，探讨了父母的惩罚技术对儿童道德发展的实际效果，他比较了三种主要的惩罚技术①：

第一种是取消关爱。在儿童做出不良行为之后，停止对他们的注意、关爱和支持，让他们产生关爱缺失的焦虑。

第二种是权力压制。运用长辈的权力控制儿童的行为，包括强制要求、人身约束、殴打以及取消特权等可能使儿童害怕、生气或怨恨的方法。

第三种是引导。通过强调某个行为对他人产生的影响，向儿童解释某个行为不恰当并且应该改变的理由，并向儿童提供如何弥补过失的建议。

研究表明，促进道德成熟特别有效的方式既不是取消关爱也不是权力压制，而是引导。这种方法能够同时促进道德的三个方面的发展，即道德情感、道德推理和道德行为，有助于儿童在这三个方面实现较好的整合。霍夫曼对“引导”这一教育方式更加有效的原因做出如下解释：第一，引导为儿童提供了评价自己行为的认知标准；第二，能使儿童对他人产生同情心，并使父母能与儿童讨论自豪、内疚以及羞愧等道德情感；第三，父母更可能对儿童就面临违规时应该如何做以及违规后如何弥补自己的过失等问题做出解释。

但是也有一些研究者质疑霍夫曼的观点，主要的批评有如下两点：第一，霍夫曼的观

---

① 戴维·R. 谢弗. 发展心理学——儿童与青少年. 北京：中国轻工业出版社，2005：547-548.

点可能具有文化特定性，例如，父母使用权力压制的方法与儿童攻击行为、反社会行为的正相关似乎只适合欧裔美国人，而不适合非裔美国人；第二，引导与道德成熟两者之间的作用方向问题，是引导方式促进了道德成熟，还是道德成熟的儿童更能引发父母使用引导的教养方式呢？

第二节　道德情感的发展

早在18世纪，一些哲学家就指出情感是道德的基础。在心理学领域中，早期的研究强调内疚和焦虑在行为的自我控制中的作用。例如，弗洛伊德把情感看作人格发展的核心，在从本我向超我的转变过程中，内疚、羞愧和良心等情感起着很重要的作用。到了20世纪七八十年代，关于道德情感的研究和理论开始重视依恋、同情和移情等，下面简要介绍这方面的研究发现和理论观点①。

心理学家通过大量的研究发现：年龄很小的儿童已表现出积极情感以及对亲人的依附和亲近。年幼儿童对他人的兴趣和幸福很敏感，这导致了亲社会行为或利他行为，如分享、助人和安慰他人等。

近期出现的一些理论都强调儿童的道德行为更多的是被情感而不是被理性所驱动的。例如，詹姆斯·威尔逊（James Wilson）强调道德情感的重要性，他认为应该在道德情感和内在社会能力的基础上建构个体的道德。具体说来，道德起源于自然的情感，在良好的家庭环境中，早期经验可以充分促进这些情感的产生。内在的社会能力源于具有生物基础的依恋倾向，它是产生四种关键情感的主导成分，四种情况包括同情、公正、自我控制和良心，这四种关键情感构成了道德生活。威尔逊指出，大多数人的道德行为主要由情感和习惯所决定，这两者的形成使人表现出道德敏感性。

卡根认为，不同历史时代和不同文化中的普通人主要是通过他们的情感来判断是非的。虽然情感是稳定的，但它可以通过历史环境和文化的变迁导致道德内容的变化，由此造成一种形式与内容的区别。卡根认为，道德的不同内容与五种具有进化基础的情感同时存在，这五种情感多数是不愉快的情感，包括焦虑、移情、责任和内疚、厌烦、困惑和不确定感。避免不愉快、追求愉快是最主要的道德动机。

霍夫曼的移情理论在道德情感方面的研究中也较有影响。他从动机角度界定道德行为，即道德行为是为了另一个人的利益而行动的倾向，或根据与人类幸福或正义相关的道德规范或道德标准行动的倾向。这里的“倾向”是指推动行为的情感反应，也就是说，道德行为是道德情感的需要促成的。道德动机的主要来源是移情。有关移情的发展在第六章中有较为详细的介绍，这里不再阐述。

在道德情感研究中，良心是一个重要论题。良心是弗洛伊德学说中关于道德发展的核心概念。良心或超我代表了内化了的父母，它是相当严厉的，具有惩罚性。良心的发展可以帮助儿童在父母不在身边时也能按照道德规范来行动，抵制外界的诱惑。可以说，良心

---

① 陈会昌．道德发展心理学．合肥：安徽教育出版社，2004：228-250.

是儿童用于内化的一种机制，这个机制用于控制那些违反规则的需要。当代关于良心的理论观点中，心理学家科罕斯卡（G. Kochanska）的看法很有启发性，她指出，良心属于一种情感上的不舒适，它包含在对违规行为的各种消极情感和行为控制中。虽然同情和移情反应也会促进道德发展，但在把违禁性的道德规则加以内化的过程中，重点还在于焦虑、恐惧唤醒和不适感的产生。通过激起儿童的焦虑，例如，惩罚或权力命令、取消关爱的威胁、对儿童自我概念的威胁等，父母可以对儿童的社会化起到很大的促进作用。

第三节　亲社会行为的发展

亲社会行为是指对他人有益或对社会有积极影响的行为，包括分享、助人、合作、安慰他人、捐赠等。引起亲社会行为的动机是多种多样的，或是为了外部奖赏，或是为了社会赞许，或是为了减轻内部的情感不舒适等。亲社会行为还包括利他行为，利他是指真正关心他人并愿意付诸行动。利他行为比为了避免惩罚、获取奖赏或社会赞许而表现出的其他亲社会行为更具有道德性①。

一、亲社会行为的早期发展②

20 世纪 80 年代以来，不少研究者对儿童早期的亲社会行为发展进行了研究，主要集中在以下几个方面：助人、合作、安慰和分享等。这些研究表明，儿童的亲社会行为，如分享、助人、合作等，都是在 18～24 个月时开始迅速发展和分化的。

（一）助人

莱茵戈德（H. L. Rheingold）曾对儿童早期的助人行为进行了研究。她分别对 18 个月和 30 个月的婴儿在父母和陌生人做家务（包括摆桌子、整理散乱的杂志和扑克、叠衣服、扫地和整理床铺）时的表现进行了观察，结果发现，半数以上的 18 个月幼儿和所有的 30 个月的幼儿都能帮助成人做大部分的家务。这些幼儿表现得很愉快，而且他们知道自己要完成什么，而并不只是在玩。莱茵戈德对年幼儿童助人行为的原因进行了探讨，她认为年幼儿童喜欢模仿，有时还富有创造性，他们喜欢与成人打交道和练习技能，这种助人行为由于得到成人的认可而得以维持。早期的助人行为表明儿童并非是完全自我中心的，相反，助人行为是由于儿童期望参与一些成人的活动而表现出的社会互动。

（二）合作

合作行为是一种基本的社会互动形式。关于幼儿合作的许多研究都指出，在出生后的第二年，儿童的合作行为开始发生并迅速发展。

许多研究证实儿童的合作行为随着年龄增长而不断增加。例如，有人对儿童与父母的合作游戏进行研究，结果发现，12 个月的儿童很少进行合作性游戏，而绝大多数 18～24 个月的儿童开始进行合作性游戏。还有研究发现，2 岁儿童在与同伴交往过程中，能够与

---

① 张文新．儿童社会性发展．北京：北京师范大学出版社，1999：303.

② 杨韶刚．西方道德心理学的新发展．上海：上海教育出版社，2007：62-64.

同伴相互协调行动以达到共同目标，而18个月的儿童还比较困难；2岁以后的儿童能更有效地进行社会性交往，更经常地进行合作游戏。

（三）安慰

很小的儿童已能对他人的悲伤情感以亲社会方式进行反应。例如，赞恩-威克斯勒（Zahn-Waxler）等人的系列研究表明，当别人表现出明显的难过时，13个月大的婴儿不仅能够以相似的情绪偶尔做出哭泣的反应，而且还会试着为对方提供安慰，例如拥抱或轻轻拍打。随着年龄的增长，儿童的安慰行为不仅在频率上增加，而且在表达方式上也更为丰富，如进行言语安慰（“你会好的”）、提供忠告（“你要小心”）、帮助（给哭闹的婴儿一个奶瓶）或分享食物等。与此同时，儿童还显现出对他人移情关心的表情，如看起来很难过，或者用言语表达（比如对别人说“对不起”）。但当儿童不是一个旁观者而是造成他人痛苦和悲伤的当事人时，他们表现出的移情和助人行为就比较少。总之，关心他人、对他人痛苦的情感反应（移情）和试图帮助别人的利他行为在儿童1岁多就出现了，这表明儿童从很小的时候开始就感觉到自己对他人是有责任的。

（四）分享

皮亚杰通过观察发现，8～12个月的婴儿已经具有分享的倾向。莱茵戈德对儿童的分享行为倾向进行了研究，结果发现，分享行为在婴儿12个月时已经出现，而18个月大的婴儿会经常向父母或陌生人指看或分享物品。莱茵戈德认为这种早期的分享行为虽然没有涉及更多的自我牺牲，但这些行为显示出儿童已经初步意识到他人的需要，这种行为的形成和发展有利于儿童的社会互动。

二、亲社会道德推理

南希·艾森伯格（Nancy Eisenberg）是亲社会领域中颇有影响的代表人物之一。她与一些合作者利用亲社会两难故事作为研究工具，进行了一系列关于儿童亲社会道德判断的实验研究，创立了儿童亲社会道德推理理论。

在亲社会两难故事中，主人公不得不在需要付出很大代价的前提下，决定自己是否要帮助或安慰某个人。下面是一个典型的亲社会两难故事：一天，一个叫玛丽的女孩准备去参加朋友的生日宴会。在路上，她看到一个女孩摔倒并且磕伤了腿。那个女孩请求玛丽去一趟她家，让她父母过来带她去医院。但是如果玛丽这样做，朋友的生日宴会她将会迟到，并且错过冰激凌、蛋糕和很多好看的节目。玛丽应该怎么办呢①？

艾森伯格根据儿童的回答概括出亲社会道德判断的发展趋势。从儿童早期到青少年期，儿童的亲社会道德推理能力经历了五个发展阶段，每个阶段的典型反应和大致年龄段简述如下②：

阶段1（学前、小学低年级）：享乐主义的、自我关注的推理。只关注自己的需要，是否给别人提供帮助主要根据是对自己是否有利，或由于自己需要或喜欢某人才去关心和帮助。

---

① 戴维·R. 谢弗. 发展心理学——儿童与青少年. 北京：中国轻工业出版社，2005：523.

② 杨韶刚. 西方道德心理学的新发展. 上海：上海教育出版社，2007：84-85.

阶段 2（小学儿童、少数学前儿童）：需要定向的推理。把他人的需要作为提供帮助的合理根据，但很少表现出移情。仅仅对他人的需要表示简单的关注，并没有表现出观点采择、同情的言语和移情等。

阶段 3（小学和一些中学生）：模式化的赞许和人际定向。助人与否的理由是好人或坏人、善行与恶行的刻板印象，关注外界的赞许。

阶段 4（小学高年级和中学生）：移情定向。开始根据移情做出判断，有时候也会根据责任和价值观做出判断。

阶段 5（少数中学生、小学以上）：内化的价值观定向。儿童根据内化的价值观、规范、信念和责任来判断是否给他人提供帮助，违背这些原则会削弱个体的自尊。

艾森伯格对以上五个阶段做了较为谨慎的说明，她没有把五个阶段看作普遍性的，也不认为五个阶段之间的顺序是固定不变的。但是一些跨文化研究（德国、以色列、日本等）表明，不同文化背景下的儿童亲社会道德判断的发展过程与艾森伯格的儿童亲社会道德推理发展阶段基本一致。

三、艾森伯格的亲社会行为理论模型

20 世纪 80 年代中期，艾森伯格提出一个亲社会行为理论模型，它整合了影响亲社会行为的情境因素、人格因素和认知因素等，对亲社会行为发生、发展的心理机制做了较为全面而深刻的剖析，引起了心理学界的广泛关注。

艾森伯格将亲社会行为的产生过程分为三个阶段：对他人需要的注意阶段、亲社会行为意图的确定阶段、意图和行为建立联系的阶段[①]。

（一）亲社会行为的初始阶段——对他人需要的注意

艾森伯格认为，注意到他人的需要是亲社会行为的初始阶段。个体能否注意到他人的需要受个体因素和个体对特定情境的解释两方面因素的影响。个体因素包括对他人的积极评价、观点采择的能力和倾向、他人定向、自我关注等。进一步说，观点采择倾向有助于个体洞察到他人的需要，积极普遍的他人定向有助于个体觉察并辨认有关他人需要的细微线索等。个体对情境的解释受特定情境的特征（如他人需要的清晰程度、需要的来源、潜在受助者的身份、旁观者的身份等）的影响，从而影响个体对他人需要的注意。

（二）亲社会行为意图的确定阶段

一个潜在的助人者一旦注意到他人的需要，便面临着决定是否要助人，从而进入亲社会行为意图的确定阶段。亲社会行为意图的确定过程主要通过两种方式进行：第一，在紧急情况下，情感因素在助人决策的过程中起主要作用。第二，在非紧急情况下，个体的认知因素和人格特质可能起主要作用。

在紧急情况下，由于时间紧迫，不容许潜在助人者全面地分析个人得失，因此在助人决策中认知变量和人格变量所起的作用相对较小，而情感因素如移情、同情、内疚感或个

---

① 张文新. 儿童社会性发展. 北京：北京师范大学出版社，1999：315-321；杨韶刚. 西方道德心理学的新发展. 上海：上海教育出版社，2007：84-85.

人痛苦等起主导作用。潜在助人者可能对他人产生同情，进而萌发亲社会行为动机。潜在助人者也可能通过移情产生个人痛苦，为减轻个人痛苦而产生助人动机。

在大多数情形下，受助者并非处于十分危急的状态，受助者的需要也并不具有足够的情感力量直接促使他人产生助人动机。在这种情况下，个体的助人动机受多种因素影响，其中，认知因素和人格因素起重要作用。

在非紧急情况下，认知因素对亲社会行为意图的影响主要涉及两个方面：第一，对亲社会行为的主观效用分析，即对亲社会行为的代价和收益的主观评估。如果助人的代价增大，如身体上的伤害、物质上的损失等，助人的可能性就会减少。第二，对他人需要的原因归因。如果潜在助人者把潜在受助者需要的原因归于受助者自身可控制的内部因素，就可能萌发不助人的动机。例如，张三的家庭经济非常困难，原因是他所在的工厂效益不好，这属于不可控制的外部因素；李四的家庭经济也非常困难，而原因是他好吃懒做，这属于可控制的内部因素。在这两种情形下，人们可能想帮助张三，而不想帮助李四。

人格因素对亲社会行为意图确定的影响涉及以下几个方面：关于“助人”和“仁慈”特质的自我认同，自尊和自我聚焦，个体的价值观、需要和偏好等。如果一个人认为自己具有仁慈、慷慨等特质，那么其亲社会倾向就会增强。自尊水平对亲社会意图影响的主要体现是：与自尊水平较高的人相比，中度自尊和低度自尊的人更可能为赢得社会赞许或避免受拒绝而产生亲社会行为动机。

（三）意图和行为建立联系的阶段

个体具有助人意图并不意味着他实际上将做出亲社会行为。艾森伯格认为，助人意图和亲社会行为之间的联系受到两方面因素的影响：个人的有关能力、人与情境的变化。有关的个人能力（包括助人的特定技能、自我效能感、自我调节技能、有效策略的知识、人际问题解决能力等）影响助人意图向亲社会行为的转化。在某些情况下，一个人的助人决策与助人时机之间往往有一段时间间隔，在这段时间间隔内个体特征和情境因素会随着时间发生一些变化，这些变化也可能会影响到助人意图向亲社会行为的转化。

四、利他的发展

所谓利他，就是通过分享、合作和帮助等亲社会行为来实现对他人的无私帮助。

（一）利他的发展趋势

在儿童接受正规的道德训练之前，他们已表现出一些亲社会行为。例如，12～18 个月的孩子有时也会把玩具给同伴玩，他们甚至会试图帮助父母做清扫、放置椅子等家务活。年幼儿童的亲社会行为还具有一定的合理性，例如，2 岁儿童在玩具不够的时候比在玩具充足的时候更愿意把自己的玩具与同伴分享。

许多两三岁的儿童对同伴的悲伤表现出同情和怜悯，但他们并不是真正做出自我牺牲。婴幼儿对同伴表现出的同情心和同情行为存在个体差异。一些婴幼儿经常努力安慰悲伤的同伴，另一些孩子却很少这样做，这种个体差异在一定程度上与儿童的气质有关，同时也依赖于父母对孩子伤害他人后的反应。赞恩-威克斯勒发现同情心差的婴幼儿的母亲通常使用斥责或身体惩罚等强制策略对待孩子的伤害行为。相反，具有较强同情心的婴幼儿的母亲则经常对孩子的伤害行为进行情感解释，通过让孩子明确自身行为是造成他人悲伤的原因来培养孩子的同情心①。

从小学低年级开始，分享、助人等亲社会行为越来越普遍。

(二) 影响利他发展的因素

影响儿童利他发展的主要因素包括：亲社会道德推理水平、移情以及文化和社会因素②。

儿童的亲社会道德推理水平可以预测其亲社会行为。与那些以自我关注方式进行亲社会道德推理的儿童相比，超过享乐主义水平的儿童更可能帮助他人或自愿与同伴分享物品。在一项以中学生为被试的研究中，成熟的亲社会道德推理者认为即使对方是自己不喜欢的人，必要的时候自己也会提供帮助，而不成熟的被试则会忽略他们不喜欢的人的需要。

有关情感和社会观点采择与亲社会行为关系的研究表明，角色扮演能力发展良好的儿童通常会比相应技能较差的同伴表现出更多的助人行为和同情心，这主要是因为他们能更好地推断同伴对帮助或安慰的需求。移情是影响利他主义的一个重要情感因素。霍夫曼认为，移情唤起最终能够成为利他行为的重要中介，通过将移情唤起转变为对悲伤者的关心会促进利他行为的发展。父母可以使用以下几个策略促进儿童同情式的移情唤起：(1) 做移情关心的榜样；(2) 使用情感定向的教养方式，即帮助年幼儿童理解某些行为引起他人悲伤可能导致的不良后果。

不同文化对利他行为的认同和鼓励是不同的。一项跨文化研究表明，表现出更多利他行为的儿童往往来自非工业化的社会中。在这种社会文化中，儿童通常生活在大家庭中，他们经常做家务或者照看年幼的弟妹来促进家庭的良好运转。还有一个因素使西方社会中的儿童利他分数较低，即这些社会过于强调竞争和个人目标而非群体目标，因此，自我牺牲和他人定向的行为尽管受到支持，但往往并不属于个人应尽的义务。

第四节　攻击行为的发展

攻击行为是指任何对生物体进行有意伤害的行为，且被伤害者会力图避免这种行为。根据攻击行为指向的目标，攻击行为可分为两类：敌意性攻击和工具性攻击。敌意性攻击是以人为指向的，行为者的主要目的是伤害对方。工具性攻击是指通过伤害别人而达到其他目的，这类攻击本身不是为了给受攻击者造成身心伤害，而只是达到其他目的的手段。以上这种分类方式是由哈图普（W. W. Hartup）提出的。有学者进一步提出敌意性攻击又包括两种形式：一是公开性攻击，即通过身体伤害或威胁来伤害别人；二是关系性攻击，即损坏另一个人的同伴关系，如社会性排他或散布谣言。后来，道奇（K. A. Dodge）又提出可以把攻击行为分为反应性攻击和主动性攻击。反应性攻击主要表现为愤怒、发脾气或失去控制，主动性攻击主要表现为物品的获取、欺负或控制同伴。这一分类方式既考虑了

①② 戴维・R. 谢弗. 发展心理学——儿童与青少年. 北京：中国轻工业出版社，2005：522，522-523.

与儿童攻击行为相联系的情绪唤醒状况，同时也强调了攻击行为的诱因。

一、攻击行为的出现和发展

1 岁以内的婴儿会表现出愤怒，偶尔也会打别人，但这些行为不一定具有攻击性意图，而更可能是对障碍物的移除、推开等处理行为。婴儿在 1 岁左右时开始出现工具性攻击行为，如他们会为了抢夺玩具而争斗。

学龄前儿童已出现了敌意性攻击和工具性攻击两种形式，由于学前幼儿经常因玩具而产生冲突，他们的攻击行为大多是工具性的。

儿童攻击行为的特征随着年龄的增长会发生很大变化。在一项对攻击性行为的经典研究中，研究者要求母亲在日记中记录自己的孩子愤怒时的详细情况。结果发现，儿童的身体攻击在 3～5 岁时逐渐减少，取而代之的是言语攻击，语言发展对这种变化起了一定的作用。此外，儿童延迟满足能力的发展有助于他们减少工具性攻击行为。

进入小学后，大多数儿童学会用友好的方式解决大多数争端，身体攻击和言语攻击行为有所减少。但是，这一时期敌意性攻击却有上升的趋势，这可能是由于年龄较大的儿童已经掌握了观点采择技能，从而能更好地推断他人的伤害意图，并对他人的伤害行为进行报复。

二、攻击行为的性别差异和个体差异

（一）攻击行为的性别差异

许多研究资料显示，男性的身体攻击、言语攻击的平均水平一般都高于女性。在 2.5～3 岁期间，儿童攻击行为的性别差异已经比较明显。导致男孩和女孩出现这种差异的原因可能是：第一，父母对男孩和女孩鼓励的游戏形式不同。通常，父母与男孩的游戏比与女孩的游戏更粗犷，他们对女孩表现出攻击行为的反应比对男孩的反应更消极。第二，给男孩、女孩提供的玩具不同。第三，儿童在社会学习中所获得的性别图式不同。

但是也有研究者对攻击行为的性别差异表示质疑。最近有研究者指出，男孩和女孩都可能具有很高的敌意和攻击性，只是表现攻击的方式不同而已。男孩经常追求竞争性的、工具性的目标，对于那些令他们不愉快或者干扰他们实现目标的人，他们更倾向于采用打斗、欺负或其他外显的攻击形式做出反应。相反，女孩更倾向于关注情感目标或关系性目标（即与他人建立亲密和谐的联系而不是战胜或控制对方），因此，女孩的攻击行为与她们所追求的社会目标相一致，主要包括隐秘的关系攻击形式，如拒绝接纳对方、排斥对方或者采取其他可能破坏对方友谊及同伴地位的行为，如散布谣言等①。以往对儿童攻击行为的研究大多只关注身体攻击和言语攻击，这在很大程度上忽视了关系控制行为，从而明显低估了女孩的攻击倾向。

（二）攻击行为的个体差异

儿童的攻击性水平存在很大的个体差异，其中少数儿童的行为可被称为习惯性攻击。

---

① 戴维·R. 谢弗. 发展心理学——儿童与青少年. 北京：中国轻工业出版社，2005：509-512.

如前所述，道奇将攻击性儿童分为两类：主动攻击者和反应性攻击者。主动攻击者是指容易实施攻击行为、并把攻击作为解决社会问题或达到其他个人目标的一种手段的高攻击性儿童。反应性攻击者倾向于对他人的敌意做意图归因，他们往往对他人持有怀疑和警惕的态度，经常把他人看作挑衅分子，认为自己应该对他人采取强制的方式；他们不能很好地控制自己的愤怒情绪，并寻求对社会问题的非攻击性解决方式，从而表现出高水平的敌意、报复性攻击①。

三、攻击行为的社会信息加工模型

20 世纪 80 年代初，道奇提出一个社会信息加工模型来解释儿童的攻击行为。这个模型认为，儿童从面临某一社会线索到做出攻击反应的整个过程经历了以下六个认知步骤②：

（1）解码社会线索：搜索环境中的线索并把注意力集中到适宜的线索上。

（2）解释社会线索：对感知到的线索进行解释，获得线索的含义，例如，肇事者的反应是什么？他是有意的吗？

（3）建构社会目标：形成一个目标用以解决当前的问题。

（4）生成问题解决策略：实现以上目标需要采取哪些策略？

（5）评价策略：评价各种策略的有效性，选择适宜的反应。

（6）实施反应：采取攻击性行为。

道奇指出，儿童的心理状态可能影响其中的任何一个信息加工阶段。儿童的心理状态包括儿童过去的社会经验、社会期待（特别是对伤害事件的社会期待）、社会规则方面的知识以及情绪反应和情绪调节能力。

根据这个社会信息加工模型，道奇对于上述主动攻击者和反应性攻击者的行为做出了解释。他认为，反应性攻击者往往有很多与同伴争吵的经历，他们的心理状态中包含“他人对我都是有敌意的”这样一种期待，因此，当他们在模糊情境中（如被一个鲁莽的同伴打翻了拼图）受到伤害时，会比非攻击性儿童更倾向于做出以下反应：第一，寻找和发现与自己的期待相匹配的线索；第二，对伤害者做敌意归因；第三，非常生气，在没有充分考虑其他非攻击性解决方式的情况下迅速地以敌意方式报复对方。主动攻击者与反应性攻击者不同，他们可能会更仔细地构思一个工具性目标（如，让他在我面前老实一点儿），并冷静地选择最能有效实现目标的攻击反应。主动攻击者在攻击过程中更可能表现出高兴等积极的情绪反应，其心理状态也更偏向攻击性的冲突解决方式，因为他们认为强制性的方式能产生积极的结果，以显示自己有能力控制他人。

四、欺负——一种特殊的攻击行为

欺负是儿童之间尤其是中小学生之间经常发生的一种特殊类型的攻击行为。英国心理学家史密斯（P. K. Smith）认为，欺负与一般性攻击行为相比有三个特征：未受激惹性或有意性、重复发生性、欺负者与受欺负者力量的不均衡性。已有研究表明，欺负是存在于

---

①② 戴维·R. 谢弗. 发展心理学——儿童与青少年. 北京：中国轻工业出版社，2005：511，511-514.

儿童之间的普遍现象，下面做一概要介绍①。

儿童的欺负行为随年龄增长而有变化。一项对挪威和瑞典中小学生欺负行为的研究表明，随着年龄的增长，儿童被欺负的比率呈下降趋势，而欺负他人的比率，女孩随年龄的增长呈下降趋势，男孩则呈上升趋势。儿童的欺负还存在性别差异：在参与欺负行为的比率差异方面，男孩比女孩更多地卷入欺负行为中，而且男孩成为受欺负者的可能性大约是女孩的两倍；在欺负方式的差异方面，女孩更多用言语和心理欺负，男孩更多是用身体欺负。

研究者还分析了欺负者和被欺负者的特点和影响因素。有研究者指出，习惯性欺负者经常在家中观察到成人之间的冲突和攻击，自己却很少成为家人攻击的目标。他们从家庭经验中感觉到攻击行为可以使自己获得一定的利益，认为自己能轻而易举地让受害者让出资源或屈从。

长期遭受欺负的个体一般不受同伴喜欢，但是也不绝对。其中，大部分儿童属于被动受欺负者，他们具有社会退缩、不爱活动、身体虚弱以及不愿反击等特点。还有一小部分受欺负的儿童属于挑衅性受欺负者，他们经常招惹同伴，具有反抗、好动、暴躁等特点，他们更倾向对他人做出敌意意图归因并给予反击。

五、影响攻击行为的家庭环境因素

攻击行为的影响因素包括个体因素和环境因素。在环境因素中，家庭环境对攻击行为具有重要的影响。

帕特森（G. R. Patterson）等人对高攻击性儿童与其父母的交往模式进行了观察研究，他们发现，高攻击性儿童通常生活在可能培植敌意和反社会性的家庭环境中。具体来说，这样的家庭争吵不断，缺乏相互支持和关爱，家庭成员间不愿相互交流，即使有交流，也往往是采用嘲笑、威胁等方式而不是亲切的交谈。帕特森把这种情境称为强制性家庭环境。在这种家庭中，大部分人际交往涉及某一家庭成员如何试图制止另一成员对自己的挑衅。另外，问题儿童的母亲很少把社会赞许作为行为控制的方式，她们往往忽略大量的亲社会行为，而把很多无伤大雅的行为看作反社会行为，而且她们几乎只靠控制策略处理自己认为的不良行为。这些问题儿童在家庭中受到的消极教养方式（包括父母将模糊事件贴上反社会标签的倾向）可以解释为什么他们通常不信任他人，并且对他人表现出敌意归因倾向②。

第五节　自制力的发展

道德领域中的自制力是指即使在不易被发现或受惩罚的可能性很小的情况下，个体能够抵制诱惑并遵守道德规范的程度。儿童的自制力是什么时候发展以及如何发展的呢？下

---

① 张文新．儿童社会性发展．北京：北京师范大学出版社，1999：366-370．

② 戴维·R．谢弗．发展心理学——儿童与青少年．北京：中国轻工业出版社，2005：516-517．

面做一简要介绍①。

自制力的发展需要以下几种能力的发展为基础：儿童意识到自己是能引导自己行为的独立的个体，他们要有回忆起照料者的指导并把它应用到自己行为中的表象和记忆能力，大脑额叶发展对认知抑制能力的支持以及情绪的自我调节能力等。

当这些能力成熟的时候，自制力将以顺从的形式出现。12～18 个月的儿童开始明确意识到照料者的期望，并且能自愿地遵守简单的要求和命令，在这段时间内，对婴儿行为的控制主要依赖于照料者的支持。之后，儿童逐渐把自己与成人的对话中涉及的行为标准整合到自己的言语中，用来指导自己的行为。这种言语的自我指导形式被称为私人言语。这样，顺从的发展很快导致了婴儿最初的自制力的表现。

延迟满足能力是自制力发展的一个重要表现。所谓延迟满足是指等待一个更适宜的时间和地点来从事一种诱人的行为或者获得一个欲望中的物体。研究表明，18～30 个月大的幼儿的延迟满足能力已经有所发展。

随着儿童表现社会赞同行为并且抵制不受欢迎行为能力的提高，照料者的期望也增加了。有研究表明，母亲对 13～30 个月的幼儿提出要求的范围越来越广泛，开始时规则范围很狭窄，主要针对安全、财产以及尊敬他人。之后，对儿童的要求逐渐扩展，更强调家庭规范、自我照顾和独立性等与现实生活相关的规则。该研究还发现，母亲的期望与儿童自我控制能力的出现是相吻合的。

入学之后一直到青春期，由于认知能力的发展，尤其是注意力、心理表征能力和元认知能力的提高，儿童能够采用一些有效的自我指导策略，从而有助于自制力和延迟满足能力的进一步发展。

思考题

1. 精神分析学派如何解释道德的形成和发展？这对于儿童教育有何启发？
2. 根据科尔伯格的理论，儿童的道德发展有哪几个水平和阶段？请举例说明。
3. 请归纳总结影响儿童道德发展的因素有哪些。
4. 促进儿童道德发展的有效方式是什么？
5. 根据道德发展的有关理论，你认为对儿童应如何进行道德教育？
6. 举例说明攻击的方式有哪几种？
7. 如何帮助儿童克服或减少攻击行为？

① 劳拉・E. 贝克. 儿童发展. 南京：江苏教育出版社，2002：700-703.

第十章 儿童发展的生态环境

知识结构图

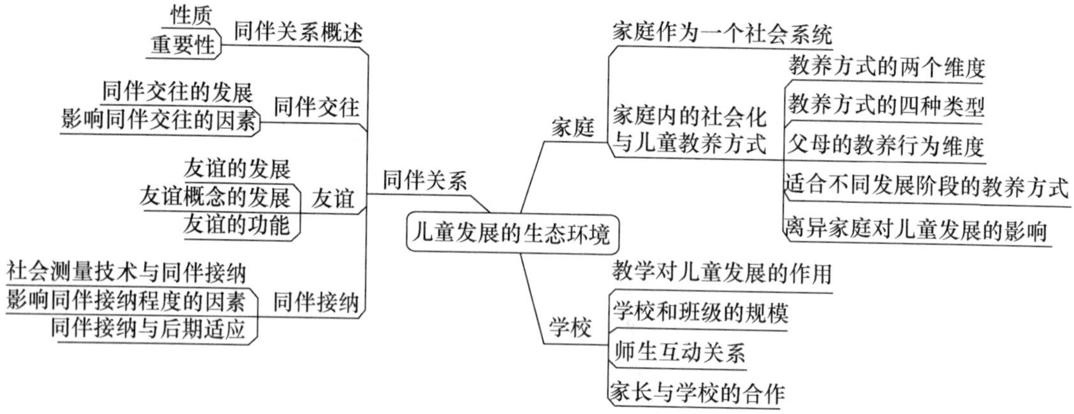

学习目标

1. 理解家庭功能的社会系统观点；掌握儿童教养方式的划分维度，能够运用四种教养方式描述和解释生活中的有关现象；掌握离异家庭对儿童发展的影响。

2. 理解同伴关系和友谊对儿童发展的重要性；掌握同伴交往和友谊的发展特点，同伴交往和同伴接纳的影响因素；在此基础上，能够分析和解释儿童在同伴交往中的现象和问题，并提出培养儿童同伴交往能力的措施和策略。

3. 了解学校教育对儿童发展的影响。

学习重点

1. 理解家庭功能的社会系统观，掌握儿童教养方式类型以及离异家庭对儿童发展的影响。

2. 掌握同伴交往和友谊的发展特点，同伴交往和同伴接纳的影响因素。

学习难点

根据同伴交往和友谊的发展特点、同伴交往和同伴接纳的影响因素，分析和解释儿童在同伴交往中的现象和问题，并提出培养儿童交往能力的措施与策略。

学习建议

1. 可以结合第一章有关生态系统理论的内容、第六章有关依恋的内容来增进对本章知识的学习。

2. 始终将儿童置于家庭人际互动和同伴交往的情境中来考虑其认知、语言、情绪、人格、社会认知和道德等方面的发展。

3. 可进一步查阅相关文献来拓展“学校教育对儿童发展的影响”这部分内容的学习和理解。

儿童的心理功能是在社会环境中发展的。在本书的第一章曾经介绍过布朗芬布伦纳的生态系统理论，从中我们了解到，儿童生活的社会环境包含四大环境系统：微系统、中间系统、外在系统、宏观系统。其中，微系统是儿童投入大量时间的环境，包括家庭、同伴、学校和社区等。在这些微观环境中，儿童与父母、同伴、教师以及他人进行直接的相互作用，而这些互动对儿童的心理发展会产生重要而深远的影响。下面将介绍家庭、同伴关系、学校系统对儿童发展的影响，这是与儿童的心理发展关系最为密切的环境。

第一节 家　庭

家庭是儿童发展最早的也是最持久的环境。家庭为儿童提供游戏和探索外界事物的机会，使儿童认识外部世界；家庭中的人际关系，尤其是儿童与父母以及兄弟姐妹的依恋关系，是儿童今后在更广阔的社会环境中人际关系形成和发展的原型；在家庭中，儿童还逐渐学习一些社会规则和道德规则；与家庭成员的冲突使儿童逐渐学会如何影响他人的行为。这些在家庭中获得的早期经验对儿童的情感、人格、智力发展、社会性和道德成熟有重要影响，因此，我们把家庭视作儿童社会化的首要动力。当然，其他社会环境（如幼儿园、学校等）也影响着儿童的发展，但就其影响的深度和广度来说，没有能与家庭相提并论的。

总之，从儿童发展的角度来看，家庭应该承担的最重要的任务是照顾儿童并促使其社会化，也就是说，使儿童健康成长并获得所处社会的重要而适当的信念、价值观和行为方式。

一、家庭作为一个社会系统

20 世纪四五十年代，发展心理学家对家庭的研究主要集中于母子关系，强调母亲的态度对儿童行为的单向影响，认为母亲对塑造儿童行为和人格起着重要作用。现代的发展心理学通过对家庭成员间相互作用的复杂模式的研究，形成了关于家庭功能的社会系统观点。社会系统观点不但强调父母对儿童的影响，也强调以下两点：第一，儿童会影响父母的行为和教养方式；第二，家庭是一个复杂的社会系统，家庭内部所有成员之间的相互作用构成一个网络，家庭还受到更广阔的社会环境的影响，如社区、社会文化等。

（一）家庭成员间相互作用的直接效应和间接效应

家庭成员之间系统化的相互作用或相互影响既有直接效应，也有间接效应。所谓直接效应，是指家庭中任何两个成员之间的相互影响。间接效应也称第三方效应，是指家庭中任何两个成员之间的交往会受其他家庭成员的态度和行为的影响。家庭中的每个成员可以与其他成员发生直接的相互作用，这种直接作用可能受到其他成员的第三方效应的影响，同时，该家庭成员又可能作为第三方因素对其他成员间的相互作用产生间接影响。

母亲或父亲与儿童之间不断进行着大量的直接相互作用。研究表明，如果父母对儿童的管教严格且充满耐心，儿童就会顺从管教。同样，因为儿童对父母的管教采取了顺从、合作的态度，他们的父母今后也会对儿童继续保持温和的态度。相反，如果父母对儿童的管教过于严厉且缺乏耐心，儿童就会表现出抗拒，于是，随后父母更可能对儿童采用惩罚等消极的管教措施，这会进一步导致儿童出现更多的抗拒行为。通过上述分析，我们看到，两种情形下形成家庭成员间不同的相互作用模式。

把家庭作为一个社会系统意味着还需要考虑家庭成员的间接效应。间接效应既可能为儿童的发展提供有力的支持，也可能阻碍儿童的健康成长。例如，父亲对母子关系有间接效应，如果拥有幸福的婚姻和丈夫的亲密支持，这样的母亲对孩子的照顾通常会更耐心和敏感。再比如，母亲也会对父子关系有间接的影响，如果母亲认为父亲在儿童发展中具有重要作用，而且常常与其谈论孩子的情况，父亲可能会更多地照顾婴儿。可见，如果父母间的关系是和谐的，并且能相互支持对方，对儿童的发展就比较有利。相反，如果夫妻婚姻不和谐，或夫妻就儿童的教养方式不能达成一致而不断争吵，将更容易导致儿童的适应困难。这说明父母会通过夫妻间的相互作用对儿童的发展产生间接影响。同样，儿童也会间接地影响父母之间的关系。例如，如果一个孩子具有高冲动性的特点，不太顺从管教，使母亲在教养过程中屡受挫折，容易被激怒的母亲很可能会抱怨丈夫没有积极参与对孩子的教养，之后很可能会引发关于父母责任和义务的不愉快的争论。可见，儿童的气质特点会间接影响夫妻关系。总之，父母影响儿童，儿童又会影响父亲或母亲以及父母的夫妻关系。不但如此，夫妻关系也会通过影响父母对儿童的教养方式从而影响儿童的行为①。

此外，祖父母—父母关系、父母—兄弟姐妹的关系也会直接或间接地影响儿童在家庭中的成长。

（二）家庭系统的发展性

按照布朗芬布伦纳的生态系统理论中的时序系统观点，家庭这一微观社会系统还具有动态发展的特性。由于家庭中的每个成员终身都在发展，家庭成员间的相互作用会随着成员的改变而要求发生适应性的变化，因此，家庭不仅是个体发展变化的系统，它也会随着

① 戴维·R. 谢弗. 发展心理学——儿童与青少年. 北京：中国轻工业出版社，2005：558-559.

内部各个成员的发展出现一定的发展和变化。

家庭系统的发展性主要体现在父母会随着儿童的成熟和各种能力的获得而调整对待他们的方式。例如，婴儿学会走路之后，父母会鼓励他们进行更多的游戏，也会加强对婴儿活动范围的限制。

（三）家庭系统的社会背景

从内部来看，家庭包含比较复杂的各种相互作用。从外部来看，家庭受到更广阔的社会环境因素的影响，包括文化、亚文化以及家庭所处的小生态环境，如社区、邻居等。

二、家庭内的社会化与儿童教养方式

家庭的一个重要功能是促进儿童的社会化。通过前面的章节我们知道，充满温情的、敏感的父母会促进儿童安全型依恋的形成，父母为子女树立积极的榜样能促进儿童的成熟行为，运用引导、纪律等教育方式有利于提高儿童的道德意识。总之，父母与儿童互动的模式、父母的关爱和敏感性对儿童的社会化有重要影响。

2 岁左右时，儿童开始能够遵从父母的管教。这时，父母不仅是儿童的看护者和玩伴，还要逐渐教给儿童在不同的情境中应该做什么，不应该做什么，这就是儿童社会化的开始。在促进儿童社会化的过程中，父母要学会掌握一种平衡，即在给儿童灌输社会规则、价值观和自我控制意识的同时，还要保护儿童的好奇心、主动性和个人能力感，尽量满足儿童发展的需要，培养儿童的自主性。

随着儿童的成长，对他们的社会化要求逐渐提高，父母需要不断调整自己的教养方式来适应儿童能力的发展。

（一）教养方式的两个维度

埃里克森、麦考比（E. E. Maccoby）和马丁（J. A. Martin）认为，儿童教养方式有两个主要维度：父母的接纳/反应和命令/控制①。

接纳/反应性是指父母为儿童提供支持、对儿童的需要保持敏感反应的程度。当儿童达到期望时善于提供关爱和表扬，当儿童犯错误时，父母也会提出批评，同时能引导孩子认识错误并给孩子提供建设性的意见。而接纳性和反应性较低的父母常常批评、惩罚和忽视孩子，对孩子的心理需要不敏感，很少与孩子进行交流，也很少对孩子表示欣赏和喜爱。

命令/控制性是指父母对儿童提出要求并进行控制的程度。命令/控制型的父母为孩子制定规则，设定标准，期望孩子遵从，并密切关注孩子的活动以保证孩子能真正遵从规则。另一些父母却对孩子较少限制，几乎不提要求或要求很低，并不怎么影响孩子的行为，给孩子很多追求兴趣的自由，并同意他们对自己的活动独立地做出决定。

通过本书前面一些章节的学习，我们可以了解到，稳定安全的依恋、良好的同伴关系、较高的自尊水平、道德感和亲社会倾向等一些积极的发展结果与父母接纳、敏感的教养方式有着紧密的联系。如果父母对孩子缺乏关爱、接纳和敏感的回应，很可能会导致儿童的低自尊、同伴关系不良、情绪低落等适应困难问题。

---

① 戴维·R. 谢弗. 发展心理学——儿童与青少年. 北京：中国轻工业出版社，2005：563.

接下来的问题是，父母对孩子的控制性是高一些更好，还是较少限制孩子让他们自主发展更好呢？这个问题并不能简单地回答，我们还需要更细致深入地了解父母的各种教养方式。

（二）教养方式的四种类型

在有关儿童教养方式的研究中，黛安娜·鲍姆林德（Diana Baumrind）的研究是最早且最有影响的。她通过观察，在社交能力、自立、成就、情绪化和自我控制等维度上对儿童进行评定。另外，她还对父母进行访谈并对父母和孩子的交往活动进行观察。根据观察结果，她提出教养方式的两个维度：控制和温情，并归纳出父母采用的三种典型教养方式：权威型、专制型和纵容型。后来，麦考比和马丁在鲍姆林德的分类基础上，把纵容型教养方式又按照控制和反应两个维度区分为纵容型和未参与型。其他的研究者对第四种教养方式（未参与型）进行了研究。对这四种教养方式的交往风格及其与儿童发展的联系描述如下①。

1. 权威型教养方式

权威型教养方式是一种具有控制性同时又比较灵活的教养方式。权威型父母向儿童提出合理的要求和限制，并耐心地解释要求孩子遵守规则的原因。他们对孩子表现出热情和爱心，耐心倾听孩子的想法并做出回应，鼓励他们参与家庭事务的决策。总之，权威型教养方式承认并尊重儿童的观点和权利，以合理、民主的方式来要求孩子。

鲍姆林德发现，在权威型教养方式下成长的儿童发展得非常好。这些儿童很快乐，具有社会责任感，人际关系良好，面对新的挑战时有自信，他们对自己的行为有很强的自制力。另外一些研究表明，随着青少年的成长，权威型的教养方式将有助于青少年许多方面的发展，如高水平的自尊、创造性、社会和道德的成熟度、学习的努力程度、成就动机和领导才能等。

2. 专制型教养方式

专制型教养方式是一种控制性非常强的教养方式。这类父母会向孩子提出很多要求，期望孩子能够严格遵从。他们不向孩子解释为什么提出这些要求和规则，而是通过惩罚和强迫使孩子遵从要求。专制型教养方式强调父母的权威，压抑儿童的自我表达和独立意识。

鲍姆林德发现，专制型教养方式下的儿童一般情绪不稳定，表现出焦虑、退缩和抑郁等特征。他们在同伴交往中遇到挫折时，容易表现出敌对的反应。当男孩遇到挑战时会变得非常愤怒，而女孩依赖性强，缺乏探索精神，面对挑战采取回避的态度。他们没有什么目标，对周围的事物不感兴趣。

其他研究发现，整个青春期，在专制型教养方式下成长的青少年心理调适能力一直低于在权威型教养方式下的青少年。

3. 纵容型教养方式

纵容型教养方式是一种接纳而缺乏控制的教养方式。这类父母很少对儿童提出要求和

---

① 戴维·R. 谢弗. 发展心理学——儿童与青少年. 北京：中国轻工业出版社，2005：564-566；劳拉·E. 贝克. 儿童发展. 南京：江苏教育出版社，2002：784-785.

进行管教，他们允许儿童自由地表达自己的感受和冲动，使儿童在还没有能力决策时就做出许多决定。他们不去密切监控孩子的行动，很少对孩子的行为做出坚决的控制。

鲍姆林德发现，在纵容型教养方式下长大的儿童非常不成熟。这些孩子尤其是男孩通常表现出冲动和攻击性，他们一般比较粗鲁、自我中心、不会听取别人的意见，常常表现出抗拒行为，缺乏自制力、独立性和成就动机。

鲍姆林德的上述研究结果表明权威型教养方式在促进儿童发展方面所具有的优势。由于这种教养方式将温暖、接纳和适度合理的父母控制很好地结合起来，从而产生积极的儿童发展结果。概括而言，权威型教养方式下的儿童具有较高的认知和社会能力，到青少年时，他们仍然表现出较高的自尊、成就动机和学业成绩，以及良好的社会技能，较强的道德和亲社会能力；专制型教养方式下的儿童具有一般的认知能力和社会能力，到青少年时，他们的认知技能和社会技能仍然处于一般或一般以下水平；纵容型教养方式下的孩子在认知和社会能力发展方面则一直表现较差。

4. 未参与型教养方式

未参与型教养方式是一种对儿童不关心或拒绝并且不提要求的教养方式。这类父母在满足儿童最低的温饱要求之外，就不再对孩子的发展尽心尽力。他们过度关注自己的事情而对孩子投入极少的时间和精力。他们采用比较随意的方式来教育孩子，轻易地对孩子的一些简单要求做出回应，而不太愿意付出努力来实现孩子的一些长远发展目标，比如，建立孩子做家务的规矩或者制订孩子行为的准则。

研究发现，未参与型教养方式下的孩子在 3 岁时已经表现出较高的攻击性和易怒等问题行为。这些孩子在学校表现很差，到青少年时，他们表现出具有敌意、自私、缺乏远大目标、逃避责任，甚至会有一些反社会行为和犯罪行为。

（三）权威型教养方式为何有效

为什么权威型教养方式比其他教养方式能更好地促进儿童的情感、社会性和认知的发展呢？主要有以下几方面原因：

第一，情感因素。权威型的父母对孩子是温情而接纳的。他们总是对孩子表现出关心，这种关心可以使孩子愿意遵从父母的要求。

第二，父母提出期望和控制性要求的方式。权威型父母给孩子提出合理的要求，而且允许孩子自由地表达意见。他们会在认真考虑孩子的想法和感受的同时向孩子解释所提出的要求。由于父母的要求是合理而民主的，孩子自愿服从并对自己的行为承担责任。

第三，对孩子提出的要求和期望的合理性。权威型父母根据孩子的能力水平提出合理的期望和要求。这样，孩子会有一种能力的充分感，从而有利于孩子在独立性、成就动机和自尊等方面的发展。

总之，儿童在成长的过程中，既需要父母的情感接纳和支持，同时也需要来自父母的期望和限制。只有在充满温情与接纳的期望和限制中，儿童才能安全而自信地建构自己的行为，并用父母期望的标准和要求来评价自己的行为。如果没有父母恰当的控制作为引导，儿童很难学会自我控制，也不能确定自己的成就目标；如果孩子受到过多专制性的控制，他们的独立自主就难以发展起来，也会因此缺乏自信和自尊。

三、父母的教养行为维度

张文新认为，父母教养方式类型是一种类型学的研究范式，这种范式忽视了父母与儿童在真实生活中的具体交往内容。因此，为了更好地分析父母的具体教育行为，还需要进一步考察父母行为的具体维度。早在20世纪50年代末，研究者发现父母对子女的教养行为存在一些稳定的成分，于是开始把这些稳定的成分作为区分父母行为的维度，例如鲍姆林德等人提出的教养方式维度，随着研究的深入，区分父母行为的维度逐渐增多。张文新对此作了综述，他认为，从塑造儿童行为的角度可以将父母行为分为以下八个维度①：

（一）敏感性

敏感性是指父母对儿童的需求给予及时、恰当和一贯的反应。敏感性要求父母能洞察和理解儿童的心理需要，能够权衡儿童的愿望与其社会化目标间的关系以及儿童的愿望与父母的需要之间的关系，在此基础上对儿童做出恰当的反应。与敏感相对的维度是忽视。

（二）合作

合作是指父母为孩子创造良好的成长环境和条件，很少干扰或限制孩子的活动，注重培养孩子的自主能力。在孩子需要的时候提供必要的支持和帮助。与合作相对的维度是干扰。

（三）控制

控制可区分为一些子类型，如麦考比等人将父母的控制概括为：严厉控制、限制控制、要求控制、干涉控制、专断控制、过度保护控制、接受（允许）控制、忽视（放任）控制。比较有效的父母控制模式是给儿童讲道理，对规则做出解释，对儿童的惩罚既严格又温情；同时父母还要控制自己的消极情感和冲动行为，注意对儿童的约束前后一致，避免强化儿童的不良行为。与控制相对的维度是自主。

（四）指导

指父母与儿童经常围绕一些问题进行讨论和交流，在此过程中，引导孩子如何思考问题，从而形成恰当的信念、态度和价值观等。

（五）奖励和惩罚

奖励包括物质奖励和精神奖励。惩罚也有两种方式：权力压制和取消关爱。权力压制是指父母对儿童的身体惩罚、身体约束以及威胁等。取消关爱是一种心理上的惩罚形式，主要包括父母对儿童表示失望、不理睬、冷漠地拒绝等几种形式。

（六）父母的参与

指父母尽可能抽出时间陪伴孩子，这种陪伴方式应当适合孩子的年龄特点和发展水平，而且应该是全身心投入的、高质量的。

（七）期望

指父母对儿童的发展提出积极合理的期望，这些期望是儿童通过努力能够实际达到的标准。通过这些期望，父母向孩子传递了非常重要的信息——你是有能力的人，我相信你能完成许多重要的事情。

---

① 张文新. 儿童社会性发展. 北京：北京师范大学出版社，1999：101-102.

(八) 成熟要求

指父母对儿童的社会性发展、认知发展和情感发展不断提出较高的要求，促进儿童发挥潜能和自我成长。

四、适合不同发展阶段的教养方式

权威型教养方式通过父母的温情、接纳和控制，不断促进儿童在社会性和认知方面的发展。随着儿童年龄的增长和行为活动的变化，父母需要对自己的教养方式做出适应性调整，因为逐渐减少对儿童的直接管教和控制将有助于儿童的进一步发展①。

(一) 童年期的教养方式

上学之后，儿童与父母在一起的时间明显减少。这个阶段儿童的思维能力逐渐提高，独立性逐渐增强，这意味着儿童逐渐能应付自己的日常生活并对自己的行为负责。这时，聪明的父母要适时地改变对儿童的管教方式，减少一些强制性管教，更多采用循循善诱的引导方式，从而有利于儿童发展自己的自尊、自制力和道德感等，同时减少亲子之间的冲突。

减少强制性管制并不等于放任自流。相反，有效的父母会采用合作调节（coregulation）的教养方式，这是一种父母与儿童之间相互尊重与倾听的合作关系。一方面，父母允许儿童自己做一些决定，在此过程中儿童可以发展自制力，学会一些行为准则并对自己的行为负责。另一方面，儿童应当让父母了解自己的思想和行为动向，并告诉父母自己遇到的困难，这样才能获得必要的帮助和指导。同时，父母也注意监控和引导孩子的行为，为尚未完全独立的儿童及时提供必要的支持和保护。

合作调节教养方式为青少年的自主性发展奠定了良好的基础。

(二) 青少年时期的教养方式

青少年时期最重要的发展任务是获得健康而成熟的自主性。自主性是指在没有他人帮助的情况下独立做出决定、控制生活事务的能力，简单地说，就是一种独立、自理的能力。学龄儿童也具有在没有父母监督的情况下控制自己行为的能力，但自主性的内涵不仅如此，它包括两种重要的成分：第一是情感成分，即更多地依靠自己而不是依靠父母的支持和指导；第二是行为成分，通过自己的判断和他人的建议，独立地做出决定并采取合理的行为。自主性意味着更成熟，而不再孩子气地事事都依赖父母。

青少年在青春期的一系列变化促进了自主性的发展。这些变化包括：青少年在外表上更为成熟，使得外界赋予他们更多的自主和责任；认知发展为自主性的发展奠定了基础，抽象思维使青少年以更成熟的方式来解决问题，能更清楚地预测出他们行为的结果；青少年对社会关系具有更强的推理能力，他们将父母视为普通人，不再像小时候那样容易屈服于父母的权威。

对于青少年自主性的发展，父母该如何调整自己的教养方式呢？我们看到，这个阶段的孩子和父母关于自主性的冲突是比较普遍的，这些冲突常常集中于青少年的外貌打扮、

---

① 劳拉·E. 贝克. 儿童发展. 南京：江苏教育出版社，2002：787-790；戴维·R. 谢弗. 发展心理学——儿童与青少年. 北京：中国轻工业出版社，2005：571-572.

对朋友的选择、学校功课以及家务劳动等。冲突的原因常常是因为父母认为有责任监控孩子的行为，而孩子却认为父母侵犯了自己自主的权利和选择。此时，如果父母能逐渐放松控制，放弃原先的主导地位，与孩子建立平等的关系，同时继续保持温情、接纳和支持，这样，父母与青少年才能温和地解决他们之间的分歧。这有利于双方在维持彼此积极情感的同时，重新调整关系，建立一种朋友式的依恋关系，从而有利于青少年获得适当的自主性。

总之，随着儿童的成长变化，父母需要在教养方式和亲子关系方面做出及时、灵活和适应性的变化。

五、离异家庭对儿童发展的影响

从 20 世纪 60 年代起，大量的研究证实，父母的婚姻破裂对儿童来说是一件很痛苦的危机事件，离婚前的婚姻冲突会给儿童带来一系列压力，离婚之后的诸多家庭变化，无论从短期还是长期来看，同样会给儿童的发展造成很大影响。

（一）离婚前婚姻冲突的影响

沃勒斯坦（J. S. Wallerstein）曾描述了离婚过程的三个阶段：第一个阶段是尖锐期，通常持续大约 2 年时间，父母间情感和身体的分离都发生在这个时期；第二个阶段是过渡期，父母双方在分开生活后都经历了明显的起伏；第三个时期是离婚后期，父母双方都开始了新的生活[①]。可见，离婚并不是一个单一的生活事件。在离婚之前的很长一段时间，婚姻冲突急剧增加，父母间常常发生激烈的言语争吵，甚至身体暴力。

婚姻冲突会对儿童产生直接和间接两方面的影响。直接影响涉及儿童目睹的父母间言语冲突或身体冲突的场面。从很早开始，儿童就对他人的情绪高度敏感。当儿童正在发展自己的情绪调节能力并需要成人帮助的时候，父母的情绪失控很可能导致儿童的情绪发展停滞。暴露在婚姻冲突中的儿童会变得非常抑郁、焦虑，在同伴交往中变得具有敌意和攻击性，还可能会出现行为失调。间接影响指婚姻的不和谐还会通过破坏父母的接纳性或敏感性及亲子关系的质量，从而对父母的抚养能力产生不良影响，并进一步对儿童的发展产生不利影响。

（二）离婚的短期影响

离婚会带来一系列的家庭变化并威胁到亲子关系的健康发展。例如，具有监护权的母亲常常会被责任以及由离婚引起的情感反应所压倒，从而变得急躁、缺乏耐心，不能对孩子做出敏感的反应，而是更多地采用限制性和强制性的方法。同时，孩子因为家庭的破裂经常会感到焦虑、愤怒或抑郁，他们可能会变得爱抱怨、好争辩、逆反。在这个时期，亲子关系变成一个恶性循环，儿童的情感消沉和问题行为与成人无助的教养风格相互影响，从而导致每个人的生活都变得不愉快。可以说，儿童在父母离异中会遭受种种变故并经历非常痛苦的情感体验。

研究指出，儿童对待父母离婚的反应存在广泛的个体差异，其最初反应会随着年龄、气质类型和性别的不同而有所变化。

---

① 彼得·史密斯，海伦·考伊，马克·布莱兹．理解孩子的成长．北京：人民邮电出版社，2006：75-77.

1. 儿童的年龄因素

学龄前和低年级的儿童由于认知发展的不成熟，他们难以理解父母离异的原因。他们常常倾向于自责，认为自己对家庭的破裂负有责任，并且认为婚姻的破裂会使父母抛弃他们，年幼的儿童因此经常显得极度不安，他们可能会成天抱怨并出现严重的焦虑和依附行为。特别是学龄前儿童还可能幻想父母会重归于好。

年龄较大的学龄儿童和青少年能较好地理解父母离异的原因。他们认识到父母双方的观点分歧、性格不合、相互缺乏理解和关爱是父母离异的原因。他们也能准确分清应谴责的对象，知道自己对离婚不需要承担责任，这可以减轻儿童感受到的痛苦。尽管如此，他们还是会受到伤害，变得抑郁、退缩，并可能加入同伴的一些不良活动中以寻求解脱，如离家出走、旷课、过早性行为或其他形式的犯罪行为。

2. 儿童的气质类型和性别因素

父母离婚对困难型儿童的打击尤其强烈。这类儿童会表现出大量的适应问题。他们不稳定的情绪和行为又会引起已被离婚弄得心烦意乱的监护者更多强制性的教养方式，然而，这种教养方式非常不适合对困难型儿童的养育，会在更大程度上导致他们的适应困难。

对父母离婚的反应还存在性别差异，主要表现在两个方面：第一，情感反应的强度和持久性。许多研究发现，相对于女孩来说，父母的婚姻冲突和离婚对男孩的影响更为强烈和持久。即使在父母离婚之前，男孩也比女孩表现出更多的外在行为问题。两项追踪研究表明，大约在父母离婚两年之后，女孩就能够从社会混乱和情感混乱中恢复过来，而男孩尽管在这一时期也会发生明显的变化，但仍然表现出情感抑郁、存在人际关系方面的问题。第二，情感反应的表达方式。离婚家庭中的女孩比男孩体验更多的内在悲伤，经常会变得抑郁或退缩，而不是表现出愤怒、恐惧或挫折感。此外，来自离婚家庭的女孩可能会过早地发生性行为，并且在与男性的交往中表现出缺乏自信。

（三）离婚的长期影响

大部分儿童的情感紊乱和行为紊乱在父母离婚两年后会逐渐消失，同时他们的心理调适能力逐渐改善，但离婚还是给儿童带来一些长期的负面效应。与生活在婚姻和谐家庭中的儿童相比，一些离婚家庭中的儿童在整个青少年期都表现出学业困难、抑郁和焦虑，甚至到成年早期还存在适应困难。其中，一些男孩在青春期很可能会辍学并出现反社会行为，而女孩最常见的长期问题表现在异性行为方面，例如过早的性行为以及成年后的婚姻问题。

即使是离婚家庭中适应良好的儿童也可能会表现出延迟的负面效应。对离婚家庭的追踪研究表明，在父母离婚 20 多年之后，子女在谈到离婚对家庭生活的影响时仍给予消极的评价，而且他们还害怕自己的婚姻也会不幸福。

第二节　同伴关系

在任何文化背景中，儿童的成长都不完全依靠成年人的抚育。随着儿童的不断成长，他们形成越来越多样的人际关系。在这些关系中，和同龄人建立的关系在儿童的心理发展中具有特别重要的意义。一些心理学家认为，同龄人对儿童的发展具有与父母同等重要甚至更重要的影响作用。

一、同伴关系概述

同伴是指儿童与之交往的、且年龄与自己相同或相近的人。同伴关系是指年龄相同或相近的儿童在交往过程中发展起来的一种人际关系。同伴关系可分为两种：同伴群体和友谊。同伴群体是儿童之间自发产生的、具有共同的目标、行为准则和兴趣、经常共同参加某些活动的群体关系。友谊是两个个体之间形成的一种相互作用的、较为稳定持久的双向关系，以信任为基础，以亲密性为情感特征①。

（一）同伴关系的性质

儿童与同伴的交往不同于他们与父母的交往，这一点可以通过哈图普提出的两类人际关系的角度加以理解②。第一类是垂直关系，是指儿童与比自己有更多知识和权威的人形成的关系，主要涉及成人，如父母和教师。这种人际关系具有互补性质，即成人控制、儿童服从；儿童寻求帮助，成人提供帮助。垂直关系的主要功能是为儿童提供安全和保护，促使他们获得知识和技能。前者指父母与儿童之间的关系，后者主要指教师与学生之间的关系。第二类是水平关系，是指儿童与和自己具有相同社会权利的同伴之间形成的关系。这种关系具有平等、互惠的性质。例如，在儿童游戏中，一个藏起来，另一个去找；一个扔球，一个接球。他们之间还可以互换角色，因为他们具有相似的能力。水平关系的主要功能是给儿童提供学习技能的机会，这种技能经验只有在平等的基础上才能获得，例如与合作、竞争有关的能力。

通过分析以上两种人际关系，我们可以知道同伴关系具有不同于亲子关系的独特性质。儿童与父母交往时，父母比孩子有更多的权力，儿童处于从属地位，必须遵从成人权威。相比之下，同伴之间具有平等的地位和权力，他们在交往时必须学会理解彼此的观点，互相协商、互相妥协、彼此合作。因此，同伴交往有助于儿童发展其在家庭中、与父母交往中难以获得的社会能力。

在某些方面，水平关系比垂直关系更难维持。父母总是把交往"带给"孩子，他们耐心地倾听孩子的谈话，他们会把孩子的话补充完整，他们还会解释孩子没有完全表达出来的愿望。这种"殷勤"的、指导性很强的交往在同伴交往中是看不到的。随着年龄的增长，儿童在同伴交往中获得必需的社会交往技能的压力也在增加。儿童从同伴那里获得了无法从父母那里学习的技巧：领导、解决冲突、分享、服从、对付敌意和威胁等。

（二）同伴关系的重要性

张文新认为，儿童的社会化过程基本上是沿着两条路径展开的。父母和家庭是儿童社会化的最基本动因。随着儿童年龄的增长和心理的发展，他们更多地与同龄人交往，发展

---

① 俞国良，辛自强. 社会性发展. 北京：中国人民大学出版社，2013：264-265.

② 鲁道夫·谢弗. 儿童心理学. 北京：电子工业出版社，2005：168-171；张文新. 儿童社会性发展. 北京：北京师范大学出版社，1999：133-136.

出一种新的人际关系——同伴关系。作为儿童社会化的主要途径之一，同伴关系在儿童发展中具有成人无法替代的独特作用①。父母与同伴在青少年社会化过程中并非非此即彼的关系，这两个重要影响源共同作用于青少年的发展，当他们与父母和同伴都形成亲密的依恋关系时，青少年就能很好地适应②。

1. 两项经典研究

研究者假设，同伴交往可以培养儿童的很多社会能力和个人能力，而这些能力在不平衡的亲子关系中是难以获得的。是否有证据来支持这一假设呢？也许哈里·哈洛关于恒河猴的实验研究以及安娜·弗洛伊德（Anna Freud，1895—1982）等对战后孤儿的观察研究能给我们带来一些启示③。

如果儿童很少或不与同伴交往，他们会变得异常和适应不良吗？为了回答这一问题，哈洛与他的同事抚养了一些恒河猴，这些恒河猴仅仅与母亲生活在一起，而剥夺了他们与同伴交往的机会。结果发现，这些只与母亲交往的猴子形成了异常的社会交往模式。它们与同龄猴子在一起时倾向于回避，当它们不得不接近同伴时，则会表现出很强的攻击性，而且这种反社会倾向一直持续到成年。然而，同伴交往并不是正常社会性发展的唯一关键因素。哈洛等又把恒河猴和它们的母亲分开抚养，但让它们一直与同伴在一起。结果发现，这些只有同伴的猴子彼此依附得很紧，形成了强烈的相互依恋。但是，它们的社会性发展也有些不正常，稍微遇到挫折和压力就会焦躁不安，成年之后，它们对群体之外的成员也表现出攻击行为。还有一些文献指出，只有同伴的猴子不如由母猴抚养长大的普通幼猴发展得好。只有同伴的幼猴在成年之后会出现一系列行为障碍，包括对陌生同伴过度的支配或顺从行为、探索活动的减少以及行为障碍。

以上研究结果适用于人类吗？20 世纪 40 年代，安娜·弗洛伊德和索菲·丹（Sophie Dann）对 6 个德籍犹太孤儿进行了一项研究，发现人类社会也存在类似哈洛实验的一些现象。1945 年夏，在德国纳粹集中营里发现了 6 个 3 岁左右的孤儿，当时他们的父母已经死在纳粹毒气室里。他们在一个集中营里共同生活了几年，在此期间失去了与成年人的直接联系。二战结束后，他们被带到英国治疗中心接受康复治疗。对他们的观察表明，他们彼此间的关系非常亲密，接触很亲切，自由共享，并且相互安慰和帮助，但是一旦分离片刻就会表现出不安。这些孩子有很多焦虑症状，他们经常吸吮手指、烦躁不安、玩幼稚的游戏，对护理人员表现出冷漠和敌意。接着，研究人员还发现，当这些孩子与成年人逐渐建立起信赖关系后，他们的游戏能力、语言能力和探索能力得到快速的发展。

以上两个实验表明，父母和同伴对儿童的社会性发展都很重要，但二者具有不同的作用，又互为补充。儿童通过与敏感的父母交往获得了基本的社会交往技能、关怀、爱以及用来探索环境和发现有趣同伴的安全感。儿童与同伴的交往主要包括游戏和社会化活动，这些活动可以使儿童改进已获得的基本社会交往模式，并发展与同伴交往的能力和适应性社会行为模式。

---

① 张文新. 儿童社会性发展. 北京：北京师范大学出版社，1999：132.

② 卡拉·西格曼，伊丽莎白·瑞德尔. 生命全程发展心理学. 北京：北京师范大学出版社，2009：530.

③ 戴维·R. 谢弗. 发展心理学——儿童与青少年. 北京：中国轻工业出版社，2005：619-620；劳拉·E. 贝克. 儿童发展. 南京：江苏教育出版社，2002：834-835.

2. 同伴关系的重要性

同伴是儿童社会化的重要动因，与同伴的良好交往是儿童发展中的一个重要里程碑。30多项研究表明，在学校被同伴拒绝的儿童比拥有良好同伴关系的儿童更易辍学、参与不良活动或犯罪，在以后的青少年期或成年早期也更容易出现心理障碍①。同伴关系的重要性具体体现在以下几方面②：

（1）提供儿童发展社会能力的重要环境。皮亚杰认为，同伴关系中的冲突有助于社会观点采择能力的发展并促进社会交流技能的获得。他指出，年幼儿童是自我中心的，既不愿也不能意识到同伴的观点、意图和情绪，然而通过游戏中平等互惠的同伴关系的建立，儿童可以有机会体验冲突、谈判或协商等，这将有利于折中主义、平等互惠和合作意识的形成。同时，皮亚杰还强调，同伴间的争论和讨论有助于道德判断能力的获得。沙利文认为友谊可以促进人际敏感性的发展，并为今后的恋爱、婚姻和亲子关系的建立提供原型。哈图普认为，通过同伴交往儿童可以学习有效的交往技能，获得控制攻击行为的能力，形成性别角色和道德价值观。

（2）满足社交需要、获得社会支持和安全感的重要源泉。安全、归属和爱以及尊重的需要是人类的基本需要。韦斯提出的社会需求理论认为，不同类型的人际关系提供不同的社会支持、满足不同的社会需求。弗曼等人进一步指出，儿童在友谊关系和一般的同伴群体中所获得的社会需要满足和社会支持是不同的。爱、亲密和可靠的同盟更多地从友谊关系中获得，工具性帮助、抚慰、陪伴和增进自我价值既可从友谊关系中获得也可从同伴群体中获得，归属感主要从一般的同伴群体中获得。尤其在前青年期和青年早期，友谊是社会支持和安全感获得的重要源泉。

（3）有利于自我的发展。詹姆斯非常强调社会关系在自我发展中的重要性。他认为，我们都有被他人关注和赞赏的本能倾向。库利也指出，人们是按照自己在社会情境中的经验来定义自己的。在社会互动中，人们获得自己怎样被他人知觉的信息，这种信息是形成自我的基础。此外，沙利文在他的精神病学人际理论中也指出，人格是由个体的社会关系塑造的，他尤其强调同伴关系在前青年期和青年早期的重要作用，这一时期充分而良好的同伴关系有助于形成健康的自我概念，他还区分了同伴交往的两种经验：友谊和同伴接纳。

二、同伴交往

儿童的同伴交往经历是在复杂的社会背景下按照一定的顺序发生的，即从同伴互动到一定的关系再到群体，在群体中考察儿童之间的关系和互动方式。基于这样的观点，可以在不同的分析水平上了解儿童如何调整自己以适应同伴和同伴群体以及这个过程中存在的个体差异，这些差异具体体现在三个方面：社交互动（同伴交往）、发展和维持友谊的能力和同伴接纳程度③。下面这个部分简述儿童社交互动或同伴交往的发展。本节稍后的两

① 戴维·R. 谢弗. 发展心理学——儿童与青少年. 北京：中国轻工业出版社，2005：620.
② 张文新. 儿童社会性发展. 北京：北京师范大学出版社，1999：137-140.
③ Nancy Eisenberg. 儿童心理学手册：第三卷：下. 上海：华东师范大学出版社，2009：654-655.

部分再分别简述儿童的友谊发展和同伴接纳方面的差异。

(一) 同伴交往的发展

1. 婴儿期的同伴交往

婴儿在1个月大的时候就对其他幼儿表现出兴趣，但是到6个月大时才表现出真正的社会交往。此时，他们经常对小伙伴微笑、咿咿呀呀、递玩具等，不过这还是一种单向的社会行为。1岁大时，婴儿会有更复杂的互动行为，能对他人的行为做出更恰当的行为反应。这时，他们会以微笑、出声的笑和模仿彼此的动作来进行双向交流。大约18个月时，婴儿与同伴的双向交流更为常见，大多是相互间的模仿，这是明显的社会性交往。大约2岁时，幼儿开始用言语来影响同伴的行为，例如，他们会说“让我们爬楼梯”，“你藏到衣柜里”等。这种协调的社会性言语有利于2～2.5岁的孩子扮演互补角色，例如捉人游戏、过家家游戏等。总之，婴儿期的社会技能包括：与同伴行为协调的能力；模仿同伴活动和知道被模仿的能力；行为轮换，即观察同伴—向同伴做出反应—观察并等待—再向同伴做出反应等轮换系列；表现出帮助和分享行为；对同伴做出恰当回应的能力①。

研究者指出，儿童在2岁前的社会交往行为源于早期的亲子关系。婴儿通过与敏感的照料者之间的交流学会了怎样与最初的同伴传递和理解情绪信号。通常，安全型依恋的婴儿比非安全型依恋的婴儿更随和，更受同伴欢迎，有更深入的同伴交往，他们受到的敏感的反应性照料促进了其社会技能的发展。

2. 幼儿期的同伴交往

学前儿童的同伴交往在数量和质量上都有很大的变化。他们不仅更喜欢与人交往，而且交往范围也越来越广。研究表明，2～3岁的儿童比年长的儿童更喜欢留在成人身边并寻求身体亲近，而4～5岁的儿童更多地寻求同伴注意或认同，不再依附成人。

20世纪早期，米尔德里德·帕腾（Mildred Parten）曾对幼儿园2～2.5岁儿童的自由游戏进行了观察研究，旨在揭示学前儿童在同伴社会交往方面的发展变化。帕腾指出，儿童社会交往的发展经历三个阶段：第一个是非社会活动阶段，表现为没有参与者和旁观者的活动和独自游戏；第二个是有限的社会参与阶段，表现为平行游戏，儿童在一起玩但是彼此之间几乎没有互动和交流，也不影响他人的行为；第三个是真正意义的社会交往阶段，包括联合游戏和合作游戏。在联合游戏中，儿童分别进行不同的活动，但是通过交换玩具和彼此评论来相互交流。在合作游戏中，儿童的行为指向同一个目标，他们之间有更进一步的交流行为，能进行假装游戏，扮演互惠角色，并通过合作来实现目标。

一项纵向研究发现，儿童在发展过程中确实会依次出现帕腾所提出的几种游戏形式，而且各种形式的游戏是同时并存的，并非以一种游戏取代另一种游戏。随着年龄的增长，联合游戏和合作游戏越来越多。一项研究发现，5～6岁儿童的户外自由活动中，群体活动的时间大约会增加到57%，而平行活动会下降到6%，有5个孩子以上组成的群体活动会从12%增加到16%②。也存在画画、猜字谜这样的单独游戏，但这并不是不成熟的表现。还有一些研究指出，学前儿童的游戏成熟度与儿童的认知复杂性有关，而且，儿童游

---

① Nancy Eisenberg. 儿童心理学手册：第三卷：下. 上海：华东师范大学出版社，2009：636.

② 彼得·史密斯，海伦·考伊，马克·布莱兹. 理解孩子的成长. 北京：人民邮电出版社，2006：89.

戏的认知复杂性能可靠地预测儿童的同伴交往能力。

在幼儿阶段，社会戏剧游戏、假装游戏和打斗游戏是最多的。在几种形式的游戏中，研究者尤其强调假装游戏对于儿童发展的重要意义。卡洛莉·豪斯（Carolee Howes）认为，假装游戏主要有三种功能：第一，帮助儿童掌握与同伴有效交往的方式；第二，在协商扮演角色和遵守扮演规则的过程中，为儿童提供学习商讨和妥协的机会；第三，在假装游戏中，儿童可以表达那些困扰自己的情绪、理解自己或他人的情绪并对自己的情绪进行调控，同时接受或提供社会支持，这些都非常有助于建立亲密的同伴关系。因此，假装游戏是儿童提高社会交往技能、情绪表达和理解、观点采择能力的主要渠道①。

幼儿在同伴交往中的亲社会关注、分享和帮助行为随着年龄增长而更加普遍。此外，从儿童蹒跚学步到学前这段时间，冲突的本质变了，学步儿的大多数冲突是由于玩具和资源引发的，而学前儿童的冲突越来越多地围绕着观念差异而发生，这反映了儿童关注他人的观点、态度和观念的能力在不断提高。幼儿在同伴交往中还表现出花不少时间与同伴进行交流，这些交流有人际交往的目的，如在游戏中协商角色和规则，同意或反驳某些观点等②。

3. 童年期的同伴交往

童年期儿童的同伴交往越来越复杂，不仅假装游戏更普遍，而且他们对正式规则游戏的参与热情也不断提高。此外，这个阶段儿童的同伴交往更多出现在真正的同伴群体中。同伴群体有四个特点：基于规则的互动；归属感；形成群体的规范，包括如何穿着打扮、思考问题以及采取行动；形成群体成员为共同目标而努力的结构或等级组织。小学儿童已有明显的群体认同，他们常常会因为自己是某一群体的一员而感到自豪。

一项对10～11岁儿童的研究发现，男孩和女孩所喜欢的活动形式和友谊是截然不同的。大部分男孩喜欢由不同年龄的个体组成的规模较大的群体活动，而女孩更愿意在较小的群体中与同龄伙伴玩。男孩喜欢规则和角色结构较复杂的竞争性游戏，这些游戏更强调社会关系中的合作、竞争及领导技巧，女孩则喜欢把重点放在友谊的亲密和专一方面③。

4. 青春期的同伴交往

青春早期的儿童与同伴交往的时间往往比与父母交往的时间多，特别是与小团体中的亲密朋友在一起的时间更多。青春早期的同伴小团体通常由具有相似价值观和兴趣爱好的4～8个相同性别的儿童组成；到青春中期时，男孩小团体和女孩小团体交往较多，最终形成异性小团体。同伴团体有独特的服饰、语言和行为，这些有助于儿童树立很强的群体认同感。

（二）影响同伴交往的因素

影响同伴交往的主要因素包括父母教养方式、儿童的社会技能水平、玩具的数量和类型、文化价值观等④。

---

① 戴维·R. 谢弗. 发展心理学——儿童与青少年. 北京：中国轻工业出版社，2005：621-623.

② Nancy Eisenberg. 儿童心理学手册：第三卷：下. 上海：华东师范大学出版社，2009：640.

③ 彼得·史密斯，海伦·考伊，马克·布莱兹. 理解孩子的成长. 北京：人民邮电出版社，2006：89.

④ 劳拉·E. 贝克. 儿童发展. 南京：江苏教育出版社，2002：840-843.

1. 父母教养方式和亲子关系

积极或消极的同伴关系常常根源于家庭，父母既可能促进也可能抑制同伴社会交往的发展。父母在孩子发展社会能力和积极同伴关系的过程中至少发挥三个作用：首先，父母与儿童之间的互动创设了一种背景，使儿童能发展与其他人进行社会互动所必备的能力；其次，亲子关系提供了安全基地，能让孩子自由地探索社会，从而促进社会技能的发展；最后，以亲子关系为原型，儿童形成了对人际关系的预期和假设①。

学前儿童通过自己的努力来寻找游戏伙伴的能力很有限，他们需要父母帮助自己寻找并建立同伴关系。父母可以通过以下方式为孩子“预定同伴”：第一，对社区和邻居的选择，如果社区有操场或儿童活动场所，并且有很多同伴，儿童就容易形成同伴关系；第二，父母扮演“同伴经纪人”角色为孩子安排一些社交活动，如请小朋友到家里来游戏，带孩子到公园或游乐场，或送孩子上幼儿园等，尽量让孩子多参加社会交往活动，为他们提供与同龄人接触的机会。

父母对儿童游戏的监控方式和监控质量也会影响儿童的社会交往。研究发现，与那些由父母直接监控（严格监控，甚至参与儿童的游戏活动）的儿童相比，父母间接监控（偶尔看看，不干涉儿童，不作为同伴参与游戏）的儿童更受同伴的欢迎。另外，父母的监控质量也很重要。父母可以为孩子提供同伴交往的建议和问题解决策略，比如指导孩子如何加入到其他儿童的游戏中。高质量的父母间接监控有助于提高儿童的社会交往能力和被同伴接纳的程度。

父母的教养方式也影响儿童的同伴社会交往。如果父母的教养方式是积极的、支持的、乐观的、温暖的，很重视亲社会策略的指导，那么儿童更可能形成能促进积极同伴关系的亲社会倾向。相反，如果父母对孩子总是生气、发出命令、拒绝、惩罚、过度批评或者规则使用不一致，对冲突的同伴交往不能寻求建设性的解决方法，就会引发孩子的消极反应，导致孩子的社会技能不高。此外，一些儿童的霸道、专制和情绪调节能力差往往源自父母的不良榜样示范，这可能导致不和谐的同伴关系，最终抑制儿童的社会性发展。有研究发现，在学前儿童的身体游戏中，当父亲以消极情绪回应儿童的消极情绪时，儿童表现出较少的分享行为、更多的敌意和逃避他人的行为，这可能是父亲用消极情绪回应的方式教会了儿童对他人的消极情绪也以类似方式回应，或在此过程中教会孩子提升冲突水平②。

2. 儿童的社会技能

儿童的社会技能与同伴交往的关系密切。社会技能涉及儿童的情绪调节、观点采择、心理理论等，这些能力对于同伴互动行为的顺利进行非常重要。

3. 玩具

玩具的数量和类型影响儿童的同伴关系。如果儿童没有足够数量的玩具，打架和吵嘴的情况就会经常发生。儿童交往行为的类型也会因所提供的玩具类型而异。建筑类玩具、艺术类玩具、积木和拼图往往与独立游戏和平行游戏有关。开放性的非构造类玩具则与合

---

① 李丹. 人际互动与社会行为发展. 杭州：浙江教育出版社，2008：146-147.

② 同①148.

作性游戏有关，如仿真玩具可以用来模拟日常生活情景，而一些非特制玩具（如瓶子、板凳等）则可以让儿童扮演各种虚幻角色，如仙女、大侠等。

4．文化价值观

儿童的社会交往是在社会文化背景下进行的。在崇尚集体主义的社会和崇尚个人主义的社会中，儿童的社会行为表现方式是不同的。例如，中国的孩子喜欢玩一种复杂的拍手游戏，这种游戏从侧面反映出中国是一个强调集体和睦的国家。

另外，不同文化对于游戏重要性的认识也影响儿童的合作行为。有的人将游戏仅仅视为一种娱乐形式，而有的人则重视游戏的认知和教育价值，因此，前者会比后者缺乏对游戏的支持和鼓励。

三、友谊

同伴并不一定都是好朋友，同伴关系也并不等于友谊。友谊是两个个体之间以忠诚和相互的情感为特征的亲密而又持久的关系。受欢迎与拥有友谊并没有必然的联系，虽然受欢迎儿童更容易有好朋友，但是许多不受欢迎的儿童也有自己的知心朋友。一项对七八岁儿童的研究发现，39％的被拒绝儿童拥有至少一个相互之间的友谊，而31％的受欢迎儿童却缺乏友谊①。

（一）友谊的发展

儿童友谊的形成是一个渐进的过程。幼儿对他们的游戏伙伴已经显示出偏好，而且这种偏好可能持续一年以上。3～6岁儿童的友谊以住址的地理位置接近、有共同感兴趣的活动以及拥有有趣的玩具为基础。年幼儿童对待朋友的痛苦比对一般熟人表现出更多同情，也愿意设法减轻朋友的痛苦。

童年期的友谊发生明显的变化，主要表现在朋友数量增多而且持续时间长，对友谊的认知逐渐涉及内在品质，友谊的成因转变为共同的价值观和准则，朋友间要求相互忠诚、关心和支持。从童年期向青少年期过渡时，儿童的友谊网络逐渐缩小，朋友的减少反映了青少年对朋友的责任意识的增强，这种责任包括亲密的信息交换，提供情感支持等。

青少年的友谊在亲密性和自我表露方面有较高的要求，更强调同伴间秘密思想和情感的分享、相互理解和支持。他们选择朋友时更看重与自己相似的心理品质，如兴趣、态度、价值观和人格等②。青少年开始逐渐改变与异性疏远的状态，表现出对异性的关注，希望与异性建立友谊或发现自己喜爱的异性类型等。此外，青少年感受到更多的同伴压力，努力在行为、爱好（如服装、音乐等）、价值观和社会行为等方面与同伴团体保持高度一致③。

（二）友谊概念的发展

儿童友谊的发展不但包括行为层面的发展，还包括认知层面的发展。

---

① 卡拉·西格曼，伊丽莎白·瑞德尔．生命全程发展心理学．北京：北京师范大学出版社，2009：524.

② 同①526.

③ 陈英和．发展心理学．北京：北京师范大学出版社，2015：330.

美国著名儿童发展心理学家塞尔曼认为，儿童友谊概念的发展与他们的观点采择能力有密切关系。他从社会认知发展的观点出发，将儿童友谊概念的发展划分为以下五个阶段①。

阶段 0（3～7 岁）：即时性游戏阶段，以相似或相近为特征。这时儿童还未形成友谊的概念，同伴就是朋友，在一起玩耍就是友谊。

阶段 1（4～9 岁），单向帮助阶段，以朋友帮助和喜欢为特征。儿童要求朋友听从自己的愿望和要求，凡是对自己顺从的同伴就认为是朋友，否则就不是朋友。

阶段 2（6～12 岁）：双向帮助阶段，以对相互关系的意识和相互适应为特征。儿童对友谊的互动性有了一定的了解，但有明显的功利性，都是为了各自的利益服务，还不是患难与共的合作。友谊仍局限于当时的游戏。

阶段 3（9～15 岁）：亲密的共享阶段，以对友谊关系的意识和感情联系为特征。友谊随时间推移而发展，儿童逐渐懂得忠诚、理解、共同兴趣是友谊的基础。他们互相倾诉秘密，互相帮助，此阶段的友谊具有强烈的排他性。

阶段 4（12 岁之后），自主的相互依赖阶段，友谊发展的最高阶段，以双方提供心理支持和精神力量、互相获得自我的认同为特征。一种较为持久的稳定关系，以信任为基础，以亲密性支持为情感特征。

（三）友谊的功能

同伴接纳和友谊是同伴关系中两个重要的层面。同伴接纳是一种群体指向的单向结构，反映的是群体对个体的态度，同伴接纳水平反映了个体在同伴群体中的社交地位。友谊关系是以个体为指向的双向结构，反映的是个体与个体之间的情感联系。

有心理学家曾指出，儿童的最佳状态需要与成人形成依恋关系，与同伴形成友谊关系②。友谊作为一种特殊的同伴关系，不仅可以帮助儿童提高社会技能，而且可以给儿童提供社会支持，对儿童的社会性发展具有重要意义。英国心理学家谢弗总结了没有朋友对儿童发展可能造成的消极后果，他认为，没有朋友的儿童更可能存在以下问题：情感困扰，观点采择能力落后，较少利他性，社会技能（如加入群体、合作、处理冲突等技能）缺陷，较低的社会能力，学校适应较差，教育成就较低等③。

韦斯（R. S. Weiss）曾列举友谊的六种社会支持功能，后来，弗曼（W. Furman）和布尔麦斯特（D. Buhrmester）将其扩展为八种功能：友爱、亲密、可以信赖的同盟、帮助、安抚、陪伴、肯定价值和归属感。具体而言，友谊具有如下功能④：

1. 提供安全感和社会支持

友谊是一种充满深情的人际关系。研究者发现，如果拥有至少一个支持性朋友，这在很大程度上可以帮助儿童减轻因被同伴拒绝而感受到的孤独感和伤害。与一个或更多朋友建立亲密关系，能够给儿童提供一种安全感，这种安全感帮助儿童不仅能积极应对新的挑战，还能应对或缓解几乎所有的社会生活压力，例如，学校适应、父母离婚等。

---

① 张文新. 儿童社会性发展. 北京：北京师范大学出版社，1999：161-162；刘金花. 儿童发展心理学. 上海：华东师范大学出版社，1997：328-329.

② 卡拉·西格曼，伊丽莎白·瑞德尔. 生命全程发展心理学. 北京：北京师范大学出版社，2009：525.

③ 张文新. 儿童社会性发展. 北京：北京师范大学出版社，1999：169.

④ 同③167-169.

随着儿童年龄的增长，友谊变得越来越重要。四年级的儿童可能认为父母是社会支持的主要源泉，初中儿童会认为朋友与父母能提供同样的支持，而高中生则可能认为朋友能提供最多的社会支持。

2．友谊为儿童提供更多的玩耍、交往和娱乐的机会

儿童与朋友的交往和玩耍多，共同获得的乐趣也多，这有利于儿童的心理健康。

3．友谊有助于儿童社会交往能力的提高

儿童与朋友之间的交流和心理沟通比较多，这为儿童提供了了解自己和他人的内在世界的机会，有利于促进儿童克服自我中心并提高观点采择能力。

儿童在交往中难免出现矛盾和冲突，他们会由于同等的社会地位而达成妥协，在冲突过后继续一起玩。童年期儿童在协商解决争执时，也逐渐学会尊重对方的观点、愿望和需要。与朋友友善解决冲突的经验对儿童发展成熟的社会事务处理能力非常有益，而社会事务处理能力是良好的同伴地位的最有力预测源之一。

4．友谊有助于儿童的自我认识和自尊提高

通过与他人分享内心感受和信念，青少年能更好地认识自我，探索“我是谁”“我想成为什么样的人”这些与自我同一性有关问题的答案。另外，与亲密的朋友探讨思想，可以使自己的思想观念、价值观发生改变①。

朋友之间相互了解，比一般同伴更能肯定对方的人格核心特质，因而，友谊有助于儿童自尊的提高。

四、同伴接纳

（一）社会测量技术与同伴接纳

如果观察儿童，我们会看到一些儿童总是比另一些儿童更受欢迎，这里涉及的是同伴接纳问题。同伴接纳是指一个儿童被同伴重视和喜欢的程度。研究者通常采用自我报告的社会测量技术来测量同伴接纳程度。在该测量技术中，要求儿童说出他们最喜欢或最不喜欢的几个同伴，或者要求他们对班级中的每个同学按照从“很喜欢”到“不喜欢”的顺序进行评定。4 岁以上的儿童都能对社会测量给出可信的回答。

通过分析社会测量数据，可以将儿童按照社会认可程度分为五种不同类型：受欢迎儿童，这类儿童在儿童中很受欢迎，得到的“喜欢”提名最多；被排斥儿童，他们得到的“不喜欢”提名最多；被忽视儿童，无论是“喜欢”还是“不喜欢”的提名都很少，似乎其他儿童对他们视而不见；有争议儿童，受很多儿童喜欢，同时也有许多儿童不喜欢他们；普通儿童，他们受儿童喜欢或不喜欢的数量都中等，没什么特别之处。前四类儿童在小学班级中大约占 2/3，其余的 1/3 属于普通儿童。

（二）影响同伴接纳程度的因素

为什么有些儿童在同伴中受欢迎，而有的儿童处处碰壁，还有的儿童受到同伴的忽视？下面讨论影响儿童同伴接纳程度的因素②。

---

① 俞国良，辛自强．社会性发展．北京：中国人民大学出版社，2013：280.

② 戴维·R. 谢弗．发展心理学——儿童与青少年．北京：中国轻工业出版社，2005：627-629.

1. 父母的教养方式

如果儿童的父母是敏感的、充满温情的，主要用讲道理的方式而不是权力来支配或控制儿童的行为，那么这些儿童往往会受到同伴的喜欢。相比之下，如果儿童的父母高度专制，主要用武断的命令作为控制策略，或完全采取放任的态度，那么这类儿童往往表现出不合作、攻击性较强，不容易受同伴的喜欢或接纳。

受欢迎儿童的父母通常会教儿童一些如何与同伴交往的技能，严厉的家庭环境容易使儿童具有攻击行为进而受到同伴排斥。此外，如果父母在谈话中很少顾及儿童，儿童便学会这种不良的交流方式，因而受到同伴排斥①。

2. 儿童的气质类型和人格特点

儿童的气质特点也会影响他的同伴接纳程度。容易烦躁、冲动的困难型儿童常常会造成不和谐的同伴交往，从而引起同伴拒绝。另外，行为抑制或冷淡、比较消极的儿童也易于被同伴忽视或拒绝。

从人格特点上看，那些友好、外向、善于发起和保持交往、热情、善良、乐于助人和合作的儿童容易被同伴接纳。被拒绝的儿童经常是戏弄人、打架、争吵的发起者或目标，他们对于同伴接纳有过高或过低的估计而表现出更多的反应性攻击行为，因而遭到同伴拒绝。有研究表明，受欢迎初中生的亲社会行为明显多于其他行为，被拒绝儿童的攻击和退缩行为较多，被忽视儿童的退缩行为最多②。

3. 身体吸引力

很小的婴儿就能分辨漂亮和不漂亮的面孔。3～6 个月大的婴儿对于漂亮面孔的注视时间要长于对不漂亮面孔的注视时间。1 岁大的婴儿已经能“以貌取人”，他们对面孔漂亮的人有更多积极的反应。幼儿期的儿童对于相貌漂亮的同龄人和相貌平平的同龄人会有不同的评价，他们更多地以称赞的方式描述有吸引力的儿童，而把负面评价给予相貌丑的孩子。

从总体上看，有吸引力的儿童往往比没有吸引力的儿童更受欢迎。在 3 岁时，有吸引力与没有吸引力的儿童在社会行为方面的差别不是很大。但是到了 5 岁，没有吸引力的儿童比有吸引力的儿童在游戏中更加活跃和吵闹、攻击性更强，因此，他们似乎已形成了使同伴疏远的社会交往模式。研究表明，人们对丑孩子生理特征的偏见是导致这些孩子出现不良行为的原因之一。

一些学者认为，父母、教师和其他儿童对有吸引力的儿童带着某种期望，以微妙的方式与之交流，从而使其达到一种自我实现预言。

另外，儿童的身体吸引力还体现在运动能力方面，运动能力强的儿童更受同伴的关注和喜爱。

4. 社会认知能力

纽科姆（N. Newcombe）等人对同伴接纳的有关研究进行了元分析。研究表明，不同同伴接纳类型的儿童在社会认知技能等方面存在差异，受欢迎儿童往往有很好的观点采择技能。

5. 社会技能和社会行为

儿童的社会技能和行为方式也影响其同伴接纳程度。

---

① 卡拉·西格曼，伊丽莎白·瑞德尔. 生命全程发展心理学. 北京：北京师范大学出版社，2009：524.

② 俞国良，辛自强. 社会性发展. 北京：中国人民大学出版社，2013：276.

对学前儿童、小学生和中学生的几项研究表明，受欢迎儿童相对来说随和、友好，他们能够成功发起并维持交往，友好解决地冲突。他们一般很温和、善于合作、富有同情心，对同伴做出积极的反应，有较多的亲社会行为，很少有破坏和攻击行为。

被排斥的儿童在合作性游戏和社会交往上花的时间较少。这类儿童有两个子类型，包括因攻击而被排斥的儿童和因退缩而被排斥的儿童，这两者被同伴排斥的理由是不同的。研究发现，被排斥—攻击型儿童攻击性强，有很多破坏性的行为，好争论和打斗，还倾向于不诚实、易冲动、不合作等。这类儿童常常运用无理挑衅的方式或自己的资源优势来支配别人，他们狂妄自大、喜欢捣乱，亲社会行为水平很低。被排斥—攻击型儿童似乎缺乏“自知之明”，他们倾向于高估自己的社会地位，常常认为自己和大多数儿童一样，甚至比他们更受欢迎。被排斥—退缩型儿童很害羞，不特别具有攻击性和合作性，他们有很多不寻常、不成熟的行为，对同伴群体的期望不敏感，对任何批评都表现出敌意或防御，对玩笑过于敏感。被排斥—退缩型儿童能很好地意识到自己不受别人喜欢，当遭到同伴拒绝时，他们会选择退缩而不是攻击。他们易于被摆布①。

被忽视的儿童往往比较害羞或退缩，不善言谈，比普通儿童较少尝试进入同伴群体，也很少让别人注意到自己。他们总是自己玩，极少有攻击性，在别人的攻击面前退缩，也很少有破坏行为，不果断。被忽视儿童的社交技能较低，鲁宾（K. H. Rubin）等人用“社交退缩”一词来概括这类儿童的行为表现。他们认为，社交退缩可能源于儿童时期行为抑制的气质类型，这种气质类型又被矛盾的依恋类型所扩展，导致了在不熟悉和危险环境中的情绪失调。有的心理学家则认为，儿童的退缩行为更多来自社会焦虑和他们认为自己的社会技能很差的信念，而不是来自同伴群体的实际拒绝和排斥。

让我们通过一个情境来了解社会技能对受欢迎程度的影响。假设一个儿童想加入集体活动并被集体所接受，他会如何做呢？受欢迎的儿童这时通常会先观察正在发生什么，然后合理地加入，无论其他儿童在讨论什么他都会高兴地加入评论。被拒绝的儿童在这种情形下往往莽撞地加入集体活动，并且带有破坏性，例如，小吉坐在两个正在玩电脑游戏的小男孩旁边，小吉大声谈论他昨晚看的电视节目，让别人分心，而且他还批评别人的玩法，敲键盘，还威胁说如果不让他玩就关掉电脑。被忽视的儿童往往在集体外徘徊，却不采取任何积极主动的方式加入，当同伴邀请他们时，他们却害羞地走开②。

总之，同伴接纳受到许多因素的影响，宜人的气质和人格特点、身体吸引力是重要的影响因素，更为重要的是社会认知、社会技能和行为方式。

（三）同伴接纳与后期适应

儿童与同伴的关系向我们提示了儿童应对外面世界的机制，这些机制有长期的稳定性，因此可以帮助我们预测未来他们可能出现的适应问题。

与受欢迎、被忽视的儿童相比，被排斥儿童在成长过程中更可能出现发展困难。他们通常有大量的情感和社会障碍，常常闷闷不乐，被同学疏远，学业不佳，而且自尊水平很低。被排斥—攻击型儿童的适应困难是因为外显问题，包括如下特征：人际敌意、破坏

---

① 彼得·史密斯，海伦·考伊，马克·布莱兹. 理解孩子的成长. 北京：人民邮电出版社，2006：92.

② 卡拉·西格曼，伊丽莎白·瑞德尔. 生命全程发展心理学. 北京：北京师范大学出版社，2009：523-524.

性、缺乏对冲动的控制和行为不良，这类儿童会参与反社会行为，变成小霸王，经常逃课，在学校中出现适应不良，如学业不良和辍学等。成年后，他们继续表现出病态的行为迹象。被排斥—退缩型儿童的心理失调主要是因为内向性问题，包括焦虑、孤独、抑郁和恐惧，这类儿童会发展成与社会隔绝的人，很少与别人交往，缺少建立关系的技巧。

第三节 学 校

学校是除家庭之外对儿童发展影响最大的社会环境。通过正式课程（课堂教学）或非正式课程（如校园环境、学校规章制度等），学校传授给儿童大量的知识和技能，并促进儿童在情绪、人格、道德和社会性方面的发展。因此，可以认为学校也是儿童社会化的重要动因与场所。

考虑到学校教育对儿童发展具有如此重要的作用，接下来一个很自然的问题就是，影响一所学校有效促进学生发展的因素有哪些？学校是一个复杂的社会系统，教学、班级和学校规模、师生互动模式、因材施教、家校合作等因素都对学校教育的质量产生直接或间接的影响。

一、教学对儿童发展的作用

儿童在学校中的大部分时间是在课堂中度过的。因此，课堂教学的质量或教学的有效性对儿童的发展有着直接而重要的影响。维果斯基曾深刻地论述了教学与发展的关系，他强调交往在发展中的作用，认为只有通过社会交往才能将人际间的心理机能转变为一个人自身的心理机能，而交往的最系统的形式便是教学。维果斯基指出，教学可以定义为人为的发展。可见，学校教学质量直接影响着儿童的心理发展，因此，衡量一所学校是否有效促进学生发展的最重要的指标就是它的教学质量。

二、学校和班级的规模

一些研究表明，班级所容纳的学生数量是影响学校教育质量的众多因素之一。特别是对幼儿园和小学低年级（三年级以下）的儿童来说，小班教学最有利于学生的有效学习。这主要是因为学生越少，教师花在维持纪律上的时间就越少，而用来培养学生学习能力和自控能力的时间就越多，学生之间的交流也越积极、越具有合作性。

还有研究表明，学校规模对学生参加课外活动有影响。与规模较大学校的学生相比，规模较小学校的学生更积极地参加课余活动，更可能承担责任和担当领导，而且对课外活动更满意。他们通过课余活动的经历树立起更多的个人责任意识、竞争意识和挑战意识，并获得积极而健康的个性化发展。

三、师生互动关系

师生互动关系对学生的学习也有重要意义。这要求教师具有课堂管理技巧，能使教学活动流畅地进行，而较少被纪律问题干扰，这样学生会有更多的时间用在学习上。除了课堂管理技巧之外，教师的教学指导质量也影响学生对学习的投入程度。如果教师过分强调死记硬背、反复练习而忽略高层次的思维训练，将不利于学生保持内在的较高的学习积极性。

教师与每一个学生的交互作用方式因学生的表现而不同。一些学生由于品行端正、成绩优秀而得到教师更多的关注和表扬，而另一些成绩和品行都不佳的学生则经常受到老师的批评。如果教师一旦形成对某个学生的特定态度，这种态度就很容易走极端而使教师对学生产生偏见和刻板印象，皮格马利翁效应就是这方面的经典证据。

四、家长与学校的合作

无论学生的学习能力如何，家长积极地参与教育活动（如关注教育的价值，关注子女的学习进度，为孩子提供学习方面的建议和帮助，经常与教师交换意见等）对学生的学习都是非常重要的。经验丰富的教师懂得家长参与孩子教育的重要性。在一项调查中，教师将家长的参与列为提高教育质量的最重要因素。然而在现实中，学校往往没有制定出有效的计划或确定相应的目标使父母参与学校的教育活动。父母对孩子教育的低介入往往和孩子的学习成绩不理想有关系。

学校可以通过以下方法和策略鼓励家长参与学校对孩子的教育①：

（1）培养家长与教师之间的个人关系；

（2）就学校课程及儿童在学校的进步与家长进行有效沟通；

（3）指导家长对学生进行家庭教育；

（4）通过各种家庭作业使家长在家庭教育中扮演更重要的角色；

（5）将家长纳入学校的基本规划和管理中，确保他们有效参与学校教育。

思考题

1. 家庭功能的社会系统观主要有哪些观点？
2. 对儿童的教养方式可以分为哪几种类型？每一种类型的教养行为有哪些特点？
3. 不同类型的教养方式对儿童的心理发展有什么影响？
4. 你认为恰当的教养方式应该包含哪些行为要素？
5. 童年期和青少年期的教养方式各自有哪些侧重点？
6. 儿童对父母离异的反应受哪些因素的影响？
7. 同伴关系与亲子的依恋关系相比有什么不同？
8. 同伴关系对于儿童心理发展有什么重要意义？
9. 影响同伴关系发展的主要因素有哪些？如何促进儿童的同伴关系发展？
10. 影响儿童的同伴接纳程度的主要因素有哪些？如何帮助儿童更好地被同伴接纳？
11. 学校主要通过哪些方面或途径对儿童发展产生影响？

---

① 劳拉·E·贝克. 儿童发展. 南京：江苏教育出版社，2002：891；约翰·桑切克. 教育心理学. 北京：世界图书出版公司，2007：82.

参考文献

1. D. A. 苏泽. 脑与学习. 北京：中国轻工业出版社，2005.

2. Deanna Kuhn，Robert S. Siegler. 儿童心理学手册：第二卷：下. 上海：华东师范大学出版社，2009.

3. J. M. 伯格. 人格心理学. 北京：中国轻工业出版社，2000.

4. Nancy Eisenberg. 儿童心理学手册：第三卷：下. 上海：华东师范大学出版社，2009.

5. Richard M. Lerner. 儿童心理学手册：第一卷：上. 上海：华东师范大学出版社，2009.

6. R. 默里·托马斯. 儿童发展理论：比较的视角. 上海：上海教育出版社，2009.

7. 安妮·安娜斯塔西，苏珊娜·厄比纳. 心理测验. 杭州：浙江教育出版社，2001.

8. 安妮塔·伍德沃克. 教育心理学. 南京：江苏教育出版社，2005.

9. 彼得·史密斯，海伦·考伊，马克·布莱兹. 理解孩子的成长. 北京：人民邮电出版社，2006.

10. 伯纳德·韦纳. 人类动机：比喻、理论和研究. 杭州：浙江教育出版社，1999.

11. 陈会昌. 道德发展心理学. 合肥：安徽教育出版社，2004.

12. 陈琦，刘儒德. 当代教育心理学. 北京：北京师范大学出版社，1997.

13. 陈英和. 发展心理学. 北京：北京师范大学出版社，2015.

14. 戴维·R. 谢弗. 发展心理学——儿童与青少年. 北京：中国轻工业出版社，2005.

15. 戴维·谢弗. 社会性与人格发展（第5版）. 北京：人民邮电出版社，2012.

16. 黛安娜·帕帕拉等. 发展心理学. 北京：人民邮电出版社，2005.

17. 丹尼斯·库恩等. 心理学导论——思想与行为的认识之路. 北京：中国轻工业出

版社，2004.

18. 董奇，陶沙. 动作与心理发展. 北京：北京师范大学出版社，2002.

19. 方富熹，方格. 儿童发展心理学. 北京：人民教育出版社，2005.

20. 高觉敷. 西方近代心理学史. 北京：人民教育出版社，2001.

21. 郭本禹. 道德认知发展与道德教育——科尔伯格的理论与实践. 福州：福建教育出版社，1999.

22. 简·希利. 如何更聪明——儿童大脑发育与智力开发. 北京：知识出版社，2000.

23. 荆其诚. 现代心理学发展趋势. 北京：人民出版社，1990.

24. 卡拉·西格曼，伊丽莎白·瑞德尔. 生命全程发展心理学. 北京：北京师范大学出版社，2009.

25. 库尔特·鲍利克等. 国际心理学手册. 上海：华东师范大学出版社，2002.

26. 劳伦斯·斯滕伯格. 青春期：青少年的心理发展和健康成长. 上海：上海社会科学院出版社，2007.

27. 雷切尔·凯茨，伊丽莎白·埃思茨. 大脑学习的高速公路——儿童早期的大脑开发. 北京：中国少年儿童出版社，1999.

28. 李丹. 人际互动与社会行为发展. 杭州：浙江教育出版社，2008.

29. 理查德·M. 勒纳. 人类发展的概念与理论. 北京：北京大学出版社，2011.

30. 林崇德. 发展心理学. 北京：人民教育出版社，1995.

31. 刘范. 发展心理学——儿童心理发展. 北京：团结出版社，1989.

32. 刘金花. 儿童发展心理学. 上海：华东师范大学出版社，1997.

33. 鲁道夫·谢弗. 儿童心理学. 北京：电子工业出版社，2005.

34. 鲁道夫·谢弗. 发展心理学的关键概念. 上海：华东师范大学出版社，2008.

35. 罗伯特·斯莱文. 教育心理学：理论与实践. 北京：人民邮电出版社，2004.

36. 罗伯特·西格勒等. 儿童思维发展. 北京：世界图书出版公司，2006.

37. 罗斯·D. 帕克，阿莉森·克拉克-斯图尔特. 社会性发展. 北京：中国人民大学出版社，2014.

38. 孟昭兰. 情绪心理学. 北京：北京大学出版社，2005.

39. 孟昭兰. 婴儿心理学. 北京：北京大学出版社，1997.

40. 纽曼等. 发展心理学. 西安：陕西师范大学出版社，2005.

41. 彭聃龄等. 认知心理学. 哈尔滨：黑龙江教育出版社，1990.

42. 彭聃龄. 普通心理学. 北京：北京师范大学出版社，2001.

43. 乔纳森·布朗. 自我. 北京：人民邮电出版社，2004.

44. 桑标. 当代儿童发展心理学. 上海：上海教育出版社，2003.

45. 宋雪松，张忠梅. 儿童语言习得认知观与早期双语教育. 学前教育研究，2008（1）.

46. 特里萨·M. 麦克德维特，珍妮·埃利斯·奥姆罗德. 儿童发展与教育. 北京：教育科学出版社，2007.

47. 王蕾. 图画书与学前儿童语言教育. 学前教育研究，2008（7）.

48. 许政援等. 儿童发展心理学. 长春：吉林教育出版社，1987.
49. 许政援. 三岁前儿童语言发展的研究和有关的理论问题. 心理发展与教育，1996（3）.
50. 杨韶刚. 道德教育心理学. 上海：上海教育出版社，2007.
51. 杨韶刚. 西方道德心理学的新发展. 上海：上海教育出版社，2007.
52. 俞国良，辛自强. 社会性发展. 北京：中国人民大学出版社，2013.
53. 约翰·桑切克. 教育心理学. 北京：世界图书出版公司，2007.
54. 张莉. 儿童发展心理学. 武汉：华中师范大学出版社，2006.
55. 张文新. 儿童社会性发展. 北京：北京师范大学出版社，1999.
56. 周兢. 重视儿童语言运用能力的发展——汉语儿童语用发展研究给早期语言教育的信息. 学前教育研究，2002（3）.
57. 朱莉娅·贝里曼等. 发展心理学与你. 北京：北京大学出版社，2000.
58. 朱智贤. 儿童心理学. 北京：人民教育出版社，1981.

后　记

本书是《儿童发展心理学》(2009 年版，中国人民大学出版社）的修订版。修订的缘由主要有两个：第一，根据出版社发行方面的反馈，初版教材获得了广大读者的认可，为更好地满足读者的需求——帮助学习者清晰地掌握学科知识的脉络和框架，支持教师更好地开展教学工作，出版社将此书列入修订再版计划；第二，从该书出版至今的 8 年时间里，作者在教学实践过程中又积累了一批有关儿童发展心理学科研究进展和成果方面的素材，希望能够以此补充和完善初版教材，进一步提升该书的学术品质。

一本好教材不仅能帮助学习者了解该学科的整体面貌，而且能使学习者产生进一步探究的学习兴趣，本书的初版和修订始终用心追求实现这样的目标。在教材内容选取方面，作者多年来一直注意收集相关的国内外资料，力图在编写过程中既注重对经典理论和实证研究的呈现，同时尽可能吸纳本学科领域新的研究成果。在文字呈现上，力求在确保教材内容科学性的同时，表述尽可能平白。在体例编排上，每章开发了知识结构图、学习目标和学习重点难点，并给出了本章学习建议，这些工具有助于学习者整体把握各章内容；每章正文后附有思考题，便于学习者回顾和巩固所学知识。

从根本意义上讲，这本书是为了儿童而作！长期从事儿童发展心理学教学的经验和个人的生活经历，使我越来越觉得儿童的心理世界是如此奇妙而引人入胜，同时，我也深深感到广大教育工作者和父母还需要不断提升对儿童心灵世界的洞察力和理解力。编写这本书的初心就是愿所有的儿童拥有适宜的发展环境，愿天下的父母和教育工作者在理解儿童心理世界的基础上不断发展自己的教育能力和教育智慧！

本书编写的具体分工如下：第一章、第二章、第三章第一节、第六章至第十章由齐建芳撰写，第三章第二节至第四节和第四章由吕红梅撰写，第五章由曹新美撰写。全书的体系编排和最后的统稿由齐建芳负责完成。

此次修订工作主要体现在以下几个方面：第一，对概念更深入的阐释，例如“发展”

“心理理论”“自我”等。第二，对基本主题和发展领域更广泛的讨论，例如，第一章关于遗传和环境交互作用的部分进一步补充了对相关话题“成熟与学习之间关系”的阐述以及对遗传与环境相互作用的原则的介绍；再如，对情绪能力、依恋理论、依恋的影响因素、内部工作模型等进行了更全面的介绍，对自我概念的形成机制、自我概念的结构、自尊的结构等进行了专门阐述，补充了观点采择五个水平的观察要点，丰富了同伴交往及同伴接纳的有关内容，等等。第三，增加了对发展研究的前沿理论或经典理论的介绍，如在儿童发展心理学理论方面，增加了有关人类发展的系统论观点特别是行动理论的内容，凸显了个体在生命全程中对创造自身发展史的贡献，强调个体在其发展过程中是主动的，强调个体的自我调节行动与人类可塑性的联系，强调了发展从他控和外部调节模式进展到意向性自我发展的内控模式，这是传统研究比较忽视的；在自我发展的理论方面，增加了米德的符号交互理论，帮助读者以更全面的视角去认知自我。第四，内容组织结构的合理调整，例如，第六章“情绪的发展”这一章中将“情绪的自我调节”并入“情绪表达的发展”，这样更符合内容逻辑的自然展开；在第七章“人格的发展”中，增加了儿童人格结构的发展相关内容，特别概述了儿童大五人格的研究成果，并将“自我发展的理论”部分并入“自我的发展”一节中；在第八章“社会认知发展”中，按照儿童社会认知的三大领域——心理理论、观点采择和对他人认知，对原有章节内容进行了相应的调整；在第九章“道德发展”中，将原来的“利他的发展”一节并入“亲社会行为的发展”一节，整章内容更加紧凑。此外，还有部分章节进行了图表的补充和修改。希望本书的修订版能给读者带来更加通透的阅读体验！

特别感谢中国人民大学出版社将此教材列入修订出版计划。同时，衷心感谢编辑王雪颖女士的出色工作，她为我们收集反馈了宝贵的读者建议和意见，并且不厌其烦地与我们反复沟通修订过程中的各种事宜，富有成效地推动我们完善书稿。她严谨的编辑和审阅工作确保了本书文字和章节的流畅清晰、观点和概念的科学准确。

由于编者学识浅陋，书中难免有不当之处，请各位专家和读者不吝指正！

齐建芳

2017 年 7 月 30 日于采菊书屋

图书在版编目（CIP）数据

儿童发展心理学/齐建芳主编. —2版. —北京：中国人民大学出版社，2018.1
高等学校通识课程系列教材
ISBN 978-7-300-23899-9

Ⅰ.①儿… Ⅱ.①齐… Ⅲ.①儿童发展心理学-教材 Ⅳ.①B844.1

中国版本图书馆CIP数据核字（2017）第010286号

高等学校通识课程系列教材
儿童发展心理学（第二版）
齐建芳　主编
Ertong Fazhan Xinlixue

出版发行	中国人民大学出版社		
社　　址	北京中关村大街31号	**邮政编码**	100080
电　　话	010－62511242（总编室）		010－62511770（质管部）
	010－82501766（邮购部）		010－62514148（门市部）
	010－62515195（发行公司）		010－62515275（盗版举报）
网　　址	http://www.crup.com.cn		
	http://www.ttrnet.com（人大教研网）		
经　　销	新华书店		
印　　刷	北京密兴印刷有限公司	**版　　次**	2009年7月第1版
规　　格	185 mm×260 mm　16开本		2018年1月第2版
印　　张	13.5插页1	**印　　次**	2018年11月第2次印刷
字　　数	319 000	**定　　价**	32.00元